W0182086

Wertschätzung im Betrieb

Impulse für eine gesündere Unternehmenskultur

Wertschätzung im Betrieb

Impulse
für eine gesündere
Unternehmenskultur

Bibliografische Information der Deutschen Nationalbibliothek

Die Deutsche Nationalbibliothek verzeichnet diese Publikation in der Deutschen Nationalbibliografie; detaillierte bibliografische Daten sind im Internet über http://dnb.d-nb.de abrufbar.

Für alle, die die Wertschätzung im Betrieb voranbringen wollen.

Impressum

Herstellung und Verlag: Books on Demand GmbH, Norderstedt

ISBN: 978-3-8423-4665-9

Kernthesen des Buchs

- Wertschätzung kann nicht von außen ins Unternehmen hinein getragen werden. Sie ist schon da.
- Oft muss man sie erst entdecken. Dazu kann jeder Mensch im Betrieb beitragen, denn jede/r ist Kulturträger.
- Betriebliches Gesundheitsmanagement ist zugleich Ausdruck von und Promotor für Wertschätzung.
- Wer etwas für eine gesündere Kultur tun will, muss selber vorangehen. Das lohnt sich auch für jeden persönlich.

Zielgruppe des Buchs

alle, die sich für mehr Wertschätzung im Betrieb einsetzen (wollen)

Ziele des Buchs

- Handwerkszeug vermitteln zur Kulturveränderung in kleinen Schritten (Materialien, Tipps und Erfahrungen)
- Impulse geben für einen wertschätzenden Umgang unter Kollegen (hierzu auch ein Konzept für Multiplikatoren-Schulungen zu dem Thema)
- Vorschläge unterbreiten, wie sich Führungskräfte für das Thema gewinnen lassen (ein Workshop- und ein Seminar-Konzept)
- Ideen und Tipps vorstellen für den Umgang mit einer nicht-wertschätzenden Geschäftsleitung (Gesprächsleitfaden)
- dem Leser etwas Stärkendes für sich persönlich mit auf den Weg geben (Tipps für mehr Selbstwertschätzung und zum Schutz bei Wertschätzungsmangel)

Inhaltsübersicht

Herzlich willkommen!

Sie wollen die Wertschätzung in Ihrem Unternehmen voranbringen? Gratuliere! Sie können das! Sie sind einer von den Guten ... ☺ Dieses Buch möchte Sie unterstützen.

Es wird nämlich Zeit, den Begriff Wertschätzung vom Mottenkistenimage zu befreien – zumindest aber all das, was sich dahinter verbirgt, wieder stärker zu pflegen: Respekt, Achtung voreinander, Fürsorge, Wohlwollen, vielleicht sogar Liebe, und in jedem Fall das Achten auf Stärken statt der üblichen Kultivierung der Fehlersuche. Ich wünsche mir, dass Sie in diesem Buch viele praxisnahe Anregungen finden, um das Miteinander in Ihrem Unternehmen ein kleines bisschen wertschätzender zu gestalten. Denn mit jedem noch so kleinen Bausteinchen, das jeder noch so kleine Kulturträger in den Betrieb einbringt, verändert sich ein winzig kleines bisschen eben dieser Kultur.

In dieses Buch sind meine Erfahrungen eingeflossen aus zahlreichen Workshops, Vorträgen, Impuls- und Multiplikatorenveranstaltungen sowie Führungskräfte-Seminaren zum Thema „Wertschätzung im Betrieb". Die Spanne der Kunden reichte von Behörden über metallverarbeitende Betriebe bis zu Unternehmen der Telekommunikationsbranche. Es gab dabei zwischen 8 und 150 Teilnehmende. Die Veranstaltungen dauerten zwischen 30 Minuten und zwei Tagen. Es ist also ein ziemlich großer Schatz an Erfahrungen, auf den ich zurückgreifen konnte. In konzentrierter Form schlagen sie sich in den Workshop-Konzepten nieder, die Bestandteil dieses Buches sind: eines für Führungskräfte (in zwei Varianten) und eines für Multiplikatoren. In den jeweiligen Kapiteln erfahren Sie auch, wo Sie die Dateien finden, die Sie in Ihren Veranstaltungen einsetzen können.

Es ist meine feste Überzeugung, dass sich die Kultur in einem Unternehmen nur dann wertschätzender gestalten lässt, wenn einzelne Menschen damit beginnen, sich wertschätzend zu verhalten und andere damit anzustecken. Dieses Buch geht daher zunächst vom Individuum aus. Was das Unternehmen zusätzlich auf Organisationsebene tun kann, lesen Sie in Kapitel 8. Aber das kann immer erst der zweite Schritt sein.

Einige Inhalte werden Sie in mehreren Kapiteln wiederfinden. Das Buch beinhaltet etliche Redundanzen. So können Sie sich jeweils das Kapitel heraussuchen, das Sie gerade brauchen. Heutzutage werden Ratgeber selten von vorn nach hinten gelesen. Dieser Erfahrung versucht das Buch Rechnung zu tragen. Auch in diesem Buch verzichte ich wegen der leichteren Lesbarkeit meistens auf die Nennung der weiblichen Form (Mitarbeiterinnen, Chefinnen) – das ist nicht böse gemeint. Natürlich beziehen sich sämtliche Inhalte gleichermaßen auf Frauen wie Männer.

Viel Erfolg bei Ihrem Einsatz für ein gesundes Miteinander im Betrieb und eine wertschätzende Unternehmenskultur wünscht Ihnen (und den Menschen, die mit Ihnen zusammen arbeiten) von Herzen

Ihre Anne Katrin Matyssek

Köln, im April 2011

1 Wertschätzung – Ein Begriff aus der Mottenkiste?

1 Wertschätzung – Ein Begriff aus der Mottenkiste?

1.1 „Ham Se gut gemacht“?! – Was Wertschätzung wirklich ist

sie war nie wirklich tot ...

Zugegeben: Das Wort hat einen leicht antiquierten Touch. Es braucht schon ein starkes Rückgrat, um Werbung für diese alte Tugend zu machen. Viele verbinden mit ihr angestaubtes Spießertum und Gut-Mensch-Sein. Sie hat sich aber nie ganz aus den Unternehmen vertreiben lassen. Immer schon gab es Menschen wie Sie: Menschen, denen die anderen nicht egal waren; die einen respektvollen achtungsvollen Umgang mit anderen pflegen wollten.

Haltung statt Verhalten

Was ist Wertschätzung überhaupt? Aus der Art und Weise, wie jemand mit einer Sache oder einem Menschen umgeht, ziehen wir Rückschlüsse, ob er diese Sache oder diesen Menschen wertschätzt. So gesehen handelt es sich um eine Haltung, die sich in Verhalten – insbesondere in der Kommunikation – niederschlägt: Man definiert, wie man zu einer Sache oder einem Menschen steht. Daraus folgt ein bestimmtes Verhalten. Es handelt sich dabei um eine Schätzung, nicht um eine Messung.

Nur was wir schätzen, wird zum Schatz.

menschliches Grundbedürfnis

Barbara Mettler-von-Meibom, Politik- und Kommunkationswissenschaftlerin an der Universität Duisburg-Essen, definiert Wertschätzung wie folgt (2007, S. 11): „Wertschätzung (...) ist eine Haltung des Herzens, die sich auf die eigene Person, die Mitmenschen und auf die natürliche Mitwelt bezieht und die zuerst einmal akzeptiert, was ist ... Wertschätzung ist ein Grundbedürfnis des Menschen. Achten wir es, so fördern wir den Frieden in uns selbst, in unserem Miteinander und im Verhältnis zu unserer natürlichen Mitwelt.“

Und weiter heißt es (S. 197): „Der tiefe menschliche Wunsch danach, gesehen, gehört und geliebt zu werden, macht Wertschätzung zu einer unendlich wertvollen Ressource unseres Zusammenlebens.“ Sie stellt die These auf, dass Wertschätzung zukünftig zum Erfolgsfaktor wird, weil unsere Wertschöpfung zunehmend stärker davon abhängt, dass Menschen ihr Bestes geben. Das aber tun sie nur, wenn sie sich wertgeschätzt fühlen.

Das Bemühen um mehr Wertschätzung im Betrieb hat also nicht nur mit Gut-Mensch-Sein zu tun. Es hat betriebswirtschaftlich positive Auswirkungen, wenn Menschen sich geschätzt fühlen. Wer in Zukunft qualifizierte Beschäftigte ans Unternehmen binden möchte, wird mehr bieten müssen als nur ein gutes Gehalt. Die Kultur im Betrieb, das Image, die Entwicklungschancen, und nicht zuletzt die Qualität des Miteinanders werden wichtige Faktoren sein, wenn ein Mensch sich entscheidet, für ein Unternehmen tätig zu werden.

noch „Luft nach oben“ auch bei den Besten

Auf diesem Gebiet gibt es einen großen Handlungsbedarf. Frank Hauser, Human Resource-Leiter des Deutschen Great Place to Work-Instituts, das jährlich Deutschlands beste Arbeitgeber ermittelt, konstatiert, dass bei den Themen Wertschätzung und Anerkennung sogar die besten deutschen Arbeitgeber noch Defizite aufweisen (Vorträge auf dem Kongress für Wirtschaftspsychologie am 22. Mai 2006 und auf der Messe „Personal und Weiterbildung“ am 8./9. Juni 2006). Selbst wenn die Befragten insgesamt mit ihrem Arbeitgeber zufrieden waren: Von einem „genug“ an Wertschätzung konnte nicht die Rede sein.

den ganzen Menschen sehen

Wertschätzung ist dabei mehr als nur Lob. Und erst recht weit mehr als standardisierte Floskeln wie „das haben Sie gut gemacht“ (ohne konkreten Bezug und Begründung) oder die Wahl zum Mitarbeiter des Monats, bei der abwechselnd jeder Beschäftigte mal „dran kommt“. Das schematische Verteilen von Streicheleinheiten gilt zu Recht als verpönt. Es ist offensichtlich zweckgebunden und wird dem Individuum nicht gerecht. Wertschätzung geht anders ...

Einen Menschen in seinen Fähigkeiten, Bedürfnissen und Leistungen wahrnehmen, das Positive an ihm entdecken und in ihm wecken – die wohlwollende Betrachtung des anderen in seiner Einzigartigkeit: Das ist Wertschätzung.

die Grundlage gesunder Führung

Wertschätzung zeigt sich nicht nur im Miteinander auf Kollegenebene, sie ist auch die Grundlage gesunder Führung. Für Menschen, die Vorgesetzte werden wollen, gilt: Man muss Menschen mögen. Andernfalls sollte man die Führungsaufgabe anderen überlassen. Ein netter Polizeitrainer sagte einmal zu mir: „Führungskräfte brauchen kein Handy. Führungskräfte brauchen Kaffee, Kekse und Zeit.“ Er meinte damit genau das: eine positive, interessiert-zugewandte Haltung den Mitarbeitenden gegenüber.

Denn Wertschätzung ist als Grundbedürfnis auch Teil der Maslowschen Bedürfnispyramide. Natürlich spielt Wertschätzung daher nicht nur im Berufsleben eine Rolle. Auch Partnerschaften kommen nicht ohne sie aus. Das erläutert beispielsweise Josef Lang (2005) in seinem Buch mit dem aussagekräftigen Titel “Wertschätzen und Abwerten. Vitamin und Virus einer Paarbeziehung“.

In diesem Buch soll nicht über Wertschätzungsmängel geklagt werden (auch wenn die Folgen von Wertschätzungsdefiziten besprochen werden, insbesondere in gesundheitlicher Hinsicht). Vielmehr soll – im Sinne echter Ressourcenorientierung – der Fokus auf den Potenzialen liegen, die ein wertschätzender Umgang wecken kann, und zwar vor allem im Betrieb. Das interessiert Sie sicher viel mehr, und damit liegen Sie im Trend:

In den letzten Jahren erleben Verfahren, die mehr Wertschätzung in Unternehmen bringen möchten, einen regelrechten Boom. Hierzu gehören Großgruppenverfahren wie die Appreciative Inquiry (z.B. zur Bonsen & Maleh, 2004), aber auch Instrumente für Führungskräfte wie die Wertschätzenden Dialoge (z.B. Geißler et al., 2007) und in jüngster Zeit vor allem die Gewaltfreie Kommunikation nach Rosenberg (z.B. 2007). Diesen im Anhang vorgestellten Ansätzen ist eines gemeinsam: Die Fokussierung auf das Positive.

Wertschätzung kann man nicht „trainieren“

Ich verstehe Wertschätzung primär als Haltung. Verhalten, das wertschätzend sein soll, aber nicht auf einer wertschätzenden Haltung beruht, ist Manipulation. Folglich halte ich nichts davon, „Wertschätzung zu trainieren“. Das geht nicht. Aber man kann die Haltung eines Menschen stärken und so sein Verhalten beeinflussen. Diese Einstellung deckt sich mit dem Ansatz des Zürcher Ressourcenmodells (Storch & Krause, 2006), das die Haltung im Mittelhirn und das Verhalten im Großhirn „lokalisiert“. Prozesse im Mittelhirn laufen unmittelbar, emotional und unbewusst ab; sie sind oft stärker als das „vernünftig denkende“ Großhirn.

Zürcher Ressourcenmodell

Wenn die Haltung stimmt, stimmt auch das Verhalten.

Wertschätzung beinhaltet eine positive Perspektive, quasi den Blick aufs Gute. Man legt das Augenmerk auf das, was einem etwas wert ist und was man fördern möchte. So betrachtet liegt Wertschätzung nah dran an einer Haltung der Dankbarkeit: Man erkennt wohlwollend an, was ist. Zugleich setzt man durch die Wahl dieser Perspektive eine salutogene Entwicklung in Gang. Denn das, worauf Menschen ihre Aufmerksamkeit richten, wird verstärkt (Rosenthal-Effekt).

eine Frage der Perspektive

Wer Fehler sucht, wird Fehler finden und provozieren. Und genauso umgekehrt. Mit jeder bewussten Betrachtung positiver Aspekte wird ein „gesundmachender“ Prozess ausgelöst: Das Positive wird wertvoller und stärker. „Menschen und Systeme bewegen sich in die Richtung, in die sie schauen“ (Dittrich-Brauner, Dittmann, List und Windisch, 2008). Die Verhaltenstherapie und nicht zuletzt die Kindererziehung zeigen, wie durch konsequente Verstärkung von Stärken die Schwächen quasi en passant verschwinden.

TIPP FÜR SIE

Für Ihre Arbeit im Betrieb sollte gelten: Engen Sie den Begriff Wertschätzung nicht unnötig ein.

Es macht nichts, wenn jeder etwas anderes darunter versteht („ich erkenne sie, wenn ich sehe“). Hauptsache, es wird überhaupt darüber geredet, und das Wort kommt heraus aus der Tabuzone. Und letzten Endes sind die Definitionen gar nicht sooo sehr verschieden: Die meisten verstehen darunter ein Grundbedürfnis und eine Form des wohlwollenden Miteinanders. Und genau das soll gefördert werden.

Definition: Wertschätzung – was ist das?

Im Laufe der Lektüre werden Sie immer weitere Facetten von Wertschätzung entdecken. Aber am Anfang eines solchen Buches erwarten Sie zu Recht trotzdem eine erste Begriffsbestimmung, mit der Sie arbeiten können. Als Definition für dieses Buch soll gelten:

Wertschätzung ist zugleich
ein menschliches Grundbedürfnis
und
eine Haltung, die sich in einer wohlwollenden Lenkung
der Aufmerksamkeit auf positive Aspekte des Gegenübers zeigt
und
sich in – insbesondere kommunikativem - Verhalten
ausdrückt.

Wertschätzung ist zweckfrei

Damit ist sie gleichzeitig aktiv – die Aufmerksamkeit wird bewusst gesteuert, das Verhalten entsprechend praktiziert – und passiv konzipiert: Sie kann gegeben und empfangen werden. Sie kann sich meines Erachtens durchaus in Lob ausdrücken (die Gewaltfreie Kommunikation sieht das anders, dazu gleich mehr), aber sie ist eben weit mehr als das. Sie ist nie Mittel zum Zweck und damit – anders als Lob – in jedem Fall frei von Manipulationsverdacht.

Die Abbildung 1 auf Seite 14 stellt eine Orientierungshilfe dar, mit der sich die Begriffe Anerkennung, Lob, Wertschätzung und Dank definitorisch einordnen und abgrenzen lassen. Sie ist sicher nicht der Weisheit letzter Schluss, sondern lediglich ein heuristisches Modell, in das die Erfahrungen aus den zahlreichen im Vorwort erwähnten Veranstaltungen eingeflossen sind. Anerkennung ist demnach der Oberbegriff für Wertschätzung, Lob und Dank. Er beinhaltet eine positiv gefärbte Form der Wahrnehmung oder Zur-Kenntnis-Nahme (An-Er-Kennung).

Lob kann manipulieren – dann beruht es nicht auf Wertschätzung

Während sich Lob auf eine Leistung bezieht und Dank auf einen Einsatz oder ein Engagement, bezieht sich Wertschätzung in ihrer aktiven Form – also sofern sie nicht als Grundbedürfnis gemeint ist – auf eine Sache (dann kommt sie der Dankbarkeit nahe) oder eine Person (bis hin zur Liebe). Sie umfasst eine wertschätzende Haltung und wertschätzendes Verhalten als Ausdruck eben dieser Haltung. Beide aktiven Aspekte von Wertschätzung sind zweckfrei. Lob und Dank hingegen können als Verhaltensweisen ein Ausdruck von Wertschätzung und damit zweckfrei sein – eben wenn sie auf einer wertschätzenden Haltung beruhen – oder aber instrumentalisiert, als Mittel zum Zweck und damit zur Manipulation.

Anmerkung: Der Ausdruck Manipulation ist hier wertfrei beschreibend gemeint, nämlich als Versuch, einen anderen Menschen zu etwas zu bewegen. Manipulativ meint folglich: absichtsvoll.

Wertschätzung: aktiv und passiv

Nach diesem Modell kann man auch die Leistungen einer Person loben, die man nicht wertschätzt („Selbst wenn wir beide nicht die dicksten Kumpels sind: Wie Sie dem Azubi klar gemacht haben, dass er den Schutzhelm aufsetzen soll – alle Achtung, das hat mir imponiert“), auch wenn dies in der Praxis eher selten vorkommen wird. Das Modell beinhaltet, dass Wertschätzung nicht nur in aktiver Form vorkommt – als bewusste Ausrichtung aufs Positive und als wertschätzendes Verhalten –, sondern ebenso in passiver Form als menschliches Grundbedürfnis, das befriedigt werden will.

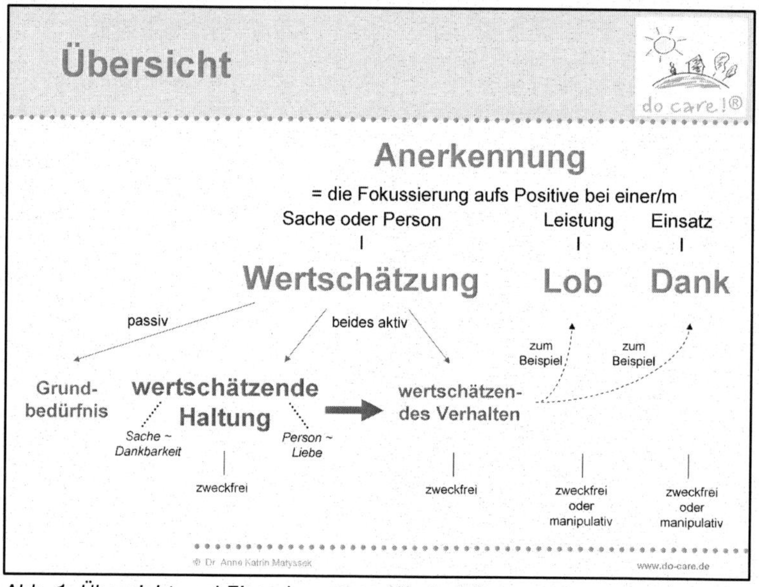

Abb. 1: Übersicht und Einordnung von Wertschätzung

1.2 Streitsache Lob: Macht es klein oder groß?

Lässt sich das wohlwollende Miteinander durch Lob fördern? Bei meinem Lehrauftrag an der Uni Hannover wurde ich neulich arg überrascht: Die dort teilnehmenden Studenten – ausnahmslos im Betrieblichen Gesundheitsmanagement tätig (keine Studenten im klassischen Sinne) – waren der Meinung: Lob mache Menschen klein. Eine Führungskraft, die Mitarbeiter lobt, begebe sich quasi in eine übergeordnete Position und zementiere damit die Hierarchie. Sie praktiziere transaktionale statt transformationaler Führung.

Transaktionsanalytisch gesprochen nimmt sie eine Elternposition ein und degradiert den Mitarbeiter zum Kind. In einer Beziehung, in der beide Gesprächspartner sich gleichwertig als Erwachsene sehen, habe Lob nichts verloren, so der Tenor. Und das Konzept der Gewaltfreien Kommunikation (s. Anhang und Seite 112f) sieht das ebenso. Ich war irritiert: Schließlich hörte ich in den Betrieben häufig: „Unsere Leute haben in der Mitarbeiterbefragung angegeben, dass sie zu wenig Lob bekämen. Sie wünschten sich mehr."

im Alltag fehlt die Sprachmünze für „Wertschätzung"

Was läuft da schief? Wollen die Mitarbeiter sich gern klein fühlen? Brauchen sie das womöglich: Vom Vorgesetzten mit einem Schulterklopfen bedacht werden? Vielleicht fehlt, wie Reinhard Sprenger es formulieren würde, den Beschäftigten einfach die „Sprachmünze". Vielleicht meinen sie „Wertschätzung", kennen aber im beruflichen Kontext nur das „Lob" als Ausdruck von Anerkennung. Vielleicht meinen sie auch einfach „Feedback".

Auch das halte ich für möglich. Ich persönlich glaube, dass bei vielen noch etwas anderes hinzukommt: Sie wollen ihrer Führungskraft gefallen und von dieser die Bestätigung erhalten, dass sie einen guten Job machen. Gründe dafür? Sie fürchten um ihren Arbeitsplatz und sehen in dem Lob eine Art Arbeitsplatzsicherheitsgarantie (das ist nachvollziehbar, menschlich, lässt uns aber trotzdem schlucken) oder sie haben einfach ein gutes Verhältnis zu ihrem Vorgesetzten. Letzteres ist doch begrüßenswert.

wenn er es doch braucht?!

Kürzlich fiel mir ein Bild in die Hände, das einen von mir geschriebenen Zeitschriftenartikel illustrierte: Der Chef legte die Hand auf die Schulter des strahlenden Mitarbeiters. Vor vier Jahren, als der Artikel erschien, kam mir dieses Foto angemessen vor. Inzwischen – nach der herben Kritik zum Thema „Loben" – denke ich: Ja, der Mitarbeiter wird sich ewig wie ein kleiner Junge fühlen, der glücklich ist, wenn sein Papa-Stellvertreter seine Leistung würdigt. Das stimmt. Aber wenn es ihn doch glücklich macht?! Vielleicht freut er sich auch einfach darüber, dass er gesehen wird. Ist das schlimm?

sich nicht zum Therapeuten ernennen

Meine Erfahrung ist: Viele Menschen wünschen sich Lob. Man mag ihnen vorwerfen, dass sie sich seit der Kindheit nicht weiter entwickelt hätten, dass sie regressiv verharren auf einem Entwicklungsniveau, das sie in anderer Hinsicht längst hinter sich gelassen haben. Aber bin ich der Erzieher oder Therapeut meines erwachsenen Kollegen?! Ich finde, es ist nicht meine Aufgabe, meinen Kollegen „erwachsen“ zu machen und ihm aus diesem „Klein-fühl-Status“ herauszuhelfen. Wenn er das Lob will und es mich nichts kostet – warum soll ich es ihm nicht geben?

Kritische Geister bezeichnen Lob auch schon mal als Selbstwert-Killer. Wer nach dem Lob durch Vorgesetzte schielt, so heißt es, sei nicht mit der Aufmerksamkeit bei der eigentlichen Arbeit. Er mache sich zum Büttel und arbeite für den Chef statt für sich selbst – so könne keine herausragende Leistung entstehen. Mag sein. Aber vielleicht sind diese Menschen einfach zu bescheiden, um den Anspruch zu haben, Herausragendes zu erbringen. Und trotzdem machen sie einen guten Job.

Bisweilen heißt es auch: Lob erziehe zur Kraftlosigkeit. Es vermittle Menschen, dass ihr Wert abhängig sei von anderen, und dass sie nur durch das Lob anderer stark seien; aus sich selbst heraus seien sie schwach. Wer das Lob des anderen und dessen Bewertungskriterien zum Maßstab für die eigene Leistung mache, dem fehle das innere Gleichgewicht. Natürlich ist es reiferes Verhalten, wenn Menschen lernen, vom Lob durch andere unabhängig zu werden. Andererseits brauchen wir alle die bewertende Einordnung unserer Leistungen durch andere, um besser zu werden und uns sicherer zu fühlen hinsichtlich unserer eigenen Bewertungen.

Verständnis für die „schwache Kreatur“

Für die Erziehung unserer Kinder mag dies als Empfehlung gelten: „Bring ihnen bei, unabhängig zu sein vom Lob durch andere.“ Aber die meisten, die heute erwachsen sind, sind anders groß geworden. Und so lange diese die Mehrheit bilden, finde ich, Verständnis für Menschen mit einer anderen Biographie (für die Lob wichtig ist), kann auch Ausdruck von Wertschätzung sein – eben wenn ich es achte, dass jemand andere Belohnungsstrukturen hat als ich selbst.

TIPP FÜR SIE

Gönnen Sie jedem seine Schwäche.
Wenn jemand sich nach Lob sehnt, darf er es auch bekommen.

Die Frage „Wie sind Sie selber zufrieden?“ oder auch „Worauf sind Sie stolz bei dieser Arbeit?“ kann das Gegenüber stärken, indem es Selbstlob-Kompetenzen fördert. Das ist ein guter Kompromiss. Abgesehen davon lautet meine Behauptung: Der, der sich nach Lob sehnt, sehnt sich eigentlich nach Gesehen-Werden, sprich nach Wertschätzung seiner Person. Wenn er die nicht bekommt, dann will er Lob.

den anderen stärken

Das Lob ist quasi der Notnagel.

Wertschätzung – als eine Facette von Anerkennung – ist weit mehr als Lob. Aber Lob kann trotzdem auch Ausdruck von Wertschätzung sein. Es ist die Existenz einer Absicht (zweckgerichtet/manipulativ oder nicht?), die hierüber entscheidet. Wenn jemand aufgrund seiner Biographie nach Lobesworten schielt, soll er die auch hören dürfen, wenn's einen Anlass gibt. Feedback brauchen alle. Aber die Form der Anerkennung (Wertschätzung, Dank oder eben Lob) kann dem Motto folgen: Jede(r) Jeck ist anders. Wenn in diesem Buch von Lob und Dank die Rede ist, dann meine ich damit nicht-manipulative zweckfreie Verhaltensweisen, die auf einer wertschätzenden Haltung basieren.

Wertschätzung ist mehr als nur Lob; aber Lob kann ein Ausdruck einer wertschätzenden Haltung sein

1.3 Wertschätzung im Job: Harte Kerle brauchen so was nicht?!

In einem Unternehmen der Metallbranche hörte ich während eines Seminars über den wertschätzenden Umgang mit älteren Beschäftigten: „Sie sind ja ein Mädchen! Bei uns geht's schon mal ein bisschen derber zu! Unsere Männer verstehen das schon richtig! Die wollen und brauchen keine Streicheleinheiten!“ Die Teilnehmer wollten mir quasi zu verstehen geben: Der Ton, den sie an den Tag legten, wäre gar nicht so rau, wie ich ihn empfand; sie wären das gewohnt, dass man härter mit einander umginge. Ich bräuchte mir keine Sorgen zu machen.

Und ich dachte tatsächlich: „Okay, vielleicht sind die Menschen in der Metallbranche wirklich anders gestrickt als der Rest. Vielleicht bin ich einfach anders sozialisiert. Vielleicht brauchen diese ‚harten Kerle' auch einfach keine Wertschätzung.“ Das stellte zwar mein Weltbild ein bisschen auf den Kopf – hielt ich doch bislang Wertschätzung für ein menschliches Grundbedürfnis –, aber vielleicht war ich ja wirklich zu naiv, was diesen Punkt anging. Am Ende der zweitägigen Seminarveranstaltung gab es wie üblich eine Feedbackrunde. Ich hatte ein ganz gutes Bauchgefühl und rechnete mit weit überwiegend positiven Rückmeldungen.

gibt's Menschen, die keine Wertschätzung brauchen?

Die Feedbackrunde wurde durch einen Personalentwickler des Unternehmens geleitet. Er fragte die Teilnehmenden: „Und, wie hat Ihnen denn das Seminar gefallen?“ Und die Antworten ließen mich kleiner und kleiner werden: „Ja, also, wir bräuchten für den Kaminabend einen anderen Raum!“ Er fragte noch mal: „Ja, aber wie hat Ihnen denn das Seminar gefallen?“ „Es ist schade, dass das Hotel keine Sauna hat!“, sagte einer. Und ein dritter auf dieselbe Frage: „Noch mehr Freizeit wäre gut!“ Kein Wort zu den Inhalten der Veranstaltung. Kein Wort über das, was sie als Fazit für sich persönlich mitnehmen würden.

ICH dachte:
kein positives Feedback
=
negatives Feedback

↕

DIE dachten:
kein negatives Feedback
=
positives Feedback

Ich sank auf meinem Platz in mich zusammen. Ich nahm an: Wenn die Männer sich so schwer taten, eine positive Rückmeldung zum Seminar zu geben, dann würde es in der schriftlichen Bewertung lauter 5en und 6en hageln. Wenn sie nichts Positives an der Veranstaltung fanden, dann bewerteten sie sie wohl negativ. Ich war wirklich arg zerknirscht. Wie konnte ich mit meiner subjektiven Bewertung des Seminars so daneben liegen?

Nach der mündlichen Feedbackrunde und der Verabschiedung der Teilnehmenden stark frustriert, warfen der Personalentwickler und ich einen Blick auf die schriftlichen Feedbackbögen (Rankingskalen wie Schulnoten). Ich rechnete mit dem Schlimmsten. Doch weit gefehlt! Lauter 1en und 2en, ganz wenige 3en und nur eine 4 ... Mit anderen Worten: Spitzennoten! Auch mehrere positive Notizen waren als Antworten auf offene Fragen zu lesen. Unglaublich!

Mit anderen Worten: Es gab eine krasse Diskrepanz zwischen der Qualität der mündlichen und der schriftlichen Bewertung. Der Personalentwickler und ich erklärten uns das so: Die Männer waren der Meinung, mit ihrem Verzicht auf negative Kommentare zu meiner Veranstaltung (ihre Rückmeldungen bezogen sich ja ausschließlich auf organisatorische Aspekte) hätten sie mir genug an positiver Rückmeldung zukommen lassen, frei nach dem Motto

Nicht gemotzt ist genug gelobt.

Und nach dem, was sie vorher über den Ton in ihrem Betrieb haben verlauten lassen, konnten wir vermuten: Genau so handhaben die Männer es auch im Umgang mit ihren Mitarbeitenden. Die Mitarbeiter taten mir leid, dass sie in so einer Anerkennungswüste leben müssten. Aber wenn die das offenbar – wie ich ja vorher gehört hatte – gewohnt waren und gar keine Anerkennung brauchten?! Ich persönlich war jedenfalls froh, noch einmal davon gekommen zu sein. Es war der erste Auftrag für diesen Kunden und zugleich der Auftakt für eine umfangreichere Veranstaltungsreihe.

Und die Geschichte ging noch weiter. Nach Abschluss der Veranstaltungsreihe wollte das Unternehmen mich im Folgejahr für eine Fortsetzung einkaufen. Da ich aber noch lebhaft vor Augen hatte, wie anerkennungsgeizig (im mündlichen Bereich zumindest) die Leute waren, zögerte ich mit der Zusage. Mir persönlich ist Anerkennung wichtig. Und ich dachte, die würde mir bei diesem Großauftrag wieder fehlen. Mir reicht es nicht, wenn die Personalabteilung ein Fan von mir ist; ich will etwas bewegen. Und ich konnte bei diesen Männern nicht sehen, dass ich das geschafft hätte.

Ich schlug dem Personalleiter vor, die diesjährige Veranstaltungsreihe unter die Überschrift „Wertschätzung" zu stellen. Und damit landete ich einen Volltreffer, ohne es zu wissen. Die Mitarbeiterbefragung des Unternehmens hatte ergeben, dass die Beschäftigten sich über die mangelnde Würdigung ihrer Leistungen beklagten! Mit anderen Worten: Die Mitarbeiter litten genau so unter dem Anerkennungsdefizit wie ich!

alle sehnen sich danach

Spätestens seit diesem Erlebnis glaube ich nicht mehr an Sprüche wie „Harte Kerle brauchen so was nicht!" – Harte Kerle tun sich lediglich schwerer, ihre Bedürfnisse diesbezüglich zu artikulieren. Das trauen sie sich nur in einer anonymen Befragung. Aber letztlich lechzen sie genau so nach Anerkennung wie die meisten anderen Menschen (es gibt Ausnahmen, aber die innerlich komplett Autarken sind die Minderheit). Die Veranstaltungsreihe wurde ein großer Erfolg und im dritten Jahr noch einmal verlängert. Meine Erfahrung im Umgang mit diesen „harten Kerlen" lautete dabei:

Auch wer selber anerkennungsgeizig ist,
freut sich über positive Rückmeldungen von anderen.

Freude ist nur eine von vielen verschiedenen Wirkungen von Wertschätzung. Wertschätzung trägt wesentlich zur Erhaltung und Förderung der psychosozialen Gesundheit bei. Während das Gegenteil – Mobbing – als Ausdruck nahezu inflationär gebraucht wird, gibt es erst relativ wenige Ansätze, die darauf abzielen, die zwischenmenschliche Wertschätzung in Betrieben zu vergrößern. Die Auseinandersetzung mit dem Thema ist vielen Betrieben noch fremd, würde sich aber lohnen, denn sie hat viele positive Wirkungen.

TIPP FÜR SIE

Lassen Sie sich nicht abschrecken, wenn Sie zu hören bekommen „Das brauchen wir hier nicht".

Wirkungen von Wertschätzung

Der Betrieb profitiert von einem wertschätzenden Miteinander durch: weniger innere Kündigung, mehr Einsatz mit ganzem Herzen, weniger Missverständnisse und weniger Fehler, weniger Fehlzeiten, Übernahme unangenehmer Aufgaben „Ihnen / dir / dem Unternehmen zuliebe", bessere Moral, bessere Leistung (Teams können ihr gesamtes Potenzial abrufen), bessere Gesundheit auch der Älteren (vgl. Kapitel 2).

Joachim Bauer von der Universität Freiburg ist der Meinung (2006, S. 21): „Wir sind – aus neurobiologischer Sicht – auf soziale Resonanz und Kooperation ausgelegte Wesen. Kern aller menschlichen Motivation ist es, zwischenmenschliche Anerkennung, Wertschätzung, Zuwendung oder Zuneigung zu finden und zu geben." Man gibt also Menschen das, wonach sie (z.T. unbewusst) streben. Und ein Vorenthalten dessen hat laut Bauer negative Konsequenzen.

Neurobiologie: Ur-Motivation = Hoffnung auf soziale Zuwendung

Auf Seite 35 heißt es: „Neurobiologische Studien zeigen: Nichts aktiviert die Motivationssysteme so sehr wie der Wunsch, von anderen gesehen zu werden, die Aussicht auf soziale Anerkennung, das Erleben positiver Zuwendung und – erst recht – die Erfahrung von Liebe (...). Die Motivationssysteme schalten ab, wenn keine Chance auf soziale Zuwendung besteht."

Und sie fahren hoch, sobald diese Chance besteht ... Das ist gut für die Führungskraft – sie erreicht ihre Ziele – und für den gesamten Betrieb. Die Identifikation mit dem Unternehmen wird gestärkt. Das Gefühl des Eingebunden-Seins wächst. Wer sich zugehörig fühlt, fühlt sich wohl. Er traut sich etwas zu und engagiert sich stärker, auch bei schwierigen Aufgaben, weil das Selbstbewusstsein gewachsen ist. Auch unter widrigen Bedingungen hält er länger durch. Seine Stimmung ist positiv.

gut für die Führungskraft und den Betrieb

Er honoriert die Wertschätzung in der Regel mit vermehrtem Arbeitseinsatz und größerer Flexibilität, z.B. bei Vertretungseinsätzen oder der Bereitschaft zu ungünstigen Schichten. Man kann sagen: Wertschätzung, das ist die eigentliche Führungskraft einer Führungskraft. Ein Vorgesetzter kann nur dann aktiv führen und gestalten, wenn die Beschäftigten sich führen lassen. Wo diese Bereitschaft fehlt, steht er selber rasch auf dem Abstellgleis.

Wenn Menschen sich einbringen und ihr Potenzial entfalten können, dann fühlen sie sich wertgeschätzt, ohne dass die Führungskraft ständig Lob aussprechen muss. Das Übertragen von Verantwortung ist daher eine Wertschätzungsvariante für Menschen, die „hart" daherkommen und nicht gern viele Worte machen. Das Einbeziehen in Entscheidungsprozesse wirkt in die gleiche Richtung. Es signalisiert: „Ich seh' dich, du bist hier wichtig!"

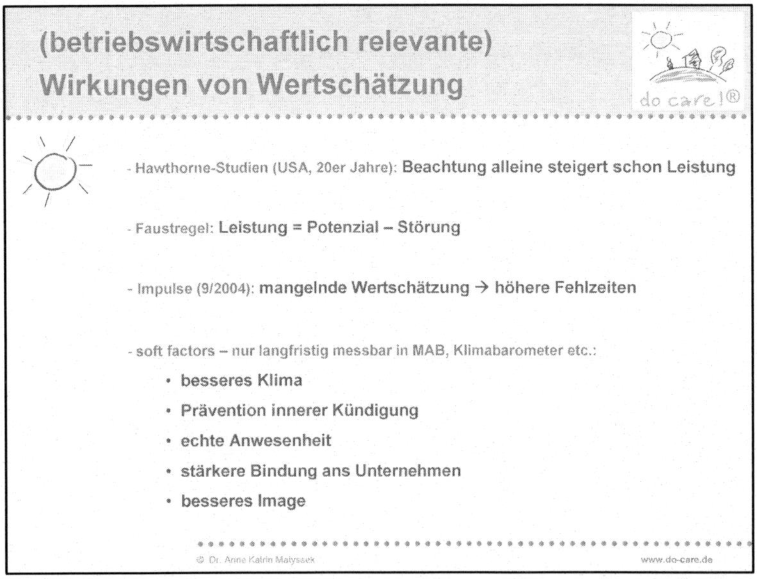

Abb. 2: (Betriebswirtschaftlich relevante) Wirkungen von Wertschätzung

Die Folie bzw. Abbildung 2 fasst einige der genannten Wirkungen von Wertschätzung zusammen. Bereits in den 20er Jahren erkannten Forscher: Beachtung steigert die Leistung. Sie machten in einem Unternehmen folgendes Experiment, das unter dem Namen „Hawthorne-Studien“ bekannt wurde: Sie variierten die Lichtintensität in einem Betrieb, in dem Frauen gewerbliche Tätigkeiten verrichteten. Platt gesagt wollten sie schauen, wie dunkel man es denn werden lassen kann, ohne dass die Leistung nachlässt ...

Beachtung steigert Leistung

Wie so viele psychologische Experimente macht es Psychologen nicht unbedingt sympathischer ;-) Die Frauen reagierten ganz anders als erwartet: In jeder der Versuchsgruppen (heller, dunkler, gleichbleibend) stieg die Leistung an. Die Erklärung der Forscher: Die Frauen fühlten sich so geehrt und wertgeschätzt, dadurch dass sie an einem wissenschaftlichen Experiment einer Universität teilnehmen durften (in den 20er Jahren des letzten Jahrhunderts galt das noch als eine große Sache), dass sie allein aufgrund dessen mehr leisteten als zuvor. Beachtung wirkt!

In der Betriebwirtschaft kennt man folgende Faustregel: Leistung = Potenzial minus Störung. Das besagt, ein Mensch leistet so viel, wie er maximal leisten kann abzüglich dessen, was ihn dabei stört. Störungen sind zum Beispiel Lärm, private Probleme, Unterbrechungen – und eben Ärger über Wertschätzungsdefizite.

Wohl jeder kennt das: Wenn der Kopf voll ist mit Gedanken wie „der grüßt mich nicht – der kann mich mal!", ist die Konzentration auf die Arbeit gestört, und folglich entspricht die Leistung nicht dem Maximalniveau.

mehr Wertschätzung – weniger Fehlzeiten

Dass mangelnde Wertschätzung auch zu höheren Fehlzeiten führt, wird in der Zeitschrift Impulse zitiert. Ähnliches berichtet das GEVA-Institut München. Es befragte Beschäftigte aus Abteilungen mit hohen Fehlzeiten danach, welche Ursachen sie für die erhöhten Fehlzeiten vermuteten. Die Antwort: „Unser Chef kann uns nicht motivieren". Gemeint war damit nicht: „Er macht uns nicht den Entertainer", sondern es fehlten die kleinen Gesten zwischenmenschlicher Anerkennung.

Letztlich schlägt sich Wertschätzung in vielen sogenannten soft factors nieder, die sich nur schwer in Zahlen fassen lassen und eher langfristig statt auf Knopfdruck ihre Wirkung entfalten – was sicher mit dazu beiträgt, dass die „harten Kerle" sich mit dem Thema schwer tun. Messbar sind solche Effekte allenfalls in Mitarbeiterbefragungen, Gefährdungsanalysen oder Klimabarometern, sprich: in sozialwissenschaftlichen Erhebungsinstrumenten. Deren Nachteil (aus Sicht der „harten Kerle"): Sie basieren letztlich auf subjektiven Einschätzungen, sind also nicht objektiv.

finanzielle Folgen

Zu den weichen Faktoren zählen die oben genannten: besseres Klima (weniger Missverständnisse, mehr Kreativität und Freude bei der Arbeit), Prävention innerer Kündigung (mehr Verbesserungsvorschläge), echte Anwesenheit (mit Einsatz statt nur körperlicher Präsenz), stärkere Bindung ans Unternehmen (weniger Fluktuation und dadurch geringere Einarbeitungskosten) sowie dessen besseres Image. Diese Punkte werden sich letztlich auch in finanziellen Folgen niederschlagen – aber wie will man das beweisen?!

1.4 Anbiederei?! – Was die Unternehmenskultur damit zu tun hat

Es gibt Unternehmenskulturen, in denen es als unpassend gilt, jemandem überhaupt positive Rückmeldung zu geben. Dort herrscht die Einstellung „nicht gemotzt ist genug gelobt". Und als externe Referentin bekomme ich, wie Sie in Kapitel 1.3 lesen konnten, dann schon mal zu hören: „Wir haben eine andere Kultur". Es gilt als regelrecht verpönt, anerkennende Worte auszusprechen und womöglich noch dankbar anzunehmen. Stolzgefühle, und überhaupt das Zeigen von Emotionen werden als weichlich, weiblich abgetan.

Anerkennungsgeiz ist wie ein Virus: Ein Befallener kann alle anderen damit anstecken. Der Gruppendruck macht's möglich. Wer nicht als Weichei dastehen möchte, der macht mit und verhält sich ebenfalls anerkennungsgeizig. Und wenn die Mehrheit mitmacht, dann ist dieses Verhalten zur Kultur geworden. Es hat sich eine Norm etabliert, und gegen die möchte man nicht verstoßen.

Vorsicht Virus! Anerkennungsgeiz ist ansteckend

Was ist das überhaupt, eine Kultur? Gabriele Elke, die sich in ihrer Habilitationsschrift auch mit dem Begriff der „Gesundheitskultur" auseinandersetzt, stellt folgende Definition auf (Uhle & Treier, 2011, S. 147): „Es gibt in jeder Organisation unausgesprochene Regeln und Normen. Die Grundgesamtheit dieser gemeinsamen Wert- und Normvorstellungen (...) sowie die geteilten Verhaltens-, Denk und Problemlösungsmuster stellen die Kultur eines Unternehmens dar." Hierzu gehört zum Beispiel die Frage, ob Gesundheit als Privatsache angesehen wird. Oder ob Anerkennung grundsätzlich als Anbiederei verstanden wird.

Unternehmenskultur – was ist das?

Die Regeln der sog. Gewaltfreien Kommunikation GfK, die ab Seite 112 und im Anhang näher vorgestellt wird, wirken auf Mitarbeiter vieler Betriebe fremd, obwohl die GfK ihnen gerade gut täte – sie wirkt zu selbst-entblößend. In deren Kultur bekommt dieser spannende Ansatz keine Chance. Eine Unternehmenskultur, die sich über Jahrzehnte gebildet hat, lässt sich nicht in sechs Wochen verändern. Aber man kann einen Prozess anstoßen, der zunehmend mehr Individuen und Strukturen in Richtung Wertschätzung bewegt und an dessen Ende die Leute offen sind, auch für die GfK.

TIPP FÜR SIE

Schleimfreie Wertschätzungsvarianten:

Sprechen Sie Dank aus,
fragen Sie Kollegen nach ihrer Meinung,
beziehen Sie sie mit ein bei Entscheidungen,
übertragen Sie Verantwortung.

Mit diesen Varianten setzen Sie sich nicht dem Verdacht aus, dass Sie sich anbiedern wollten. Später, wenn Ihr Betrieb schon „weiter" ist in Sachen Wertschätzung, können Sie auch die Erbringer der Leistungen und überhaupt die Menschen als solche würdigen – aber für den Anfang ist dieses Kaliber unter Umständen noch zu groß. Es macht mehr Sinn, mit kleinen Schritten zu starten und sich über Mini-Erfolge zu freuen, als das Wertschätzungsanliegen durch ein emotionales Übers-Ziel-Hinausschießen dem Spott auszusetzen. Sie wollen die Kultur verändern? Dazu brauchen Sie Zeit!

sachte starten mit kleinen Schritten

1.5 Wie Sie den Begriff aus der Mottenkiste herausholen

Befreien Sie den Ausdruck von seinem Mottenkisten-Image, indem Sie wagen, ihn in den Mund zu nehmen. Es muss selbstverständlicher werden, auch am Arbeitsplatz über Gesundheit und Wohlbefinden zu sprechen. Und dazu gehören auch Wertschätzung, Dank und Lob.

- Wenn Sie merken, dass Ihre Kollegen Wertschätzung anders definieren als Sie: Grenzen Sie den Begriff nicht unnötig ein. Das Wichtigste ist, dass Sie überhaupt drüber reden.
- Wenn Ihnen der Ausdruck zu altmodisch oder zu moralisch klingt, verwenden Sie stattdessen neutral wirkende Bezeichnungen wie „positives Feedback", „Bestätigung", „konstruktiver Umgang".
- Wenn jemand spöttisch die Augenbrauen hochzieht, sobald Sie das Wort Wertschätzung in den Mund nehmen, fragen Sie freundlich (!): „Freust du dich nicht, wenn du ...?"
- Wenn Sie Sprüche hören wie „Das ist doch Weiberkram!" oder „Ein Unternehmen ist kein Kuschelverein!", sollten Sie nüchtern, also ohne emotionalen Überschwang, die Wirkungen von Wertschätzung aufzeigen (vgl. hierzu auch Kapitel 2).
- Wenn Ihre Kollegen sich schwer tun: Erleichtern Sie ihnen, ihre Bedürfnisse in Sachen Anerkennung zu artikulieren, indem Sie von sich selbst sprechen: „Also, mir tut das gut"
- Wenn sich jemand lustig macht über anerkennende Äußerungen, können Sie sagen: „Beim Fußballtor und Robbie-Williams-Konzert klatschst du doch auch Beifall!" oder „Und bei deinen Kindern genauso!"
- Wenn Sie fürchten, dass Ihre anerkennenden Äußerungen auf die anderen anbiedernd wirken: Sprechen Sie stattdessen Ihren Dank für erbrachte Leistungen aus.
- Wenn Ihnen selber anerkennende Äußerungen schwerfallen: Übertragen Sie Verantwortung (= Wertschätzungsvariante für harte Kerle). Sie zeigen damit An-Erkennung im eigentlichen Sinne: Ich sehe und erkenne deine Leistung und dich.

Letztlich geht es gar nicht darum, dass Sie den Begriff aus der Mottenkiste herausholen. Es geht darum, dass das, was dahinter steht, in Ihrem Betrieb (wieder / noch) mehr mit Leben gefüllt wird: Das wohlwollende Sehen und An-Erkennen des anderen und seiner Leistung – auch im Sinne von Wohlbefinden und Gesundheit.

Was Wertschätzung mit Gesundheit zu tun hat

2

2 Was Wertschätzung mit Gesundheit zu tun hat

2.1 Gesundheitsfaktor Wertschätzung: „Der tut mir gut!“

gut für den Körper: weniger Herzinfarkte

Wertschätzung gilt – spätestens seit Siegrist (1996) – als Gesundheitsfaktor. Der Düsseldorfer Medizinsoziologe konnte zeigen, dass insbesondere das Herz-Kreislauf-System Schaden nimmt, wenn das Verhältnis von Verausgabungsbereitschaft und erhaltener Anerkennung nicht stimmt: Wenn Menschen den Eindruck haben, dass sie sich nach Kräften für ihr Unternehmen einsetzen, dass sie dafür aber nicht genug Anerkennung ernten – Aufstieg, Image, anerkennende Worte –, dann geraten sie in eine sogenannte Gratifikationskrise. Das relative Risiko eines Herzinfarkts wird dadurch beispielsweise deutlich erhöht.

gut für die Psyche: Depressionsprävention + stärkeres Selbstwertgefühl

Auch bei psychischen Erkrankungen scheint Wertschätzung eine wichtige Rolle zu spielen. Hawkins et al. (1999) konnten zeigen, dass Wertschätzung bei Männern geeignet ist, um Depressionen vorzubeugen. Bestätigung zum Beispiel in Form von anerkennenden Äußerungen stärkt die Psyche und schützt vor Hilflosigkeitsempfindungen. Ist das Klima offen und vertrauensvoll, so können Menschen entspannter arbeiten. Angstfreiheit ist eine wichtige Voraussetzung für gute Leistung. Wer sich wertgeschätzt fühlt, dessen Selbstwertgefühl ist stark, er ist wenig anfällig für Kränkungen, seelisch ausgeglichen, ent-stresst und eher gewappnet für den Umgang mit Belastungen. Sein Wohlbefinden wird gestärkt.

Die bayrische Gesundheitsstaatssekretärin Melanie Huml vertrat auf einer Fachtagung zum Thema „Psychische Gesundheit am Arbeitsplatz“ die Meinung: „Hohe Arbeitsbelastung ist nicht unbedingt das Stressende, sondern die fehlende Wertschätzung. Das Betriebsklima ist dabei entscheidend“ (sueddeutsche.de am 14.10.2010 unter der Überschrift „Fehlende Wertschätzung“). Hintergrund dieser Aussage war die Beobachtung, dass Menschen ohne psychische Erkrankungen jährlich im Schnitt 17 Ausfalltage aufweisen, Menschen mit psychischen Erkrankungen hingegen 23. Das Klima entscheidet mit über die Frage, wie gern die Betroffenen wieder an den Arbeitsplatz zurückkehren.

Dass Wertschätzung Menschen aufblühen lässt – in Bezug auf ihr Selbstwertgefühl genauso wie in Bezug auf ihr Leistungsniveau – belegen die neurobiologischen Studien von Bauer (2006): Wenn ein Mensch sich anerkannt fühlt, wird Dopamin freigesetzt, was seine Konzentrations- und Leistungsfähigkeit erhöht. Zudem werden Glückshormone (Endorphine) und das Vertrauens- oder Bindungshormon Oxytozin ausgeschüttet. Letzteres lässt den Blutdruck sinken und sorgt für ein Gefühl von Entspannung. Entgegen früheren Annahmen, findet sich das Hormon nicht nur bei Säuglingen und ihren stillenden Müttern, sondern auch bei Menschen, die sich am Arbeitsplatz wohl und gut aufgehoben fühlen.

bessere Leistung + Glückshormone

Wertschätzung reduziert Ängste. Es gibt ein Gefühl von Bestätigung und Sicherheit, wenn die soziale Umgebung einem versichert, dass sie einen als Person und als Leistungserbringer schätzt. Das beruhigt und entspannt – letztlich auch auf der muskulären Ebene. Die Furcht vor Fehlern lässt nach, das Vertrauen in die eigenen Fähigkeiten wächst. Man wagt sich selbstbewusst auch an neue Herausforderungen heran und holt das Beste aus sich heraus – wie oben gesagt: Man blüht auf. Negativ ausgedrückt: In der Wertschätzungswüste wächst und gedeiht nichts: Der Mensch geht ein wie eine Primel ...

Angstreduzierung + Entspannung

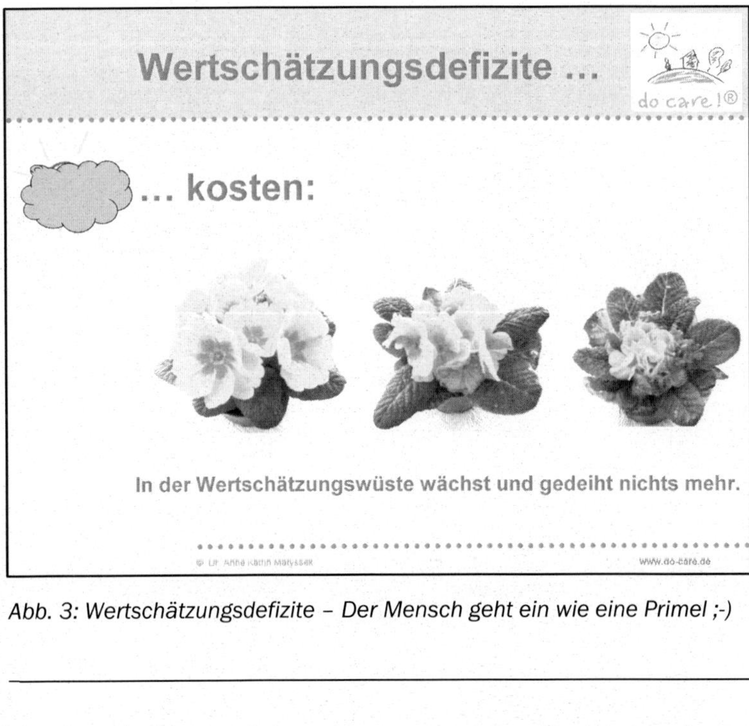

Abb. 3: Wertschätzungsdefizite – Der Mensch geht ein wie eine Primel ;-)

Kollegen als Stresspuffer

Und umgekehrt gilt: Durch gegenseitige Wertschätzung können Kollegen einander gut tun. Es gibt mittlerweile unzählige Studien, die belegen, dass soziale Beziehungen wichtig sind für die Gesundheit. Sie wirken beispielsweise als Stresspuffer. Es tut gut zu wissen „ich bin nicht allein“ oder „andere stehen mir zur Seite“. Das gilt insbesondere für belastende Lebens- oder Arbeitssituationen. Der Stress ist objektiv betrachtet der gleiche – aber er wird anders bewertet und nicht mehr als so schlimm empfunden. Im Notfall leistet das soziale Netz praktische Unterstützung, aber auch andere Varianten sozialer Unterstützung können gut tun.

soziale Unterstützung tut gut

So gibt es zum Beispiel die sogenannte „soziale Unterstützung bei der emotionalen Bewertung von Sachverhalten“. Dazu zählen beispielsweise aufmunternde Sätze wie „das sind wirklich krasse Zeiten, die wir im Moment erleben“ oder sogar Galgenhumor wie „so lange wir noch lachen können ...“. Solche Aussagen signalisieren dem anderen, dass er nicht allein ist, sondern andere an seiner Seite „mit-leiden“. Solange man nicht im kollektiven Jammertal versinkt, kann das gut tun zu merken: Den anderen geht's genauso, und wir gehen gemeinsam durch diese schwierige Zeit.

Folie 4 gibt zusammenfassend wieder, wie sich Wertschätzung auf die Gesundheit auswirkt. Der Aspekt oben links – „fördert die Arbeitsfähigkeit“ – wird in Kapitel 2.4 ausführlich vorgestellt.

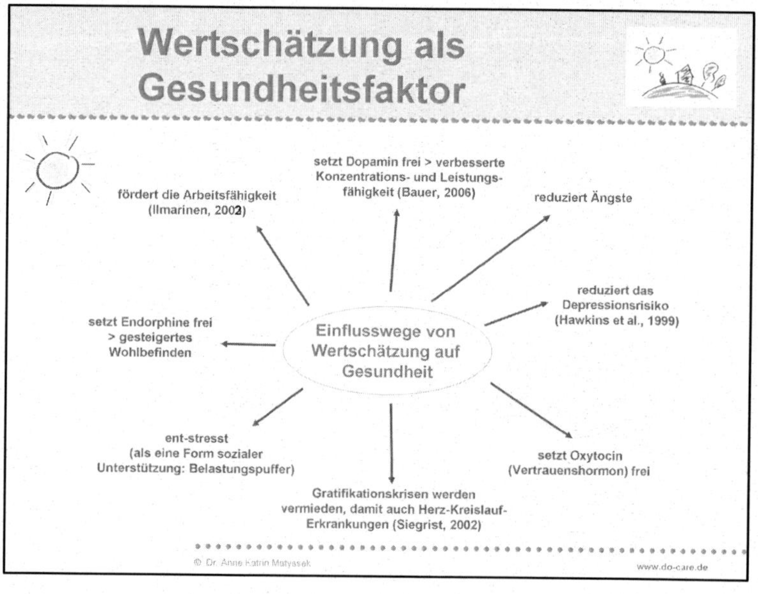

Abb. 4: Wertschätzung als Gesundheitsfaktor

2.2 Wertschätzung + Arbeitsschutz: Gefährdungsfaktor Kollege?

Kollegen können krank machen

Im vorigen Kapitel war zu lesen, dass Wertschätzungsdefizite krank machen können, zum Beispiel wenn Beschäftigte in eine Gratifikationskrise geraten, also das subjektiv wahrgenommene Verhältnis zwischen ihrer Verausgabung und der „Belohnung“ durch den Betrieb nicht stimmt. Die von Siegrist angesprochenen Varianten der Gratifikation liegen primär in der Hand der Geschäftsführung beziehungsweise der Führungskräfte. Aber auch das Miteinander der Kollegen unter einander kann die Gesundheit fördern oder aber krank machen. Damit fällt es in den Bereich des Arbeitsschutzes, weshalb ich vermute, dass auch viele Arbeitsschützer dieses Buch zur Hand nehmen werden.

neues Thema für Arbeitsschützer

Der Arbeitsschutz und seine Aufgaben haben sich in den letzten Jahrzehnten ja grundlegend gewandelt. Früher stand die Unfallprävention im Vordergrund, heute ist es die Gesundheitsförderung. Es geht also nicht mehr nur darum, gefährdende Einflüsse zu reduzieren, sondern auch darum, fördernde zu stärken; beide liegen nicht nur – wie man lange dachte – im technischen oder organisatorischen Bereich. Auch das soziale Leben eines Betriebes birgt gesundheitsfördernde und krankmachende Faktoren. Die Beschäftigung mit zwischenmenschlichen Themen ist für viele Fachkräfte für Arbeitssicherheit aber noch neu.

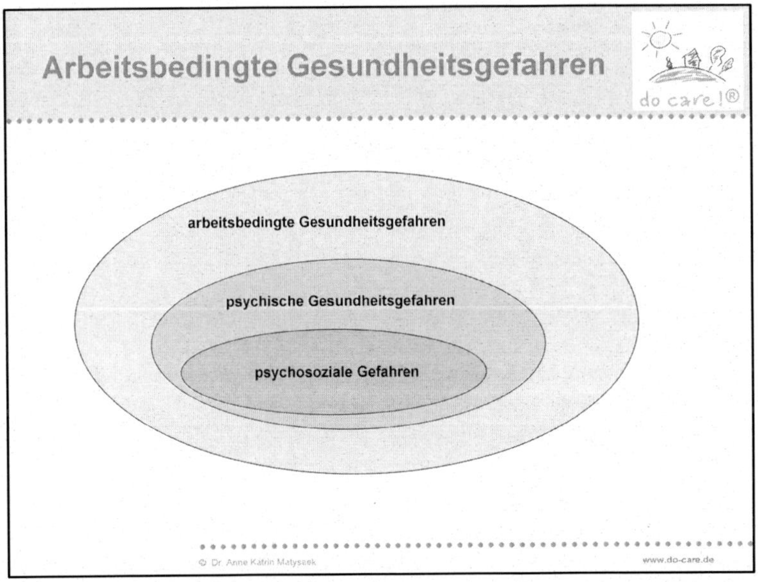

Abb. 5: Arbeitsbedingte Gesundheitsgefahren

in Gefährdungsanalysen nur selten erfasst

Kein Wunder also, dass sie in Gefährdungsanalysen nur selten erfasst werden; überhaupt sind Gefährdungsanalysen – obwohl gesetzlich vorgeschrieben – noch lange nicht in allen Unternehmen an der Tagesordnung. Dabei bilden psychosoziale Gesundheitsgefahren eine Subgruppe der psychischen Gesundheitsgefahren, die ihrerseits eine Subgruppe der arbeitsbedingten Gesundheitsgefahren darstellen, wie in Abbildung 5 zu sehen ist. Die Folie soll zeigen: Hier ist der Arbeitsschutz gefordert, denn zu dessen Aufgabenbereich gehört auch die Prävention arbeitsbedingter Erkrankungen (sog. Erweiterter Präventionsauftrag).

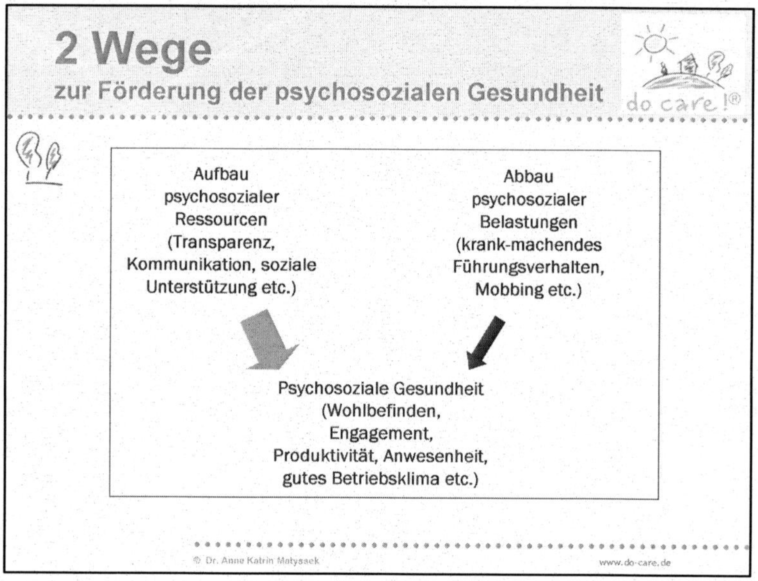

Abb. 6: Zwei Wege zur Förderung der psychosozialen Gesundheit

„du bist wichtig" fördert Gesundheit + verhütet Erkrankungen

Letztlich gibt es – logisch betrachtet – immer zwei mögliche Wege, wenn man Gesundheit fördern möchte, wie Abbildung 6 zeigt: Den rechten, der darauf abzielt, psychosoziale Belastungen abzubauen und z.B. Mobbing einzudämmen, und den linken, bei dem es darum geht, psychosoziale Ressourcen aufzubauen; zu letzterem gehören soziale Unterstützung, mehr Transparenz bei Entscheidungen, aber auch die Vermittlung des Gefühls: „du bist wichtig, wir brauchen dich hier" – eben Wertschätzung. Wichtig für Arbeitsschützer: Beide Wege (nicht nur der nahe liegende rechte!) dienen der Prävention arbeitsbedingter Erkrankungen. In der Praxis ist der linke (Ressourcenaufbau) oft leichter zu bewerkstelligen.

weniger Unfälle durch wertschätzendes Klima

Urs Näpflin von der SUVA (Schweizerische Unfallversicherungsanstalt) ist der Meinung (2010): „Eine Betriebskultur, die auf Wertschätzung basiert, macht sich finanziell bezahlt." Wie kommt ein „Mann vom Arbeitsschutz" zu dieser Beobachtung? Ein gutes Klima dient auch der Unfallprävention und leichteren Wiedereingliederung nach einem Unfall: Wenn Menschen unter einem schlechten Betriebsklima leiden, erhöht sich ihre Anspannung. Sie sind verunsichert und machen schneller und häufiger Fehler. Ein gutes Betriebsklima demgegenüber gibt Sicherheit und senkt das Anspannungsniveau. Auf diese Weise reduziert es das Unfallrisiko.

wertschätzendes Klima „lohnt" sich auch im Falle eines Unfalls

Und falls doch einmal ein Unfall passiert ist, tut es gut, wenn die Führungskraft oder nette Kollegen Interesse am Verunfallten und seiner Gesundheit zeigen, zum Beispiel durch einen Anruf oder eine persönlich unterschriebene Genesungskarte. Ein regelmäßiger Kontakt zum Kranken gibt diesem das Gefühl, nicht vergessen zu werden. Nicht zuletzt kommen Beschäftigte nach der Genesung gern (und oft auch schneller) wieder arbeiten, wenn sie sich im Betrieb wohl fühlen und wissen, dass sie gebraucht werden. Das schlägt sich letztlich auch in harten Zahlen nieder.

Wenn Ihnen das Thema Wertschätzung am Herzen liegt, gehen Sie sicher ohnehin mit offenen Augen durch den Betrieb. Dann werden Ihnen bestimmt Signale für Wertschätzung bzw. auch für Wertschätzungsmängel auffallen. Die wichtigsten Hinweise erhalten Sie aus den Ergebnissen von Mitarbeiterbefragungen sowie Gefährdungsanalysen, von Werksärzten, Betriebssozialarbeitern und Betriebsräten, und natürlich aus persönlichen Gesprächen.

Checkliste „Alarmsignale für mangelnde Wertschätzung"

- morgendliche Begrüßung wird nur in den Bart genuschelt
- Kontakte werden vermieden; Einzelgängertum überwiegt
- Fehler werden verschwiegen / mit großem Aufwand verheimlicht
- Betriebsfeste werden schlecht besucht oder für überflüssig gehalten
- Worte wie „bitte" und „danke" haben Seltenheitswert
- Kollegen fühlen sich von Informationen ausgeschlossen
- es herrscht ein rauer Umgangston, anerkennende Worte fehlen
- jeder kümmert sich ausschließlich um den eigenen Aufgabenbereich
- Sozialräume oder Waschräume sind verdreckt
- Ergebnisse der Mitarbeiterbefragung, Gefährdungsbeurteilung, Betriebsarztpraxis, Sozialberater-Tätigkeit, Betriebsratsarbeit, Gespräche mit Arbeitsschützern zeigen: „es rumort im Gebälk"

2.3 Betriebliches Gesundheitsmanagement und Wertschätzung

immer mehr Betriebe haben ein BGM (Betriebliches Gesundheitsmanagement)

Viele Unternehmen haben mittlerweile verstanden, dass es sich für sie lohnt, ein Betriebliches Gesundheitsmanagement einzuführen. Christian Timmerhoff von der Techniker Krankenkasse weist in der Zeitschrift Personalwirtschaft (personalwirtschaft.de, Ausgabe 08/2010, Seite 36f) darauf hin, dass viele Betriebe immer noch meinen, Prävention und Gesundheitsmanagement seien ein und dasselbe. Aber die Zahl derer, die nicht nur Unfälle und Krankheiten verhindern, sondern auch Wohlbefinden und Gesundheit pflegen und fördern wollen, wächst erfreulicherweise. Und auch die Anzahl derjenigen, die ein systematisches Betriebliches Gesundheitsmanagement (BGM) implementieren, nimmt zu.

TIPP FÜR SIE

Bitte seien Sie nicht frustriert, wenn Ihre Gesundheitsangebote nur von wenigen und insgesamt nicht so intensiv und freudig angenommen werden, wie Sie gedacht haben!

In Ihren Augen sind Gesundheitsförderungsangebote ganz sicher Ausdruck von Wertschätzung – Sie meinen es ja gut mit den Leuten und haben ehrbare Motive; dementsprechend ist Ihre Enttäuschung groß, wenn die Akzeptanz Ihrer Pläne seitens der Adressaten gering ist. Vielleicht tröstet es Sie: Die Erfahrung, die Sie da machen, ist ganz typisch. Sie sind nicht allein ... Das gilt sowohl für Einzelmaßnahmen zur Gesundheitsförderung als auch für ein systematisches prozessorientiertes Vorgehen in Form eines Betrieblichen Gesundheitsmanagements. Vielleicht sind Ihre Kollegen es noch nicht gewohnt, dass man ihnen wertschätzend begegnet?

Fakt ist: Diejenigen, die mit der Gesundheitsförderung in ihrem Unternehmen gleichsam bei Null anfangen und mit Einzelaktionen wie Yoga-Kursen oder Gesundheitstagen starten, machen häufig die Erfahrung: Da kommt keiner. Oder: Es kommen diejenigen, die ohnehin immer schon gesundheitsorientiert gelebt haben und sich freuen, wenn der Betrieb das, was sie ohnehin schon tun, nun finanziell oder ideologisch unterstützt.

Und häufig hört man die Klage: „Die, die wir erreichen wollen, bleiben weg.“ Schlimmer noch. Als ich einmal einen Mitarbeiter darauf ansprach, warum er denn nicht zum Gesundheitstag seiner Firma gehen wollte, meinte der doch tatsächlich: „Die wollen ja bloß, dass ich gesund bleibe!“

Sprich: Er hatte sich bis dahin offenbar nicht wirklich durch sein Unternehmen wertgeschätzt gefühlt. Aktionen, die auf die Förderung seiner Gesundheit abzielten, erlebte er vor diesem Hintergrund als rein zweckgerichtet: Seine Arbeitskraft solle gesteigert werden, und er als Mensch sei dabei nur Mittel zum Zweck. Natürlich sollte der Mitarbeiter auch selber ein Interesse an seiner Gesundheit haben. Aber dieser – voller Empörung vorgetragene – Satz offenbart einen für die Praxis typischen Zusammenhang, der auch in Abbildung 7 dargestellt wird:

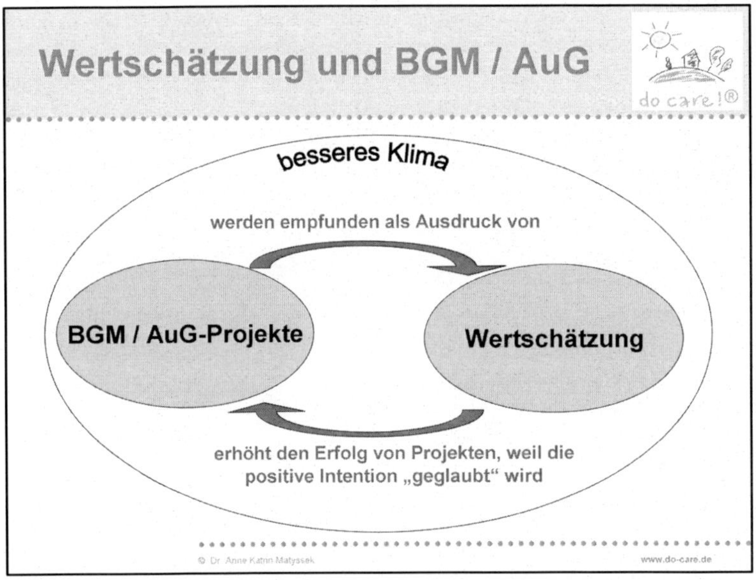

Abb. 7: Das Verhältnis von BGM / AuG und Wertschätzung

ein Positiv-Kreislauf („Engelskreis“)

Wo Beschäftigte sich von ihrem Unternehmen und seinen Vertretern persönlich wertgeschätzt fühlen, verstehen sie Maßnahmen des Betrieblichen Gesundheitsmanagements (und übrigens auch Maßnahmen zum Arbeits- und Gesundheitsschutz) als Ausdruck von Wertschätzung und „glauben“ die positive Intention; folglich ist die Akzeptanzquote der zugehörigen Maßnahmen hoch. Das BGM kann sich quasi voll entfalten, es erreicht viele Beschäftigte und wird von Erfolg gekrönt sein, wie auch immer man den definiert.

Wo sich die Leute hingegen (noch) nicht wertgeschätzt fühlen, fehlt auch (noch) die Akzeptanz der BGM-Maßnahmen. Und wenn die Kultur in Ihrer Organisation in der Vergangenheit geprägt war von der Betrachtung des Menschen als Kostenfaktor, dann müssen Sie (erst einmal) die Folgen ausbaden. Aber das wird sich ändern!

beide Seiten haben etwas davon

In der Praxis sollte es bei Maßnahmen zum Betrieblichen Gesundheitsmanagement zwei Profiteure geben: Der Mitarbeiter selbst hat etwas davon, seine Gesundheit zu erhalten; er will schließlich noch gesund in Rente gehen. Und der Betrieb hat etwas davon, denn mit der Gesundheit wird auch die Leistungsfähigkeit gepflegt und gefördert. Im Idealfall werden auch die Bindung ans Unternehmen und die Motivation gestärkt sowie das Betriebsklima verbessert und das Image des Unternehmens gefördert.

wirtschaftliche Motive nicht verstecken! die sind legitim

Dass der Betrieb Gesundheitsmanagement nicht ausschließlich aus Gründen der Wohltätigkeit durchführt, versteht auch jeder Beschäftigte. Man sollte daher – als BGM-Verantwortlicher oder als Geschäftsführer – auch kein Hehl aus den Motiven machen, sondern stattdessen genau das betonen (zum Beispiel bei Impuls-Events oder auf Betriebsversammlungen): dass jede/r davon profitiert, das Unternehmen eingeschlossen.

Gesundheit am Arbeitsplatz ist (auch) ein Gemeinschaftswerk.

auch der einzelne trägt Verantwortung für seine Gesundheit

Der einzelne trägt eine Verantwortung zur Erhaltung seiner Arbeitskraft (im Grunde sogar laut Arbeitsvertrag), und der Betrieb leistet ebenfalls seinen Beitrag dazu, dass alle Beschäftigten gesund bleiben und gesund in Rente gehen können. Diese Zusammenarbeit wird dann gut funktionieren, wenn beide Seiten Hand in Hand arbeiten und sich ihre Bemühungen sinnvoll ergänzen. Wertschätzung fungiert dabei als Düngemittel. Die Unternehmensleitung muss glaubwürdig signalisieren:

„Deine Gesundheit liegt uns am Herzen,
denn DU bist uns wichtig, und natürlich auch deine Arbeitskraft.
Wir trauen dir zu, dass du selber die Verantwortung für deine Gesundheit übernimmst;
und wir wissen, dass wir ebenfalls Verantwortung für deine Gesundheit tragen, und deshalb wollen wir dich nach Kräften unterstützen.
Wir wollen, dass du dich an deinem Arbeitsplatz wohlfühlst."

Kulturveränderung hin zum besseren Klima durch die Wechselwirkung von BGM und Wertschätzung

So ein Signal glaubwürdig, sprich: als Ausdruck von Wertschätzung zu vermitteln, das erfordert mehr als nur einzelne Aktionstage, gesponsorte Sportangebote, Ernährungsberatungen oder Raucher-Entwöhnungskurse. Uhle und Treier (2011, S. 29) sprechen vom „JoJo-Effekt" einer verordneten Diät, wenn Unternehmen zu Kurzfrist-Angeboten greifen und sich von diesen maximale Effekte erhoffen, möglichst noch in Form einer drastischen Reduzierung der Fehlzeitenquote. Solche Wirkungen lassen sich nicht auf Knopfdruck erzielen, sie sind das Resultat einer Kulturveränderung.

Noch ein weiterer Aspekt ist wichtig, wenn BGM Erfolg haben soll: Es wird höchste Zeit, dass sich betriebliche Gesundheitsförderung bzw. Betriebliches Gesundheitsmanagement auch um psychosoziale Themen kümmern (Kuhnert, Akca & Kastner, 2010). Erkrankungen des Muskel-Skelett-Systems führen zwar derzeit noch die Fehlzeitenstatistik an, aber in den Gesundheitsberichten sämtlicher Krankenkassen zeigt sich, dass die psychischen Erkrankungen auf dem Vormarsch sind und zudem der häufigste Grund für Frühverrentungen. Dabei spielen weniger akute als vielmehr chronische Verläufe eine wichtige Rolle. Diesen Veränderungen muss das BGM Rechnung tragen.

schleichender Gesundheitsverlust durch Wertschätzungsdefizite

Uhle und Treier (2011, S. 25) formulieren das so: „... das eigentliche Problem ist nicht die biologische Erkrankung im Sinne des Dualismus zwischen Gesundheit und Krankheit. Problem ist der schleichende Gesundheitsverlust durch mangelnde Menschlichkeit, Wertschätzung und Leistungsverdichtung, der teilweise in der Arbeitswelt dominiert und sich in den bedenklich hohen Prävalenzzahlen ‚Psychische Störungen' ausdrückt. Gerade an diesen Faktoren kann die Arbeitswelt ansetzen und ein Setting schaffen, das im Sinne der Salutogenese gesundheitsförderlich ist."

ganz im Sinne Antonovskys (Salutogenese)

Eine von Wertschätzung geprägte Haltung als Grundlage des BGM (das letztlich natürlich auch betriebswirtschaftliche Ziele verfolgt und seine Erfolge messbar machen muss) ist in meinen Augen hierfür genau das richtige „Medikament". Die von Antonovsky (1987) erarbeiteten drei Aspekte des Gesundheitstreibers „Kohärenzsinn" – Verstehbarkeit, Handhabbarkeit, Sinnhaftigkeit – ergeben sich dabei en passant, quasi von allein: In einem auf Wertschätzung basierenden BGM werden Mitarbeitende einbezogen, bekommen Hilfsmittel zur Erhaltung der Gesundheit an die Hand, wissen, wofür und wozu sie welche Maßnahmen ergreifen.

BGM auf der Basis von Wertschätzung = Salutogenese pur

Mich wundert es nicht, dass sich Maßnahmen zur Gesundheitsförderung (seien sie nun Teil eines BGM oder nicht) förderlich auf die psychische Gesundheit auswirken, wie eine Metastudie über 1000 (!) Studien ergab; und zwar sogar, wenn die Maßnahmen primär auf die körperliche Gesundheit abzielen. Publiziert wurde die Metastudie im Rahmen eines iga-Reports (iga steht für „Initiative Gesundheit und Arbeit), der den Titel trägt „Wirksamkeit und Nutzen betrieblicher Gesundheitsförderung und Prävention" – wichtig zu wissen für alle, deren Finanzverantwortliche im Betrieb Zahlenmaterial brauchen, um Gelder zu bewilligen (www.iga-info.de).

der Treiber dahinter: „der Betrieb meint's gut mit dir"

Der Treiber dahinter ist meines Erachtens (das wird Sie jetzt sicher nicht wundern ...): die Wertschätzung, nämlich in dem Sinn, dass die Beschäftigten durch gesundheitsfördernde Maßnahmen das oben genannte Signal empfangen: „wir wollen, dass du dich hier wohl fühlst". Die Maßnahmen können ein erster Baustein für den in Abbildung 7 beschriebenen Kreislauf sein – irgendwo muss man ja anfangen ... und so lange Signale der Wertschätzung senden, bis mehr oder wenige alle davon überzeugt sind, dass der Betrieb es gut mit ihnen meint. Also unbedingt dran bleiben!

Dass dabei für das Unternehmen auch finanzielle Motive eine Rolle spielen, ist, wie gesagt, selbstverständlich und auch den Beschäftigten von Anfang an klar bzw. darf und soll klar gestellt werden. Gänsler und Bröske (2010) berichten in ihrem Buch „Die GesundArbeiter – Warum Gesundheit der entscheidende Erfolgsfaktor in Unternehmen ist", dass Gesundheit „höhere Zinsen als Hedge-Fonds" bringt (S. 135). Ich persönlich denke ja, eine wirklich wertschätzende Geschäftsführung weiß so etwas auch ohne einen Beweis durch wissenschaftliche Untersuchungen. Aber diese Ansicht ist vielleicht zu naiv, denn auch die Geschäftsleitung muss ja in der Praxis letztlich ihre Entscheidungen vor irgendwem rechtfertigen, und dazu sind Studien zu diesem Thema natürlich wichtig.

2.4 Eine Frage der Wertschätzung: Die Arbeitsfähigkeit erhalten

schlecht behandelt – früh zermürbt

Im Report zum DGB-Index Gute Arbeit 2009 heißt es unter der Überschrift „Schlecht behandelt – früh zermürbt (S. 26): „Nur 19 Prozent der Arbeitnehmerinnen und Arbeitnehmer, die in sehr hohem Maße von anderen (Arbeitgebern, Vorgesetzten, Kollegen, Kunden) herablassend oder herabwürdigend behandelt werden, können sich vorstellen, ihre Tätigkeit bis zur Rente aushalten zu können." Wertschätzungsdefizite scheinen ein gut geeignetes Mittel zu sein, um die Arbeitsfähigkeit zu reduzieren.

Auch die Langzeituntersuchung von Johani Ilmarinen belegt einen Zusammenhang zwischen der Arbeitsbewältigungsfähigkeit der Befragten und der Wertschätzung, die sie durch ihren unmittelbaren Vorgesetzten erleben. In der Studie wurden über einen Zeitraum von 11 Jahren Menschen zwischen 51 und 62 Jahren beobachtet hinsichtlich ihrer Fähigkeit, ihre Arbeit auszuführen. Als Messinstrument wurde der Work-Ability-Index (WAI) eingesetzt. (Falls Sie sich hierzu näher informieren möchten: Unter www.baua.de können Sie die Broschüre „Why WAI" downloaden.)

Wertschätzung erhöht die Arbeitsfähigkeit

Das Resultat war: Die Arbeitsfähigkeit ließ mit zunehmendem Alter nach. Maßnahmen zur individuellen Gesundheitsförderung konnten diese Entwicklung erwartungsgemäß ein bisschen abfedern. Spannend aber war, was in einer Gruppe geschah, die neben einer Verbesserung ergonomischer Randbedingungen und individueller Gesundheitsförderung die Segnungen verbesserten Führungsverhaltens erleben durfte: Die Arbeitsfähigkeit ließ sich sogar erhöhen! Die Wertschätzung durch den unmittelbaren Vorgesetzten war dabei von hochsignifikanter Bedeutung.

In dem Buch „Arbeitsfähigkeit 2010“ (Ilmarinen & Tempel, 2002) lautet ein Fazit dieser Studie: „Fehlende Wertschätzung durch den unmittelbaren Vorgesetzten wie durch Kollegen erschwert es älter werdenden Arbeitnehmern erheblich, an ihr eigenes Potenzial und die Qualität ihrer Arbeit zu glauben. In diesem Bereich gibt es einen erheblichen Spielraum für Verbesserungen.“

Würdigung der Erwerbsbiographie

Das Bedürfnis nach Anerkennung lässt keineswegs mit dem Alter nach, eher wird es noch stärker. In manchen Betrieben führte dies schon zu dem Bonmot „Wie, der bekommt Wertschätzung?! Ist der schon über 50?!“ Ältere haben andere Belohnungsstrukturen als jüngere. Selbstverständlich wollen Mitarbeitende aller Altersklassen wertschätzend und respektvoll behandelt werden. Aber Ältere reagieren auf Verstöße dagegen besonders empfindlich. Sie erleben sie als kränkend. Für jüngere Menschen sind Aufstiegschancen, Prämien und Events eine Belohnung, für ältere ist es vor allem die Würdigung ihrer Erwerbsbiographie.

Ähnliches belegt auch eine Studie der Bertelsmann-Stiftung, wie Rainer Thiehoff im eDossier“ Gesundheit und Stress“ des Berufsverbands Deutscher Psychologen berichtet: Die Beschäftigten wurden danach gefragt, unter welchen Bedingungen sie sich eine Fortsetzung ihrer gegenwärtigen beruflichen Tätigkeit bis zum 65. Lebensjahr vorstellen könnten. 70 Prozent der Befragten nannten eine „stärkere Anerkennung meiner Arbeitsleistung durch die Vorgesetzten“. Dem ist wohl nichts mehr hinzuzufügen – außer vielleicht, dass auch die Wertschätzung der Kollegen wichtig ist.

TIPP FÜR SIE

Unter www.tk-online.de finden Sie eine kostenlos downloadbare Broschüre mit dem Titel:

„Gesund alt werden im Betrieb“.

2.5 Wie Sie andere vom Wert der Wertschätzung überzeugen

Wichtig ist, nicht als Moralapostel daherzukommen oder den Gesprächspartner mit der eigenen Begeisterung für das Thema emotional zu überrennen. Beides wirkt leicht abschreckend (auch wenn man es noch so gut meint: das ist nicht gut). Stattdessen ist emotionale Zurückhaltung gefragt, Nüchternheit gepaart mit Einfühlungsvermögen.

- Ersetzen Sie zu Beginn – zumindest in Betrieben mit wenig Zugang zu dem Thema – den Ausdruck Wertschätzung durch andere Begriffe („Respekt", „Rückmeldungskultur", „Anerkennung").
- Bemühen Sie sich, emotionalen Überschwang zu bremsen. Bleiben Sie eher nüchtern, wenn Sie beschreiben, wie sich Anerkennung auf die Gesundheit auswirkt.
- Heben Sie hervor, dass Ihr Gegenüber und Sie dieselben Ziele haben („wir wollen doch alle, dass der Laden gut läuft und die Leute ihren Job gern machen").
- Verzichten Sie auf Vorwürfe oder Klagen über Wertschätzungsmängel – wer sich angeklagt fühlt, lässt sich nicht für ein Thema gewinnen. Weisen Sie stattdessen auf kleine Signale der Wertschätzung hin, die Sie im Betrieb bzw. im Umgang mit Ihrem Gesprächspartner bereits erlebt haben („Das hat damals gefreut").
- Berichten Sie zum Beispiel von einem Azubi, der aufgeblüht ist, als er eine besondere Form von Wertschätzung erfuhr oder einen wertschätzenden Paten an die Seite gestellt bekam. Und woran das Ihrer Meinung nach lag.
- Bringen Sie den Gesprächspartner immer wieder dazu, sein eigenes Bedürfnis nach Wertschätzung zu spüren. Das gelingt am besten durch das Erinnern an Erfolge, durch Fragen ...
- ... und durch Vorleben! Zeigen Sie Ihrem Gegenüber, dass Sie große Stücke auf ihn oder sie halten („Für Sie ist das doch auch wichtig, dass hier respektvoll mit einander umgegangen wird, statt dass wir uns gegenseitig ausbooten").
- Oberstes Gebot: Die eigene wertschätzende Haltung kultivieren und daran arbeiten, sie auch in den Kontakt mit gefühlskalten oder unsympathischen Menschen hineinzutragen.

Den Rücken stärken statt Schwächen suchen – das sollte Ihr Motto sein, wenn Sie Ihr Gegenüber für das Thema Wertschätzung gewinnen wollen. Also den Fokus aufs Positive richten statt aufs Negative.

3 Gesundheit neu gedacht: Wertschätzung als salutogene Grundhaltung

3 Gesundheit neu gedacht: Wertschätzung als salutogene Grundhaltung

3.1 Warum Gesundheit auch eine Frage der Haltung ist

Positive Psychologie

Der in diesem Buch vertretene Ansatz, Wertschätzung als bejahende Haltung zu begreifen, die das Augenmerk aufs Gute richtet, entspricht der sogenannten Positiven Psychologie, die derzeit sehr en vogue ist und die Forschung sicher noch in den kommenden Jahren beschäftigen wird. Es geht ihr darum, die Beschäftigung mit menschlichen Stärken, Ressourcen und Gesundheit in den Vordergrund zu rücken – anders als in der klassischen Psychologie, die sich überwiegend mit negativen Dingen wie psychischen Störungen und Krankheiten beschäftigt hat.

Das Ziel der Positiven Psychologie liegt darin, bessere Lebensbedingungen für alle zu schaffen, in denen Nächstenliebe und Wertschätzung gelebt werden. Ihr Gründer oder „Entdecker" ist Martin Seligman, der vielen bekannt ist durch seine Theorie der Erlernten Hilflosigkeit (Kernthese: Wenn Menschen nichts bewirken können, werden sie depressiv) und – als Weiterentwicklung dieses Konzepts – des Erlernten Optimismus; eine Kernthese zu letzterem ist zugleich der Titel eines seiner Bücher (Seligman, 2001):

„Pessimisten küsst man nicht – Optimismus kann man lernen"

positive Emotionen fördern Gesundheit

Optimismus ist eine gesundheitsfördernde Haltung, wie Seligman (2010) in seinem Buch „Der Glücks-Faktor: Warum Optimisten länger leben" beleuchtet. Optimismus löst – ebenso wie Wertschätzung – positive Emotionen aus. Diese wiederum dienen in der Evolution dem Zweck, unsere Ressourcen zu vergrößern: Wir sind bei anderen beliebter und festigen unsere zwischenmenschlichen Beziehungen, wir sind toleranter, kreativer und veränderungsbereiter, wenn wir guter Stimmung sind. Unser geistiger Horizont wird weiter. Und unser Leistungsniveau ist erhöht.

Dies steht in Übereinstimmung zu den Grundannahmen der Klientenzentrierten Beratung bzw. Therapie: Die Gesprächspsychotherapie nach Carl Rogers (1985) unterstellt, dass die Erfahrung von Wertschätzung durch das Gegenüber – hergestellt durch Akzeptanz, Echtheit, Empathie und Wärme – dazu führt, dass Menschen sich ihrer Wünsche, Gefühle und Bedürfnisse gewahr werden. Zugleich lernen sie durch solcherart gestaltete Beziehungen, sich selbst zu akzeptieren. Wertschätzende Beziehungen ermöglichen Menschen eine Selbstentfaltung, persönliches Wachstum und nicht zuletzt psychische Gesundheit.

Carl Rogers: Echtheit, Einfühlung und Akzeptanz machen gesund

Aaron Antonovsky (1987), der Erfinder der Salutogenese, stellte als erster Wissenschaftler die Frage: Was erhält Menschen gesund? Bei seinen Untersuchungen – u.a. an Frauen, die das KZ überlebt hatten – stellt er fest, dass der Kohärenzsinn ein wichtiges Kriterium für Gesundheit darstellt. Darunter versteht er drei Aspekte: Verstehbarkeit, Machbarkeit (oft übersetzt mit: Handhabbarkeit), Sinn. Wenn Menschen wissen, was mit ihnen geschieht, wenn sie Mittel zur Bewältigung haben und wenn sie einen Sinn in dem Ganzen sehen, dann sind sie gesundheitlich geschützt und können selbst schlimmste Belastungen überstehen.

Antonovsky und der Sense of Coherence

Im Grunde handelt es sich bei den von ihm genannten drei Aspekten um Ergebnisse kognitiver Prozesse, die zugleich eine (bejahende, positive) Haltung gegenüber dem Leben und seinen Herausforderungen beinhalten. Sie ermöglichen ein Akzeptieren von Belastungen. Man nimmt das an, was das Leben einem aufbürdet, und macht das Beste daraus, weil man ein „wozu" kennt. Diese auch von dem Begründer Logotherapie, Viktor Frankl, bekannte Haltung scheint die Gesundheit zu schützen bzw. zu stärken. Annehmen, was ist; und dann das Ganze positiv gestalten – das entspricht einer wertschätzenden Grundhaltung.

Was ist das Geheimnis derer, die gesund bleiben? Diese originär salutogene Fragestellung beschäftigte auch die Forscher der österreichischen Gruppe Arbeitsleben um Heinrich Geißler und Brigitta Gruber (www.arbeitsleben.at). Die Forscher entwickelten Konzepte zu sogenannten Gesunden Dialogen. Hierzu zählen der Anerkennende Erfahrungsaustausch (AE; siehe Anhang) sowie das Arbeitsbewältigungsgespräch. Beim AE geht es darum, von den Gesunde(te)n zu lernen. Sie fragten sich: Was machen Menschen anders, die täglich zur Arbeit kommen? Das sind ja nicht nur die Vorzeige-Sportler. Die Antworten auf diese Fragen zeigen, dass es Zeit ist für den Abschied von einem beliebten Vorurteil:

Salutogenese: Die Frage nach dem Geheimnis der Gesunden

„gesund" und „krank" sind keine Gegensätze

Schluss mit der Dichotomie „gesund vs. krank“

Es macht Sinn, die Vorstellung von der Dichotomie (jemand ist gesund oder er ist krank) über Bord zu werfen zugunsten der Annahme eines Kontinuums, dessen Endpunkte Gesundheit und Krankheit darstellen. Nur dann nämlich lässt sich Gesundheit fördern: indem man sich hinbewegt zum Pol „Gesundheit“. Der Gedanke dahinter ist der gleiche, der oben in Abbildung 6 gezeigt wurde. Demzufolge gibt es zwei Wege zur Förderung der Gesundheit: den über den Abbau von Belastungen und den über den Aufbau von Ressourcen. Letzterer ist oft leichter in die Praxis umzusetzen: Gesundheit entstehen lassen durch Stärkung.

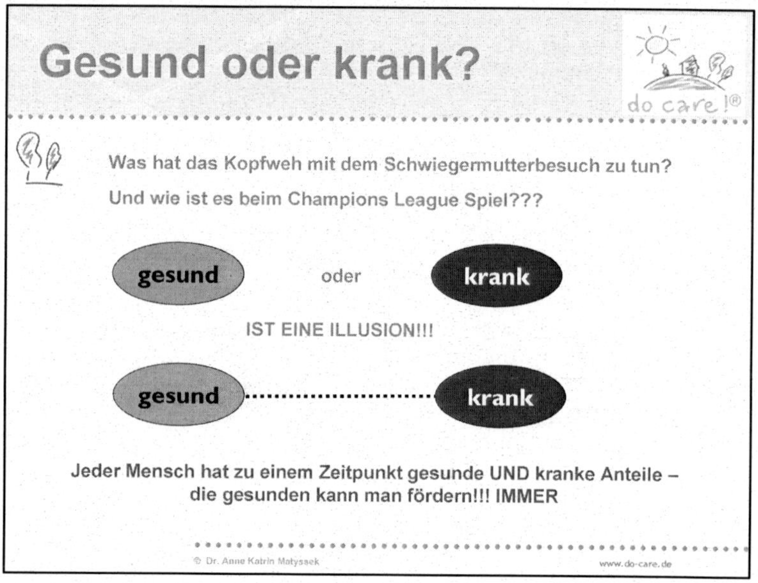

Abb. 8: Gesundheit und Krankheit: 2 Pole einer Skala statt Dichotomie

2 Pole einer Skala

Jeder Mensch hat zu jedem Zeitpunkt gesunde und kranke Anteile. Wenn ich (oder in Zukunft Sie ☺ ...) im Seminar Menschen das klar machen möchte, lege ich zwei Schilder im Abstand von 5 Metern auf den Boden, eins grün, eins rot. Das rote trägt die Aufschrift „Krankheit“, das grüne „Gesundheit“. Die Teilnehmenden sollen sich bei dem Schild aufstellen, das ihren aktuellen Zustand am besten wiedergibt. Mich freut's, wenn die Leute sich mit der Entscheidung schwer tun. Manche kommen von sich aus auf die Idee, beide Schilder durch ein im Raum befindliches Seil zu verbinden: Dadurch werden die Schilder zu Polen einer Skala.

Nun fällt ihnen die Aufstellung deutlich leichter, denn den meisten ist klar: „Ich bin weder ganz gesund noch ganz krank; es zwickt schon mal, aber im Grunde bin ich fit.“ Wer jetzt noch immer nicht überzeugt ist, den kann man fragen, wie es sich mit seinen Kopfschmerzen verhält, wenn die Schwiegermutter (sorry, ist hier nur als Klischee gemeint – meine ist sehr nett) plötzlich ihren Besuch ankündigt. Und was mit den Kopfschmerzen passiert, wenn ein für ihn spannendes Champions League-Spiel im Fernsehen übertragen wird.

was macht die Schwiegermutter mit dem Kopfweh?

Die meisten geben zu, dass die Schmerzintensität sich verändert, und dass sich die Frage „gesund oder krank“ in diesem Fall nicht so einfach beantworten lässt – dass es also Sinn macht, von einem Kontinuum auszugehen, auf dem sich die Schmerzen hoch- (= in Richtung starkem Kopfweh) oder runter-regeln (in Richtung nachlassender Schmerzen) lassen. Wovon hängt die Schmerzintensität ab? Es kommt darauf an, worauf man seine Aufmerksamkeit richtet. Die Haltung entscheidet! Also die Frage: Richte ich mich aus in Richtung des Gesundheits- oder in Richtung des Krankheitspols?

Schmerzintensität ist eine Frage der Haltung

Das besagt die sog. Gate Control Theorie der Schmerzpsychologie: Wenn man sich auf die Schmerzen konzentriert – das passiert leicht in emotional unangenehmer Umgebung –, werden sie stärker. Wenn man die Aufmerksamkeit hingegen auf etwas Angenehmes lenkt, lässt die subjektiv empfundene Schmerzintensität nach. Dem vermittelnden Nerv ist das übrigens egal: Der kennt nur zwei Zustände: Reize feuern oder eben nicht feuern. Es ist die Aufmerksamkeit(slenkung), die entscheidet.

Und die Aufmerksamkeitslenkung spielt auch beim Thema Wertschätzung eine Rolle. Wenn ich mein Augenmerk auf etwas Positives (am Kollegen, am Vorgesetzten, am Unternehmen) richte, werde ich es genau dadurch verstärken. Wenn ich glaube, der andere ist wertvoll, werde ich entsprechend Schätzenswertes an ihm entdecken und ihn dementsprechend behandeln; er wird meine Wertschätzung spüren und mich ebenso behandeln wollen, was wiederum mein Wertschätzungsempfinden verstärken kann. Ein Engelskreis beginnt ... Natürlich ist genauso auch die umgekehrte Entwicklung denkbar und in der Praxis häufig: Wenn ich jemanden nicht leiden kann, fallen mir tausend negative Dinge an ihm auf; das hat Folgen auch auf meinen Umgang mit demjenigen.

law of attraction: das, wo meine Energie hingeht, wird stärker

Das, worauf wir unsere Aufmerksamkeit richten, verstärken wir.

Wertschätzung ist eine verhaltensgenerierende Haltung, die stark abhängig ist vom Menschenbild der interagierenden Personen und zunächst einmal unabhängig ist von Taten oder Leistungen (Engelbrecht et al., 2010). Ein positives Menschenbild, wie es beispielsweise der humanistischen Psychologie und auch diesem Buch zugrunde liegt, unterstellt, dass Menschen sich entfalten, sich einbringen, mitgestalten und Kontakte zu anderen friedlich gestalten wollen – auch am Arbeitsplatz. Sie wollen ihr Bestes geben. Diese Haltung erleichtert es, mit einem wertschätzenden Blick auf andere zuzugehen. Sie unterstellt dem anderen gute Absichten.

leider aus der Mode: Würdigung von Einsatz

Ein wichtiger Aspekt der Wertschätzung im betrieblichen Alltag ist die Würdigung des Einsatzes – nach der Definition aus Kapitel 1 zu gleichzusetzen mit „Dank". Kuhnert, Akca und Kastner (2010, S. 170) zufolge äußert sich Würdigung in „Rücksichtnahme und Respekt, findet im sozialen Austausch statt und bezieht sich auf Einsatz, Beiträge, Engagement und erbrachte Opfer für oftmals ‚harte, schmutzige Arbeit', die niemand gerne erledigt". Die Autoren beobachten, dass die Bedeutung der Würdigung zugunsten der Bewunderung für Erfolge abnimmt. Vereinfacht gesagt: Es zählen heutzutage nur Erfolge, nicht mehr Einsatz.

TIPP FÜR SIE

Würdigen Sie nicht nur Erfolge, sondern auch Einsatz!

Diversity

Wertschätzung im Betrieb äußert sich auch in der Möglichkeit, anders zu sein als die anderen. Insofern ist Diversity auch ein Thema, das sich aus einer wertschätzenden Haltung leicht angehen lässt: Wenn ich akzeptiere, dass andere Menschen anders sind und andere Dinge gut machen als ich, kann ich diese anderen Dinge und die Menschen leichter akzeptieren. Man fördert die unterschiedlichen Potenziale. Der „Focus on the good stuff" sorgt dafür, dass die Andersartigkeit als Bereicherung und nicht als Bedrohung empfunden wird.

raus aus der Leibnizschen Monade!

Diese positive Betrachtung der Eigenheiten des anderen – das ist im Grunde das Fundament gelingender Beziehungen, beruflich wie privat. Sie holt uns heraus aus unserer monadenhaften Einsamkeit und öffnet uns für Begegnungen mit einem „Du". Elisabeth Auhagen schreibt zum Thema Akzeptanz der Andersartigkeit weise und zugleich einfach (2006, S. 78): „Es ist nämlich so, dass wir ja eigentlich die anderen sind. Nur für uns sind wir ja wir selbst. Aber für alle anderen sind wir die anderen."

3.2 Wertschätzung + Anwesenheit: „Ich bin da, keiner merkt's!"

Beim oben erwähnten Anerkennenden Erfahrungsaustausch (AE) versuchen Führungskräfte, mit allen ihren Mitarbeitenden wertschätzende Gespräche zu führen. Hintergrund ist die Beobachtung, dass in der Praxis oft nur mit den Mitarbeitenden geredet wird, die Ärger machen – zum Beispiel durch häufige Abwesenheitszeiten. In manchen Betrieben, so scheint es, muss man erst krank werden, damit man persönliche Ansprache erhält. Heinrich Geißler, einer der Miterfinder des „Anerkennenden Erfahrungsaustauschs" ist der Meinung (2009, S. 95):

„Führungskräfte kennen ihre Abwesenden besser als ihre Anwesenden."

Im AE nun sollen die Führungskräfte auch mit den Nie-Fehlenden ins Gespräch gehen und diese nach ihren Erfolgsrezepten, aber auch nach Vorschlägen für betriebliche Verbesserungen fragen. Diese Form der Wertschätzung tut den Häufig-Anwesenden gut. Zugleich ergeben sich aus diesen Gesprächen Hinweise auf Maßnahmen zur Gesundheitsförderung, von denen auch die anderen profitieren können. In manchen Betrieben gibt es bei weniger als drei Fehltagen im letzten Jahr auch als Belohnung ein Frühstück mit dem obersten Boss. Wenn der ein netter Mensch ist, ist diese Form der Auszeichnung tatsächlich sehr begehrt.

Frühstück mit dem Niederlassungsleiter

Wie es um die Wertschätzung in einem Unternehmen bestellt ist, macht sich auch am Umgang mit Kranken fest. Sich nach der Genesung zu erkundigen, sollte die Norm sein. Doch viele Führungskräfte trauen sich nicht, krank geschriebene Beschäftigte daheim anzurufen. Sie fürchten, der Mitarbeiter könnte sich kontrolliert fühlen. Und tatsächlich hat es schon Fälle gegeben, in denen Mitarbeiter nach einem Anruf ihres Vorgesetzten zum Betriebsrat gegangen sind, um sich dort zu beklagen: Durch den Anruf als solchen und insbesondere durch die Frage, wann denn wieder mit ihrem Einsatz zu rechnen sei, hätten sie sich unter Druck gesetzt gefühlt, was ihren Genesungsprozess behindert habe.

Hallo?! Ich würde sagen: Da lag das Verhältnis ohnehin schon im Argen. In einer von Vertrauen geprägten Kultur wird der Anruf der Führungskraft als Ausdruck von Interesse verstanden. Und genau das soll er auch sein: Ausdruck von Interesse. Es tut gut, wenn man merkt: Die anderen denken an einen, und man ist denen nicht egal. Und es ist mehr als verständlich, dass Vorgesetzte wissen möchten, wann wieder mit dem Mitarbeiter zu rechnen ist. Sie müssen schließlich planen können.

Krankenanruf: Kontrolle oder Interesse?

Häufig kann der Krank-Geschriebene abschätzen, wann er ungefähr wieder einsatzbereit sein wird. Es ist in meinen Augen ein Gebot der Fairness, den Vorgesetzten hierüber in Kenntnis zu setzen – idealerweise von sich aus. Dann erübrigt sich auch der Anruf der Führungskraft.

Wer sich am Arbeitsplatz wohl und gebraucht fühlt, der kehrt auch nach der Genesung gern wieder dorthin zurück. Wertschätzung wirkt also auch in dieser Hinsicht positiv. Wenn derjenige dann wieder am Arbeitsplatz erscheint, können Willkommensgespräche mit dazu beitragen, das Gespräch zwischen Führungskraft und Mitarbeiter aus der Tabuzone herauszuholen. Menschen sollten allerdings, wie oben beschrieben, nicht erst krank werden müssen, damit man mit ihnen spricht.

Präsentismus kostet mehr als Absentismus (Badura)

Überhaupt ist es ein Jammer, dass noch immer so viel Energie in die Auseinandersetzung mit Absentismus („Blaumacherei") gelegt wird. In der Praxis sind die Kosten, die durch Präsentismus entstehen – also dadurch, dass sich Leute krank zur Arbeit schleppen – viel höher. Einer Studie der Bertelsmann-Stiftung im Jahr 2009 gaben 42 % der Befragten an, im vergangenen Jahr mindestens zweimal krank zur Arbeit gegangen zu sein. Ob man das gewürdigt oder – besser noch – sie heimgeschickt hat, damit sie sich auskurieren?

Die bekannte Whitehall-II-Studie im öffentlichen Dienst ergab 2005, dass es gesund sein kann, ab und zu krank zu sein: Die Forscher verglichen Männer, die drei Jahre lang keine Fehlzeiten aufwiesen, mit solchen, die sich in diesem Zeitraum einige Male krank gemeldet hatten. Erstere hatte ein doppelt so hohes Herzinfarktrisiko wie die zweite Gruppe. In dem Buch „Die GesundArbeiter" (Gänsler & Bröske, 2010, S. 30) heißt es: „Eine andere Untersuchung aus Dänemark ergab, dass Mitarbeiter, die in mehr als sechs Fällen im Jahr zur Arbeit gingen, obwohl sie sich selbst als nicht gesund einschätzten, ein um 74 Prozent erhöhtes Risiko für einen Ausfall von mehr als acht Wochen am Stück hatten".

Es ist nicht das Ziel des Betrieblichen Gesundheitsmanagements, Abwesenheiten auszumerzen.

Ein Ziel ist, dass die Beschäftigten mit ihrer Gesundheit verantwortungsvoll umgehen. Das kann auch heißen, dass sie bei Krankheit zu Hause bleiben. Aber auch einzelne Kurzabwesenheiten können langfristig positive Auswirkungen auf die Gesundheit und damit auch auf die Anwesenheit haben. Das klingt – wie die Studien belegen – nur im ersten Moment widersinnig.

Vielleicht geht der Mitarbeitende schon seit einiger Zeit auf dem Zahlfleisch, schleppt sich aber aus Angst vor Sanktionen (auch sozialer Ausgrenzung) dennoch zur Arbeit. Immerhin 60 bis 70 Prozent aller Angestellten geben an, dass sie mindestens einmal im Jahr zur Arbeit gehen, obwohl sie sich krank fühlen. Deren Leistungsfähigkeit an diesen Tagen dürfte drastisch reduziert sein.

Es kann gesund sein, sich mal einen Tag krank zu melden.

niemand ist täglich zu 100% fit

Es kann sinnvoll sein, sich eine Schonzeit von ein, zwei Tagen zu gönnen, wenn sich dadurch verhindern lässt, dass man zwei Wochen später für eine ganze Woche ausfällt, weil man über seine Kräfte gewirtschaftet hat. Eine solche Denkweise ist heute noch ungewohnt, wird aber in Zeiten zunehmend älterer Belegschaften an Bedeutung gewinnen. Langfristig müssen wir uns ohnehin von der Vorstellung verabschieden, dass nur 100%ig fitte Menschen zur Arbeit kommen. Wir dürfen nicht mehr wählerisch sein ...

TIPP FÜR SIE

Machen Sie statt Abwesenheit Anwesenheit zum Thema!

Das macht mehr Freude, als wenn immer nur über Abwesenheit und Krankheit geredet wird, die ohnehin nie auf Null zurückgehen wird. Ein Ziel des wertschätzenden Umgangs mit Krankheit sollte sein, dass Mitarbeitende in ihrer Selbstverantwortung gestärkt werden nach dem Motto: „Wir trauen dir zu, dass du selbst entscheiden kannst, ob du arbeitsfähig bist oder nicht". In den Ohren vieler ist dies noch Zukunftsmusik. Weitere Tipps zum Thema Anwesenheit finden Sie in Kap. 5.3.

Wertschätzung fördert Anwesenheit

Dass Anwesenheit auch eine Frage der Wertschätzung ist, belegt zum Beispiel das Konzept der Afrikanischen Woche, von dem Mark Lenze (www.ifgp.de) in mehreren Vorträgen berichtete: In einem Unternehmen war die Anwesenheitsquote der afrikanischen Beschäftigten weit höher als die der restlichen Belegschaft. Man beschloss, eine sogenannte Afrikanische Woche durchzuführen, während derer die Mitarbeiter Elemente ihrer Heimatkultur vorstellen durften (Küche, Tänze, Musik, Trachten etc.). Die Ehepartner wurden beteiligt, der Bürgermeister war anwesend, die regionale Presse berichtete groß über die Veranstaltung. Die Folge: Die Menschen fühlten sich gesehen und mitsamt ihrem kulturellen Hintergrund gewürdigt. Die Anwesenheitsquote stieg drastisch an.

3.3 „Soll ich die Fehler jetzt schön reden?!" – Darum geht's nicht

perfekt in Sachen Fehlersuche

(Nicht nur) Führungskräfte sind oft perfekt qualifiziert im Suchen von Fehlern: Hierzu lernen sie Wichtiges in Seminaren über Kritik- und Fehlzeitengespräche. Die Mitarbeitenden wiederum lernen dadurch „Wenn ich zum Chef muss, gibt's ein Problem!" Weder Führende noch Mitarbeitende lernen aber, sich über Stärken und Erfolge auszutauschen. Der Fokus liegt auf dem Negativen, Problemfällen, dem, was schief läuft. Das raubt Energie statt zu beflügeln. Wer um Fehler kreist, kann keine Euphorie entfesseln.

Siegrist spricht von einem „innerbetrieblichen Achtungsmarkt", der gefördert werden müsse. Zum Beispiel sollte gewährleistet sein, dass auch positiv auffällige Leistungen den nächsthöheren Vorgesetzten berichtet werden. In der Praxis erstreckt sich die vertikale Kommunikation fast ausschließlich auf Fehlleistungen: im Fall eines Fehlers wird der Kollege angeschwärzt, gute Leistungen aber werden verschwiegen. Dabei verbessert sich das Betriebsklima und man kommt lieber zur Arbeit, auch bei körperlichen Missempfindungen, wenn Kollegen positiv übereinander sprechen.

Kritikgespräche müssen sein!

Es geht nicht darum, Fehler schön zu reden oder unter den Tisch zu kehren. Fehler passieren, solange Menschen arbeiten. Es geht um die Frage, in welcher Weise man die Fehler anspricht, und ob man auch ab und an einen Blick auf das wirft, was gut läuft. Jeder Beschäftigte braucht Rückmeldung. Er will ja wissen, wo er steht. Er will seine Leistung einordnen können. Kritikgespräche sorgen für Transparenz – so lange es um Kritik an der Leistung und nicht an der Person geht. Und dies muss beiden (!) Seiten klar sein.

Ein Mitarbeiter, dem man seine Fehler vorhält, nimmt – zumindest wenn er sich der Wertschätzung seiner Person durchs Gegenüber nicht hundertprozentig sicher ist – eine Defensivhaltung ein. Er will sein Ich verteidigen, seine Identität stärken. Die Führungskraft oder der Kollege denkt vielleicht „aber ich habe doch lediglich seine Leistung kritisiert, nicht aber ihn als Person", doch der Mitarbeiter fühlt sich als Person auf dem Prüfstein und fährt dementsprechend große Kaliber auf, um die Person zu retten. Dieses Kritikgespräch ist zum Scheitern verdammt.

Die sogenannte VW-Regel hat sich in Kritikgesprächen oft als nützlich erwiesen: Statt dem anderen **V**orwürfe zu machen für ein Ereignis, das ja in der Vergangenheit liegt und folglich sowieso nicht mehr zu ändern ist, sollte man seine **W**ünsche für die Zukunft äußern: Was hätte man gern anders? Worauf sollte der Kollege von nun an besser achten und wozu?

Die Begründung („wozu") hat dabei mehrere Funktionen: Sie nimmt der Kritik die Schärfe, federt sie sozusagen ab, ohne dass die Aussage als solche hierdurch abgeschwächt würde. Und sie bettet das Verhalten des Mitarbeiters ein in den Gesamtzusammenhang, zum Beispiel so: „Es ist wichtig, dass wir (!) die Zahl der Reklamationen möglichst gering halten – nur zufriedene Kunden kaufen weiter bei uns ein!" – Dieser Aussage wird der Mensch, dem der Fehler unterlaufen ist, sicher zustimmen. Als Folge wird er sich leichter tun, die Kritik an seiner Leistung als Kritik an seiner Leistung (statt an seiner Person) zu sehen und sie zu akzeptieren.

WOZU?
Begründung liefern!

TIPP FÜR SIE

VW-Regel:
Formulieren Sie keine **V**orwürfe sondern **W**ünsche!

Die folgende Checkliste erfindet nicht das Rad neu. Aber vielleicht enthält sie Punkte, die für Sie eine Unterstützung im nächsten Kritikgespräch darstellen können. Grundsätzlich gilt:

Je mehr sich jemand als Person wertgeschätzt fühlt,
desto geringer ist die Gefahr, dass ein Kritikgespräch eskaliert.

Wertschätzung fungiert quasi wie ein Puffer. Sie sorgt dafür, dass der Mensch sich nicht als Person angegriffen fühlt. So bleibt sein Kopf klar (statt impulsartig Gegenwehr aufzufahren) und seine Haltung offen für die geäußerten Veränderungswünsche.

Wertschätzung erleichtert Kritikgespräche

Checkliste „Richtig kritisieren"

- nie ironisch oder sarkastisch, sondern grundsätzlich auf die Sache bezogen; dabei aber ruhig auch den eigenen Ärger zeigen!
- nie in Gegenwart Dritter, sondern grundsätzlich unter vier Augen
- nie am Telefon oder schriftlich, sondern "mutig" im Gespräch
- nie mehrere Kritikanlässe "in einem Aufwasch", sondern grundsätzlich maximal zwei Kritikpunkte zeitnah zum Geschehen
- nie mit Worten wie "immer" / "nie" kritisieren ("Sie sind immer so unkonzentriert"), sondern grundsätzlich auf eine konkrete Situation bezogen ("Gestern ist mir aufgefallen ...")
- nie Anschnauzen/ Motzen um des Motzens willen, sondern grundsätzlich mit dem konstruktiven Ziel der spateren Verhaltensänderung
- nie Kritik an der Person, sondern grundsätzlich nur am Verhalten
- nie Vorwürfe, sondern Wünsche formulieren (VW-Regel)

3.4 Focus on the good stuff: Wie geht das?

empfehlenswertes Buch: „Focus on the good stuff"

Der Ex-Baseball-Profi Mike Robbins veröffentlichte 2007 ein Buch mit dem Titel „Focus on the good stuff. The Power of Appreciation". Er schreibt darin: „We live in a culture that focuses on de ‚bad stuff'. We're constantly bombarded with negative messages from the media, advertisers, politicians, and even the people around us. Worse yet, many of us are so critical of ourselves that we're our own worst enemies." Er empfiehlt, den Blick aufs Positive zu trainieren. In typisch amerikanischer Manier sieht er darin den Weg zu einem erfüllten glücklichen erfolgreichen Leben. Ich finde, selbst wenn wir kulturbedingt ein bisschen zurückhaltend reagieren bei solchen Versprechungen:

Wir gewinnen viel, wenn wir es schaffen,
den Blick aufs Gute zu kultivieren.

Der erste Schritt auf dem Weg zum „focus on the good stuff": am positiven Menschenbild arbeiten! Das bedeutet, jedem Menschen erst einmal das Beste unterstellen; davon ausgehen, dass der Kollege oder die Mitarbeiterin sich gern einbringen würde; dass jeder sich auch am Arbeitsplatz entfalten möchte. Mir läuft immer wieder ein kalter Schauder über den Rücken, wenn ich Führungskräfte sagen höre: „Die meisten meiner Leute kommen ausschließlich wegen des Geldes zur Arbeit."

andere arbeiten nur für Geld? – und Sie?!

Wie schade! Und was für vertane Chancen! Sie selbst würden, wenn sie gefragt werden, warum sie arbeiten, dieses Motiv weit von sich weisen. „Ich arbeite, weil es mir Spaß macht und ich mich hier weiter entwickeln kann" ist eine typische Antwort. Aber den Mitarbeitenden unterstellen sie, dass die keinen Spaß an der Arbeit möchten, sich nicht weiter entwickeln wollen. Das ist unlogisch. Und es hat Folgen. Wenn ich als Führungskraft denke „meinen Leuten geht es nur um die Kohle", wieso sollte ich ihnen dann Verantwortung übertragen? Ich werde sie klein halten – auch in Bezug auf Herausforderungen – und in Demotivation treiben.

ja, es gibt stupide Jobs – auch heute noch

Ich geb's ja zu: Manchmal sagen Beschäftigte solche Sätze auch von sich aus (als Ergebnis einer vorangegangenen Frustration). Und nicht an jedem Arbeitsplatz kann man sich richtig gut entfalten. Bei Betriebsbesichtigungen habe ich in den letzten Jahren auch immer wieder Arbeitsplätze zu sehen bekommen, die von Monotonie geprägt waren. Wo die überwiegend älteren Mitarbeiter immer wieder dieselbe Handbewegung gemacht haben, acht Stunden am Tag. Solch einen Job hätte ich selbst auch nicht gern.

Aber auch diese Mitarbeiter hatten Kollegen, mit denen sie geredet haben. Sie fühlten sich wohl in ihrem sozialen Netz am Arbeitsplatz. Es gab eine tolle Kantine mit einem herausragend guten Caterer. Sie hatten Abteilungsbesprechungen und wurden darüber informiert, wie es um das Unternehmen stand. Die Firmenleitung stand damals vor der Frage: Auslagern nach Fernost – ja oder nein? Und den zum Teil langjährig Angestellten zuliebe verzichtete man auf diese Billiglösung.

Die (meisten) Leute fühlten sich dadurch wertgeschätzt. Sie wussten ja selber, dass die Produktionsbedingungen in Asien günstiger gewesen wären – aber dann wären sie hier in Deutschland ihren Job los gewesen. Selbst wenn mir diese Arbeitsplätze irgendwie antiquiert vorkamen: Für die Leute bedeutete der Job mehr als nur Geld. Ohne diese Arbeit wären die meisten von ihnen ohne Chance auf dem Arbeitsmarkt gewesen. Selbst wenn sie primär wegen des Geldes arbeiteten und der Job öde war und öde blieb: Sie waren der Firmenleitung dankbar und wertschätzten die Rahmenbedingungen ihres Broterwerbs.

verräterische Sprache

Die Blickrichtung aufs Positive lenken – das manifestiert sich auch in der Sprache, die jemand oder ein Unternehmen verwendet. So macht es beispielsweise einen Unterschied, ob man von „Fehlzeiten" spricht oder von der „Anwesenheitsquote". Anwesenheitsverbesserung macht mehr Freude als Fehlzeitenreduzierung. Man beschäftigt sich dann mit so schönen Fragen wie „Wie können wir dafür sorgen, dass unsere Leute sich am Arbeitsplatz noch wohler fühlen?" statt mit „Wie kriegen wir die Blaumacher dran?" Letzteres macht schlechte Laune – und bedeutet viel viel Energie aufzubringen für 2-5% der Beschäftigten, während die restlichen 92-98% schon mal vergessen werden (vgl. Kapitel 3.2).

Die Sprache verrät quasi den Fokus, mit dem jemand auf die Welt oder den Betrieb schaut. Und auch, wie derjenige einen Menschen betrachtet. In vielen Betrieben geistert beispielsweise seit einigen Jahren das Wort „Minderleister" umher. Vielleicht geht's Ihnen ja wie mir: Mich empört dieser Ausdruck regelrecht. Er impliziert die Abwertung einer Person, noch dazu in Form einer Festschreibung. Als gäbe es keine Veränderungsmöglichkeit. Als würde der Mensch auf immer und ewig miese Arbeit abliefern. Und als wäre alleine der Beschäftigte schuld, wenn seine Leistung nicht stimmt. Dabei hat ihn doch jemand auf diesen Posten gesetzt!

„Minderleistung" statt „Minderleister"

Minderleistung?!
Heißt: Jetzt im Augenblick stimmt die Passung nicht!

Es ist wesentlich menschenfreundlicher, wertschätzender und konstruktiver stattdessen von einem Menschen zu sprechen, der „eine Minderleistung“ erbringt – im Augenblick, in diesem Team, unter dieser Führungskraft, auf diesem Arbeitsplatz mit diesem Aufgabenbereich. Sprich: später, in einem anderen Team, unter einer anderen Führungskraft oder an einem anderen Arbeitsplatz mit einem anderen Aufgabenbereich kann dieser Mensch vielleicht Top-Leistungen erbringen. Das ist mehr als Wortklauberei. Es hat Konsequenzen für den Umgang mit diesem Menschen. Wer davon ausgeht, es mit einem „Minderleister“ zu tun zu haben, der stellt das Denken ein. Er hat ja einen Schuldigen gefunden.

der Fokus hat Auswirkungen

Wer hingegen von einer „Minderleistung“ spricht, der wird nach Wegen suchen (idealerweise mit dem Kollegen gemeinsam), wie dieser Mensch sich besser entfalten kann, so dass letztlich alle etwas davon haben. Er wird vielleicht nach den Stärken des Kollegen fragen – statt auf seinen Schwächen herumzureiten – und ihm andere Aufgaben zuteilen, die seinen Neigungen und Fähigkeiten besser entsprechen. Okay, es mag auch Menschen geben, die auf keinem Arbeitsplatz akzeptable Leistungen abliefern. Aber die sind wirklich sehr selten. Dann bleibt auch immer noch die Frage, ob die nicht vielleicht in einer anderen zwischenmenschlichen Umgebung (Team, Chef/in) zu Besserem in der Lage sind.

(Vor-)Urteile in Sekundenschnelle

Man sollte nicht den ganzen Menschen bewerten, sondern nur seine Leistung. Ein positives Menschenbild impliziert sogar, auf Bewertungen (erst einmal) völlig zu verzichten. Viele von uns tun das pausenlos: Bewerten. Ihr Gehirn sagt ständig „das ist schlecht“, „ich mag das“, „das ist dumm“, „sie sollte 3 Kilo abnehmen“, „er ist zu ehrgeizig“. Es hilft ihnen, die Welt um sie herum zu ordnen, so dass sie sich leichter zurechtfinden. Das wirkt erst einmal sinnvoll. Aber: Diese Bewertungen oder Urteile fallen in Sekundenschnelle; es handelt sich um verkürzte (Vor-)Urteile. Und das Schlimmste: Wir glauben, sie sind wahr ...

So menschlich Vorurteile sind (und so nützlich für faule Gehirne): Menschenfreundlich und wertschätzend geht anders. Der Fokus aufs Positive ist anstrengender, er erfordert Arbeit. Ich muss genau hingucken, erst einmal wertfrei, neugierig, aufmerksam, offen – und erst dann fälle ich mein Urteil (sofern das überhaupt erforderlich ist) oder komme zu einer Bewertung.

Bewerten bedeutet in der Praxis oft dasselbe wie: Abwerten.

Das ist wenig wertschätzend – zumindest solange es sich um die unbewusst ablaufenden Spontanbewertungen handelt.

Verräterisch hinsichtlich der Fokusausrichtung sind auch Formulierungen wie „nicht schlecht“ oder „gar nicht so übel“. Oft sind sie sogar als Ausdruck der Anerkennung gemeint. Aber allein schon weil der mimische Ausdruck bei solchen Formulierungen keine positive Emotion erlaubt (ein freudestrahlender Gesichtsausdruck bei einem euphorisch vorgetragenen „gar nicht so blöd“ würde zumindest befremdlich wirken), werden sie nicht als Anerkennung empfunden. Hängen bleibt beim Empfänger dieser Nachricht nur „schlecht“, „übel“ oder „blöd“. Das Gehirn hat bekanntlich Schwierigkeiten damit, Verneinungen zu verarbeiten; das „nicht“ streicht es einfach weg. Wertschätzungschance vertan ...

„nicht schlecht“ ist schlecht

Es lohnt sich also, wenn man die Wertschätzung im Betrieb voranbringen möchte, seine Sprache und das dahinter liegende Menschenbild kritisch zu hinterfragen. Ist beides wirklich positiv vom Blick auf Ressourcen geprägt? Sind Sie wirklich überzeugt davon, dass die allermeisten Menschen morgens zur Arbeit kommen, weil sie etwas mitgestalten und bewirken wollen (und der Rest durch negative Erfahrungen beruflich oder privat in Frustration getrieben wurde)? Es erleichtert Ihnen das Arbeiten, wenn Sie erst einmal vom Besten ausgehen. Und Ihre wertschätzende Haltung, Ihr Blick aufs Positive erleichtert es den anderen, das Beste aus sich herauszuholen.

TIPP FÜR SIE

Glauben Sie an die Kompetenz der Menschen!

Der Hypnotherapeut Gunther Schmidt (2005) würde sagen: Es gibt keine Defizite. Es gibt nur misslungene Lösungsversuche. Und die kann man würdigen. Wer mit dieser Einstellung an andere herangeht, bleibt kreativ im Finden von Veränderungsvorschlägen, empathisch beim Verstehen-Wollen, wie der andere tickt, und damit letztlich wertschätzend im Umgang mit dem Kollegen, der vielleicht einen „misslungenen Lösungsvorschlag“ in Form einer Minderleistung produziert hat. Ein dazu (und überhaupt zu diesem gesamten Buch) passendes Zitat von Johann Wolfgang von Goethe lautet:

der gute alte Goethe wusste Bescheid ...

Wer die Menschen behandelt wie sie sind,
macht sie schlechter.
Wer sie aber behandelt wie sie sein könnten,
macht sie besser.

Machen Sie diesen Spruch doch zu Ihrem (heimlichen – drüber reden würde ich nicht) Motto. Wenn diese Grundüberzeugung die Maxime Ihres Handelns ist, werden Sie wie von selbst Ihren Teil dazu beitragen, dass sich der zwischenmenschliche Umgang in Ihrem Betrieb verbessert. Letztlich finden wir hier wieder das „law of attraction" oder den Rosenthal-Effekt: Wenn wir glauben, dass unser Gegenüber freundlich ist, werden wir ihm freundlich begegnen und es genau dadurch freundlich stimmen – und uns im Nachhinein mental mit „ha, wusst' ich's doch!" zur „richtigen" Einschätzung gratulieren können.

Akzeptanz ≠ bedingungslose Zustimmung zu Handlungen!

Eine positive Haltung dem anderen gegenüber, wie sie beispielsweise in der Humanistischen Psychologie nach Carl Rogers praktiziert wird, zeichnet sich durch bedingungsloses Akzeptieren des Gegenübers aus. Das bedeutet nicht, dass man dessen Meinungen oder Taten bedingungslos gut findet! Es heißt aber, dass man sich dem anderen nicht überlegen fühlt und nicht schlecht von ihm denkt, also möglichst auf (negative) Bewertungen verzichtet. Der andere ist – vielleicht nicht in der Hierarchie, aber als Mensch – gleichrangig. Er strebt genau wie man selber nach Entfaltung des Besten, was in ihm steckt.

Und falls das Gegenüber aktuell ein aggressives Verhalten an den Tag legt – dann braucht es vielleicht genau von mir etwas Positives, das ihn besänftigt. Offenbar findet er keinen anderen Weg, um seine Bedürfnisse zu artikulieren. Das ist schlimm, und wir werden dieses Verhalten in der Regel negativ bewerten und dem Menschen wünschen, dass er andere Lösungsmöglichkeiten findet. Zugespitzt geht es um die Frage: Kann man einen Mörder wertschätzen? Ihm mit bedingungsloser Akzeptanz begegnen?

kann man Mörder wertschätzen?

Diese Fragen stellte kürzlich eine Seminarteilnehmerin. Die Antwort, die wir gemeinsam fanden, war folgende: Seine Taten werden wir sicher nicht wertschätzen; aber es wäre die Hohe Schule der Wertschätzung, wenn wir es schaffen könnten, ihm als Person offen und empathisch zu begegnen. Ein anderer Teilnehmer schlug vor, sich klarzumachen: Es gab mal eine Mutter, die sich über die Geburt dieses Menschen gefreut hat (so wie Frau Hitler in der Geschichte von Roald Dahl); und irgendwann hatte dieser Mensch in seinem Leben auch schon mal etwas Gutes im Sinn. Ein hoher Anspruch, sicher. Letztlich schlug Jesus dasselbe vor, meinte ein dritter Teilnehmer der Veranstaltung ...

Der Alltag im Betrieb stellt einen zum Glück meistens nicht vor so schwierige Aufgaben. Da geht es eher um die Frage, wie man denn dem Dauer-Loser der Abteilung etwas abgewinnen kann oder die vor Selbstüberschätzung strotzende Azubine mögen kann.

Die Empfehlung lautet: Stärken stärken statt Fehler suchen! Nicht Recht haben wollen um jeden Preis (gilt auch für Kritikgespräche: es ist nicht wichtig, dass ich Recht habe – wichtig ist, dass der andere sein Verhalten ab jetzt ändert), nicht herumreiten auf den Schwächen, sondern das Beste aus dem Kollegen herausholen.

Denkaufgabe

Ein kleines Denkspiel: Wenn ein Kind ein Zeugnis heimbringt – 9 Einsen und 1 Sechs – worüber reden die Eltern zu 90% der Zeit mit dem Kind?! Natürlich über die Sechs. Wie schade! Es ist (nicht nur) für Kinder schöner, wenn unter einer erbrachten Leistung wie einem Diktat zu lesen ist: „Du hast 2 Worte falsch und 98 Worte richtig geschrieben". Anerkennung für die 98% der Vorgänge, die gut laufen, beflügelt auch im Betrieb mehr (und ermutigt stärker zur zukünftigen Fehlervermeidung) als das exzessive Auseinandernehmen der Gründe für die 2%, die schief gelaufen sind.

Wenn es Ihnen wirklich Ernst ist mit der Kultivierung Ihres „focus on the good stuff", denken Sie jetzt mal an einen Menschen, der Sie fürchterlich nervt. Den vielredenden Kollegen, den geizigen Onkel oder die Frau, die im Konzert gestern hinter Ihnen gesessen und sich während der Vorstellung 1000mal geräuspert hat (neulich saß sie hinter mir, ich schwöre). Und jetzt fragen Sie sich, was genau Sie nervt und warum. Und gegen welche Ihrer (unausgesprochenen) Regeln dieser Mensch mit seinem Verhalten oder seiner Eigenschaft verstoßen hat („man muss pünktlich sein", „wer geizig ist, liebt nicht", „wer nicht für mich ist, ist gegen mich").

Sparsamkeit - Großzügigkeit
↕ ↕
Geiz - Verschwendung

Und nun fragen Sie sich mal, wozu diese von Ihnen abgelehnte Verhaltensweise oder Eigenschaft gut sein könnte. Der Kommunikationsexperte Friedemann Schulz von Thun hat in seiner Theorie vom Werte-Quadrat (2005) die Behauptung aufgestellt: Jede Eigenschaft muss sich in Balance zu ihrem Gegenstück befinden, andernfalls kippt sie ins Negative. Zum Beispiel erfordert Sparsamkeit auch ein gewisses Maß an Großzügigkeit, denn sonst kippt sie zum Geiz. Die Großzügigkeit wiederum erfordert ein gewisses Maß an Sparsamkeit, sonst kippt sie zur Verschwendung.

Konfliktbereitschaft braucht Friedfertigkeit, sonst wird sie leicht zur Feindseligkeit; Friedfertigkeit braucht Konfliktbereitschaft, sonst wird sie rasch zur Konfliktvermeidung. Solche Gedankenspielchen empfehlen sich immer dann, wenn man merkt, dass man sich tooootaaal über jemanden aufregt (manchmal hätte man gern ein winzig kleines bisschen von genau jener bösen Eigenschaft, aber pssst!). Das Modell erleichtert Empathie, weil man sich ins Gegenüber hineinversetzt und zugleich seine eigenen Maßstäbe darauf hinterfragt, ob sie sich noch in gesunder Balance zum Gegenstück befinden oder bereits ins negative Extrem gekippt sind.

3.5 Wie Sie eine salutogene Haltung kultivieren

Die Arbeit am „focus on the good stuff“ ist ein fortwährender Prozess und keine Einmal-Aktion. Niemand von uns ist Mutter Teresa, und es erfordert ein gehöriges Maß an Selbstkritik und Selbstreflexionsfähigkeit, um dranzubleiben an diesem kontinuierlichen Verbesserungsprozess ...

- Gehen Sie davon aus, dass die Welt sich verschworen hat, um Ihnen Gutes zu tun!
- Versuchen Sie, dankbar zu sein für das, was ist. Gönnen Sie sich dazu je eine ruhige Minute morgens und abends – vor dem Start in den Tag und am Ende des Tages („count your blessings“).
- Und wenn das mit dem Dankbar-Sein in Ihrer jetzigen Situation nicht klappt, lassen Sie die Frage zu: Wozu könnte das rein theoretisch (in Zukunft) gut sein?
- Fragen Sie sich: Bei welchen Situationen oder Erfahrungen Ihres Lebens konnten Sie erst im Nachhinein sagen, worin der Sinn bestand? Sicher gibt es da mehrere!
- Beobachten Sie, was Ihre Sprache über Ihren Fokus verrät (vgl. Seite 51f): Gibt es eine positive Grundausrichtung („so viel haben wir schon erreicht“, „gut daran ist, dass ...“)?
- Bevor Sie in ein Gespräch gehen: Fragen Sie sich, welche Eigenschaften oder Verhaltensweisen Ihres Gesprächspartners Sie besonders schätzen! Das erleichtert das Gespräch.
- Suchen Sie nach positiven Alternativ-Erklärungen für Verhaltensweisen, die Sie stören (z.B. wenn jemand zu spät kommt, nicht grüßt). Machen Sie daraus einen Denksport für sich!
- Hinterfragen Sie Eigenschaften, die Sie an anderen stören (Konfliktscheue, Geiz, Vorlaut-Sein, Disziplinlosigkeit) nach ihrem Gegenstück im Werte-Quadrat! Wie steht es um die Balance?
- Bleiben Sie offen und neugierig auf Ihren Gesprächspartner. Fragen Sie sich zum Beispiel „was könnte ich von dem lernen?“, selbst wenn er Ihnen zunächst nicht sympathisch ist.
- Beobachten Sie Ihre inneren Dialoge auf Vor-Urteile und hinterfragen Sie diese (statt „das ist 'ne blöde Kuh!“: „was genau stört mich an ihr und warum? was hat das mit mir zu tun?“).
- Oberstes Gebot: Sie dürfen und sollen bei sich selbst beginnen!

Ihre Selbstwertschätzung ist der Boden, auf dem die Wertschätzung für andere wachsen kann. Ohne sie geht's nicht ... Deshalb ist diesem Thema das nächste Kapitel gewidmet.

4 Die Basis: Selbstwertschätzung

4 Die Basis: Selbstwertschätzung

4.1 Warum wir ein gesundes Selbstwertgefühl brauchen

Der Arzt und Psychotherapeut Bernd Sprenger bezeichnet das Erleben von persönlicher Entwertung als „Grunderfahrung der Postmoderne“ (2005, S. 11). Da wir ein gewisses Maß an Wertschätzung zur Befriedigung unseres seelischen Grundbedürfnisses brauchen – und zwar „immer wieder neu“ (S. 19) –, sieht er hier Gefahren für die seelische Gesundheit. Es ist nicht mehr so leicht wie früher, ein starkes Selbstwertgefühl aufrechtzuerhalten; wer seelisch gesund bleiben will, muss aber in der Lage sein, sich selbst ein gewisses Maß an Wertschätzung entgegen zu bringen.

Es gibt keine seelische Gesundheit ohne Selbstwertschätzung.

Balance als lebenslange Aufgabe

Für die Entwicklung einer gesunden Persönlichkeit und eines guten Selbstwertgefühls braucht der Mensch in seiner frühen Entwicklung positive narzisstische Spiegelungen, sprich: die Eltern müssen dem Kind signalisieren, dass es willkommen ist in dieser Welt – zum Beispiel durch strahlende Augen, wenn sie es ansehen, und unabhängig von dem, was es leistet. Ohne diese Erfahrung wird das Kind es deutlich schwieriger haben, ein gesundes Selbstwertgefühl zu entwickeln. Für uns alle bleibt aber die Erhaltung der narzisstischen Balance eine lebenslange Aufgabe – wir mögen uns mal mehr und mal weniger. Und Menschen mit einer gesunden Psyche verfügen auch über die Fähigkeit zur Selbstkritik und die Fähigkeit, mit der Kritik durch andere konstruktiv umzugehen.

Das Selbstwertgefühl wird also vor allem in der frühen Kindheit geprägt. Das haben wir sicher alle schon vermutet. Aber laut einer Untersuchung des BKK-Bundesverbandes (Meyer, 2001) hängt es auch davon ab, in wie weit der Vorgesetzte einem soziale Unterstützung gewährt (also ansprechbar ist, den Rücken stärkt, Fehler erlaubt, Mut zuspricht etc.). Diese Beobachtung zeigt: Es gibt zu jedem Zeitpunkt des Lebens Möglichkeiten, das Selbstwertgefühl „aufzupäppeln“. Mit Bernd Sprenger gesprochen: Wir bleiben ein Leben lang angewiesen auf die Spiegelungen anderer Menschen.

Ein starkes Selbstwertgefühl stellt einen wichtigen Schutzfaktor dar gegen Kränkungen und Stress jeder Art: Das Selbstwertgefühl kann unserem Gehirn so vielversprechende Gedanken entlocken wie „Ich krieg' das schon hin! Ich hab' schon ganz andere Sachen geschafft! Und wer soll das schaffen, wenn nicht ich?" Damit ist es ein wichtiger Stresspuffer und kann dafür sorgen, dass Sie auch in eigentlich belastenden Situationen die Ruhe bewahren und sich kompetent statt überfordert fühlen. Nathaniel Brandon (2010) spricht daher vom Immunsystem des Bewusstseins.

Schutz gegen Kränkungen und Stress

„Immunsystem des Bewusstseins" (Brandon)

Friederike Potreck-Rose, eine Freiburger Diplom-Psychologin und Psychotherapeutin schreibt in ihrem Buch „Von der Freude, den Selbstwert zu stärken" (2007): Viele Menschen haben einen zu geringen Selbstwert, weil sie sich zu wenig anerkannt fühlen, zumindest aber zu wenig Wertschätzung ihrer Person erfahren. Diese Menschen haben es ihrer Meinung nach nicht gelernt, ihr Selbstwertgefühl aus internen Quellen zu speisen. Darum sind sie noch stärker als andere angewiesen auf die Anerkennung von außen.

„Menschen sind Beziehungswesen" (Sprenger, 2005, S. 115).

Komplett unabhängig vom positiven Feedback durch andere wird man nie. Wohlbefinden ohne irgendeine Form sozialer Rückmeldung über einen längeren Zeitpunkt ist nicht möglich. Menschen sind letztlich soziale Wesen, die Feedback von anderen brauchen, um sich selbstsicher zu fühlen und ihr Selbstwertgefühl zu bestimmen. Aber man kann und sollte im Laufe des Lebens lernen, die internen Quellen des Selbstwerts zu stärken.

Die Ansprüche, die Menschen mit niedrigem Selbstwertgefühl an sich selbst stellen, sind oft zu hoch. Wenn sie scheitern, sehen sie sich in ihrer Vermutung bestätigt, im Grunde kein leistungsfähiger Mensch zu sein. Die Betroffenen empfinden es als Kränkung, ihre Ansprüche niedriger zu schrauben und mit weniger zufrieden zu sein. Zu einem gesunden Selbstwert gehört daher die Fähigkeit, realistischer mit dem eigenen Leistungsvermögen umzugehen und zu akzeptieren, was ist.

Selbstwertschwache verlangen zu viel von sich

Erforderlich ist eine Haltung der Achtsamkeit. Dieser Begriff, der im Moment wieder stark in Mode ist, meint ursprünglich eine buddhistische Grundeinstellung, nämlich innezuhalten und in Ruhe die Dinge wahrzunehmen, ohne sie zu bewerten. Der Verzicht auf Be- und Entwertungen fällt vielen Menschen schwer, angefangen beim Umgang mit sich selbst. Wenn wir ein gesundes Selbstwertgefühl bekommen wollen, müssen wir lernen, uns so anzunehmen wie wir sind, ohne die Bereitschaft zur Weiterentwicklung zu verlieren.

Achtsamkeit = Verzicht auf Be- und Entwertung

Nicht jeder Mensch kann sich lieben; aber jeder Mensch kann sich zeigen, dass er sich schätzt.

Wer sich selbst achtet, der übernimmt auch die Verantwortung für sich selbst. Er tut etwas für sich. Er setzt sich beispielsweise an seinem Arbeitsplatz für bessere Bedingungen ein und freut sich dann über die Erfolge, die wiederum sein Selbstwertgefühl stärken. Von allein wächst der Selbstwert nämlich nicht. Man muss etwas dafür tun, dass er größer wird. Auch im Sinne der anderen: Je größer das Selbstwertgefühl, desto großzügiger, wohlwollender und wertschätzender begegnet man seiner Umwelt.

Wertschätzung ohne Selbstwertschätzung
ist ein Ding der Unmöglichkeit.

mein Haus – mein Auto – mein Boot

Menschen unternehmen viel, um ihr Selbstwertgefühl zu steigern (was manchmal auch ein Hinweis darauf sein kann, dass es um deren Selbstwertgefühl nicht so toll bestellt ist. In vielen Unternehmen sind Protz-Spielchen wie aus der Sparkassen-Werbung an der Tagesordnung: „Mein Haus, mein Auto, mein Boot!" Und kaum jemand kann sich davon freisprechen, Statussymbole sein eigen zu nennen. Warum machen wir das? Warum ist die Rolex so bedeutsam? Oder der Golfurlaub? Oder der Porsche Cayenne? Weil wir daran unseren Wert festmachen. „guck mal, ich bin wichtig". Warum müssen wir uns das beweisen? Weil es uns kein anderer sagt und wir diese Art der Bestätigung durch andere aber brauchen.

10.000-Euro-Dilemma

Dass wohl tatsächlich kaum jemand völlig frei ist von der Selbstwert-Definition durch Statussymbole oder Vergleiche mit anderen, zeigt das sogenannte 10.000-Euro-Dilemma. Angenommen, Sie hätten die Wahl zwischen zwei Firmen: Rosa und Gelb. Bei Rosa bekämen Sie 50.000 Euro pro Jahr, bei Gelb 60.000 pro Jahr. Wofür entscheiden Sie sich? Vermutlich ist für die meisten von Ihnen die Antwort klar – sofern die Rahmenbedingungen dieselben sind. Sie würden zu Gelb gehen.

Wenn man dagegen wüsste, bei Rosa ist das Klima besser. Oder da gibt es bessere Aufstiegschancen, oder das Image der Firma wäre besser. Dann kämen vermutlich schon einige von Ihnen ins Grübeln. Jetzt mache ich es Ihnen mal leicht: Die Rahmenbedingungen sind bei beiden Unternehmen gleich. Nur eines ist anders: Beide Unternehmen haben eine transparente Gehaltsstruktur. Das heißt, jeder wüsste vom anderen, wie viel der verdient. Und hier, bei Rosa, bekämen alle anderen 40.000 Euro. Bei Gelb hingegen verdienen alle anderen 70.000 Euro. Wofür entscheiden Sie sich dann? Die meisten Menschen kommen dann erstmal ins Grübeln.

Diese Gedankenspiele zeigen: Kaum jemand kann sich völlig davon frei sprechen, dass er sein Selbstwertgefühl auch aus dem Vergleich mit anderen bezieht.

Außer dem – bisweilen lächerlich wirkenden – Weg über Statussymbole muss es doch noch andere Möglichkeiten geben, sein Selbstwertgefühl zu stärken. Und tatsächlich, die gibt es .... Basis für ein wertschätzendes Miteinander ist grundsätzlich eine wertschätzende Haltung, die sich auch auf den Umgang mit sich selbst bezieht und Statussymbole überflüssig macht. Nur wer sich selbst achten kann, kann auch andere achten. Und Menschen, die sich selbst wertschätzen, tun sich leichter, auch anderen Menschen mit Wertschätzung zu begegnen. Das heißt: Selbstwertschätzung ist oberstes Gebot für alle, die in Betrieben für mehr Wertschätzung eintreten wollen.

bewusste Selbstwertschätzung zur Steigerung des Selbstwertgefühls

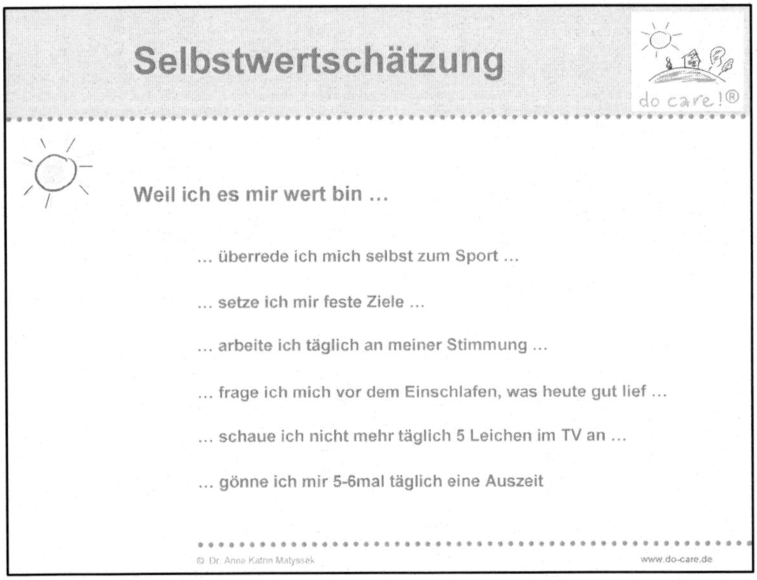

Abb. 9: Selbstwertschätzung

Hierzu an dieser Stelle ein paar Zitate, die andere Menschen genannt haben, als sie den Satz beenden sollten „Weil ich es mir wert bin ...“: „... überrede ich mich selbst zum Sport, denn ich will auch im Alter noch fit sein; setze ich mir feste Ziele, weil ich mir am Ende sagen möchte, mein Leben soll sich gelohnt haben, soll sinnvoll sein; arbeite ich täglich an meiner Stimmung, z.B. indem ich an Dinge denke, für die ich dankbar bin, statt mir fünfmal täglich zu erzählen, wie schrecklich mein Leben ist; frage ich mich vor dem Einschlafen, was heute gut gelaufen ist; schaue ich mir nicht mehr täglich 5 Leichen im TV an; die Frage ist ja: worauf richte ich meinen Aufmerksamkeitsscheinwerfer, welche Bilder hole ich mir in den Kopf (noch dazu vorm Einschlafen); gönne ich mir 5-6mal täglich eine Auszeit, zum Beispiel zum bewussten Ausatmen ...“.

konkrete Verhaltensweisen zur Selbstwertschätzung

Metapher: Selbstwertgefühl = Konto

Das Selbstwertgefühl stärken – das geht eigentlich ganz einfach ... Hilfreich ist hierbei die Vorstellung, Ihr Selbstwertgefühl sei mit einem Konto vergleichbar. Jede Investition in sich selbst wird von der Psyche zugleich als Einzahlung gewertet! Und jede Wertschätzung von anderen trägt ebenfalls dazu bei, das Selbstwertgefühl zu stärken. Kränkungen durch andere, aber auch abwertende Gedanken über sich selbst („die ist viel schlanker als ich") stellen Abbuchungen dar. Die sind nicht weiter schlimm – so lange Sie noch ein hinreichend großes Guthaben haben oder sofort wieder Einzahlungen vornehmen.

TIPP FÜR SIE

Nehmen Sie täglich Einzahlungen auf Ihr Selbstwertkonto vor!

Einzahlungen vornehmen: sich täglich etwas Gutes gönnen

Eine schöne Idee zum Thema „Selbstwertschätzung als Beitrag zur Burnout-Prävention" finden Sie auf der Website von iprevent unter der Überschrift „Impulssätze". Der Link zu diesen netten Tipps: http://www.iprevent.de/veroeffentlichungen.php. Das Selbstwertgefühl ist eine wichtige psychische Gesundheitsressource, die auch den wertschätzenden Umgang mit anderen (und den Einsatz für dieses Thema) erleichtert. Und das sollten Sie nutzen! Indem Sie täglich Einzahlungen auf Ihr Konto vornehmen. Sich täglich etwas Gutes tun. Täglich in Gedanken gut mit sich umgehen. Das ist leicht? Machen Sie den Test!

Sieht man Ihrem Verhalten an, dass Sie sich selbst wertschätzen?

- Sieht man es Ihrer Wohnung an? Ist sie aufgeräumt, sauber, liebevoll gestaltet?
- Sieht man es Ihrem Aussehen an? Sind Sie gepflegt?
- Sieht man es Ihrem Körper an? Ist er „in Schuss", so gut es geht in Ihrem Alter?
- Sieht man es Ihrer Karriere an, dass Sie gut für sich sorgen? Sind Sie es sich wert, im Leistungsbereich das Beste aus sich zu machen?
- Sieht man es Ihrer Nahrung an? Ist sie sorgfältig ausgewählt und liebevoll angerichtet?
- Sieht man es Ihrem Freizeitverhalten an? Verschafft es Ihnen wahre Erholung?
- Sieht man es Ihrem Sozialverhalten an? Pflegen Sie Ihre Beziehungen auch außerhalb der Partnerschaft?

Das Prinzip funktioniert in beide Richtungen: Wenn Sie ein starkes Selbstwertgefühl haben, werden Sie gut für sich sorgen. Und wenn Sie gut für sich sorgen, registriert Ihre Psyche das quasi mit Gedanken wie „Ups, muss ich viel wert sein, dass ich mir so etwas gönne!“ Die zweite Richtung haben Sie also komplett selbst in der Hand. Probieren Sie's aus, auf diese Weise Ihr Selbstwertgefühl „zu päppeln“. Und Schluss mit unerlaubten Abbuchungen: Auch Minderwertigkeitsgedanken (die Sie ja selber „denken“) stellen eine Art Abbuchung dar! Diese Gedanken schmälern Ihr Wertschätzungskonto, sie sind sozusagen kleine Diebe. Versuchen Sie, sie zu entkräften durch konstruktive Gegen-Gedanken!

Wenn man im Minus ist auf dem Selbstwertkonto, dann neigt man dazu, unüberlegte Aktivitäten auszuüben, nur um eine Bewegung in Richtung Plus zu bewirken; z.B. benimmt man sich absichtlich daneben – Hauptsache, man wird bemerkt und damit wahrgenommen. Viele Menschen machen „Unsinn“ einfach nur, um überhaupt gesehen zu werden, um kurze Zeit Aufmerksamkeit genießen zu können. Das gilt nicht nur für die Leute, die nackt auf Fußballfelder stürmen, sondern auch für viele „Exoten“ bei „Deutschland sucht den Superstar“ oder den täglichen Talk-Shows. Da fragen sich viele „Warum macht der das? Wie kann man sich so bloßstellen vor Millionen von Zuschauern?“, und die Antwort lautet aus psychologischer Sicht: Eben drum! Eben weil Millionen zuschauen.

bloß kein Minus auf dem Selbstwertkonto!

Das menschliche Bedürfnis nach Aufmerksamkeit treibt bisweilen seltsame Blüten.

Denken Sie an Kinder im Kindergarten – die anderen sitzen still in der Runde, aber ein Zappelphilipp turnt auf dem Stuhl herum, rennt durch den Raum, macht Unsinn. Warum? Weil er – im Gegensatz zu den anderen – die Aufmerksamkeit nicht nur der anderen Kinder, sondern auch die der Erzieherin bekommt, und zwar sogar ungeteilt. Ein Kind muss nicht einmal besonders aufmerksamkeitsbedürftig sein, um dieses Prinzip zu durchschauen: „Wenn du Unsinn machst, kümmern sich alle um dich!“ – Und der Erfolg gibt ihm Recht, so dass sich das problematische Verhalten sehr schnell etablieren kann, wenn die Erzieherinnen nicht gegensteuern und dem Knirps unaufgeregt eine Auszeit im Nachbarraum auferlegen, um sich rasch wieder den anderen zu widmen.

Sie sind das Beste, was Sie haben! Und Sie allein sind dafür verantwortlich, dass Sie aus sich das Beste machen. Gehen Sie achtsam mit sich um! Demonstrieren Sie sich täglich, dass Sie viel von sich halten – und dass Sie es Wert sind, sich pfleglich zu behandeln! Noch pfleglicher als Ihren Kaffee-Vollautomaten. Was steht in Ihrer Bedienungsanleitung für sich selbst? Was brauchen Sie?

Sie sind das beste Ich, das Sie haben ...

Abb. 10: Blicken Sie aufs Gute! (eine CareCard)

persönliche Altersvorsorge

Gönnen Sie sich Auszeiten, zum Beispiel für einen bewussten Blick aufs Gute, wie es die CareCard in Abbildung 10 nahelegt. Wertschätzung für sich selbst drückt sich auch in der Altersvorsorge aus: Wie möchte ich später leben? Jeder Mensch sollte neben der finanziellen Altersvorsorge auch eine persönliche Altersvorsorge treffen, und zwar beizeiten. Diese umfasst drei Unteraspekte, und alle drei sollten Sie schon frühzeitig hegen und pflegen, denn auch das ist Ausdruck von Selbstwertschätzung:

Wie ist es um Ihre persönliche Altersvorsorge bestellt?

- **körperliche Altersvorsorge** (wie soll Ihr Körper „morgen“ aussehen? wie wollen Sie altern? wie fit wollen Sie sein? was soll Ihr Körper dann noch können? was tun Sie heute schon dafür, dass Ihr Körper das dann noch kann?)
- **psychische Altersvorsorge** (was soll Sie dann bewegen? mit welchen Aktivitäten wollen Sie Ihr Alter gestalten? welche Hobbies sollen Ihnen Freude machen? – damit müssen Sie heute beginnen! Wenn Sie zum Beispiel im Alter Klavier spielen wollen, sollten Sie damit nicht warten, bis Sie 70 sind)
- **soziale Altersvorsorge** (mit wem wollen Sie alt werden? welche Menschen sollen dann zu Ihrem Kontaktkreis dazugehören? – Freundschaften und Bekanntschaften, aber auch besondere Wohnformen wie „Alt und Jung im selben Haus“, sog. Generationenhäuser, wollen schon früh gefunden sein)

4.2 Keine Angst vor Überheblichkeit!

Und keine Angst vor Überheblichkeit! In der Praxis sind es nur sehr wenige, die sich tatsächlich überschätzen. Menschen mit (scheinbar) übersteigertem Selbstwert sind paradoxerweise höchst anfällig für Kränkungen. Ihr Selbstwertgefühl ist instabil und fällt bei der kleinsten Kritik zusammen. Es kommt darauf an, die Balance zu finden zwischen Selbst-Abwertung und Selbst-Überwertung. Das gilt letztlich für jeden. Es handelt sich um einen permanenten Prozess, der nie abgeschlossen ist. Jede neue Lernerfahrung stellt das mühsam gefundene Gleichgewicht erneut auf die Probe. Das ist normal. Andernfalls würden wir stehenbleiben.

ein Paradox

Also: Befürchten Sie nicht, durch ein „zu starkes" Selbstwertgefühl wohlmöglich arrogant zu werden – das Gegenteil ist der Fall! Innerlich starke Menschen können es sich erlauben, sich ganz auf andere einzulassen. Arroganz ist immer ein Zeichen von Unsicherheit, sprich: von einem zu schwachen Selbstwertgefühl. Ein Mensch, der sich arrogant verhält, macht sich größer und dadurch scheinbar überlegen und unangreifbar. Wer ein wirklich starkes Selbstwertgefühl aufweist, hat es nicht nötig, sich vor anderen zu erhöhen oder andere zu erniedrigen. Man kann nicht zu gesund sein, und man kann kein zu großes Selbstwertgefühl haben (Branden, 2010).

Falls Sie einem Menschen begegnen, der sich Ihnen gegenüber arrogant verhält, sollten Sie den letzten Satz ruhig wörtlich nehmen und sich mitleidig sagen: „Der hat's nötig!" Er braucht es offenbar für sein Selbstwertgefühl, Sie herablassend zu behandeln. Sagen Sie sich, dass Sie darüber stehen und sich darüber nicht aufregen wollen. Begegnen Sie demjenigen großherzig. Arrogant wirkende Menschen lassen sich häufig von freundlicher Offenheit auftauen. Sie merken ja dann, dass sie ihre Unsicherheit ablegen können.

Der hat's nötig!
- ja wirklich!

Das Problem dabei ist nur, dass die auf Unsicherheit basierende Arroganz genauso ansteckend wirkt wie jede andere Form von Unsicherheit – nur dass der Arrogante auf den ersten Blick nicht verunsichert wirkt, sondern sicher. Als Folge fühlt man sich selber im Umgang mit arroganten Menschen noch unsicherer. Sie müssen deshalb ganz schön intensive mentale Arbeit leisten, um innerlich nicht noch kleiner zu werden.

TIPP FÜR SIE

Gehen Sie in die freundliche Offensive!

Wenn Sie sich vornehmen, die kühle Arroganz des anderen zum Schmelzen zu bringen, befreien Sie sich dadurch aus der Rolle des Opfers und werden zum aktiven Kontaktgestalter. Das gibt Ihnen innere Souveränität. Manchen hilft auch die Vorstellung, wie das arrogante Gegenüber nackt aussieht. Oder wie seine Frau ihm den Schlafanzug herauslegt. Oder wie er als kleiner Junge auf dem Schulhof immer alleine spielen musste. Das Hilfreiche liegt nicht darin, den anderen abzuwerten, sondern ihn mental von seiner Überheblichkeit zu befreien und als ganz normalen Menschen mit ganz normalen menschlichen Bedürfnissen zu sehen. Das stellt das Empfinden von Gleichwertigkeit wieder her.

nur der macht sich groß, der sich klein fühlt

Sich groß machen – das dient der Abwehr von Minderwertigkeitsgefühlen. Es ist nämlich ein mutiger Schritt, sich (und anderen?) einzugestehen, dass man die Anerkennung anderer braucht. In unserem Kulturkreis leugnen Männer dieses Bedürfnis stärker als Frauen (sage nicht [nur] ich, sondern Bernd Sprenger, 2005, S. 59). Wer sich das Bedürfnis eingesteht, ist in der Regel emotional stabiler als die, die so tun, als wären sie diesbezüglich mit seelischer Taubheit geschlagen. Das ist das oben angesprochene Paradox „in grün“.

Stolz ist echt

Die Überschrift dieses Unterkapitels lässt sich also in zwei Richtungen verstehen: Erstens brauchen Sie selber nicht zu befürchten, dass Sie arrogant oder überheblich „rüberkommen“ könnten; Stolz auf eine erbrachte Leistung, eine Erfolg kommt immer authentisch daher und wirkt nur auf Neider negativ (die sind's aber selber schuld und mit ihren ungesunden Neidgefühlen ganz sicher nicht glücklich). Wer eine wertschätzende Grundhaltung hat, der freut sich aufrichtig mit Ihnen.

Unsicherheit ist ansteckend

Und zweitens besteht für Sie kein Anlass, sich unterlegen oder verunsichert zu fühlen, bloß weil jemand anders überheblich daher kommt. Vielleicht hilft Ihnen bei letzterem neben der mitleidgeprägten Überzeugung, dass er es nötig haben muss, der Gedanke, dass Unsicherheit ansteckend wirkt wie ein Virus. Sie überträgt sich ruckzuck:

Die Verunsicherung, die Sie spüren, ist die des anderen!

Sie sind quasi nur der Seismograph für seine (uneingestandene) Unsicherheit oder Angst vor Ablehnung. Sie reflektieren in Ihren Empfindungen das, was eigentlich in ihm vorgeht. Freuen Sie sich über Ihre Empfindsamkeit (oder wären Sie lieber ein kalter Klotz?!) und starten Sie Ihre Aufwärm-Kampagne, falls der andere es Ihnen wert ist oder Sie einfach Lust haben auf eine kleine psychologische Herausforderung ☺

4.3 Konstruktiver Umgang mit Kritik

Eigentlich brauchen wir Menschen Kritik. Zumindest Feedback ist wichtig für uns. Wir wollen wissen, wo wir stehen und was wir richtig und falsch machen. Rückmeldung durch andere hilft uns, uns einzuordnen und unser Verhalten zu steuern und zu verbessern. Sie gibt uns Orientierung, Sicherheit und Bestätigung. Trotzdem bekommen die meisten Leute Herzklopfen beim Gedanken an Kritik oder negatives Feedback. Warum?

Das Problematische an Kritik ist, dass man sie auf sich als Person bezieht, obwohl sie eigentlich nur auf eine Rückmeldung zum Leistungsverhalten abzielt. Man nimmt sie persönlich. Im schlimmsten Fall fühlt man sich als Person abgewertet. Dementsprechend fährt man große Geschütze auf, um sich als Person zu schützen und wieder aufzuwerten. Man verteidigt sich, man wertet den Kritiker ab (zum Beispiel indem man ihm das Recht zur Rückmeldung abspricht), man wird vielleicht sogar aggressiv.

Kritiker-Abwertung ist naheliegend, aber billig und nicht souverän …

Es steht eben viel auf dem Spiel, wenn man eine Kritik persönlich nimmt – vor allem für selbstwertschwache Menschen. Kritik stellt immer eine potenzielle Bedrohung des Selbstwertgefühls dar (Sprenger, 2005). Dabei sind wir selbst häufig unsere größten Kritiker. Wir starten soziale Abwärtsvergleiche („die Frauen in der Illustrierten sind alle viel schlanker als ich") und machen uns nach allen Regeln der Kunst runter; gemeinerweise gilt das insbesondere für Situationen, in denen wir ohnehin schon überlastet sind.

Der einfachste Tipp: Den anderen ausreden lassen und versuchen, die Kritik nicht persönlich zu nehmen. Die Wahrscheinlichkeit ist groß, dass der andere gar nicht Sie als Person meint, sondern Ihnen eine Rückmeldung zu Ihrer Leistung geben möchte. Suchen Sie ganz gezielt (Fokus!) nach Anzeichen von Wertschätzung, die Sie – auch schon in anderen Kontexten – von der Person des Kritikers erhalten haben. Beobachten Sie, wie der Kritiker mit Ihren Kolleginnen und Kollegen umgeht. Vielleicht ist er auch im Umgang mit anderen strikt fehler-orientiert? Das kann Sie entlasten.

der meint nicht Sie, sondern eine Ihrer Leistungen

Vielleicht macht Ihnen das auch Mut, ihn direkt um positives Feedback zu bitten. „Was war denn nicht völlig daneben?" könnten Sie zum Beispiel mit einem kleinen Grinsen fragen und ihn damit explizit auffordern, sich auch einmal Gedanken über positive Aspekte Ihrer Leistung zu machen. Damit verlassen Sie die passive Rolle des Feedback-Empfängers, was psychologisch wertvoll sein kann. Sie gestalten in dem Moment das Gespräch mit. Und dann hören Sie zu! Das gilt natürlich auch für die Kritik zuvor.

raus aus der Passivität!

Paraphrasieren ohne Papagei-Gefühl

Formulieren Sie noch einmal in eigenen Worten, wie Sie die Kritik verstanden haben („Sie meinen also, ich hätte im 2. Kapitel noch mehr Quellen zitieren sollen, um zu zeigen, dass ich die aktuelle Forschung gelesen habe?“ o.ä.), und zwar ohne vorwurfsvollen Tonfall, sondern ganz nüchtern – sofern Ihnen dies möglich ist. Befürchten Sie nicht, dabei wie ein Papagei zu wirken. Im Gegenteil: Ihr Kritiker wird sich verstanden fühlen und vielleicht sogar Schärfe aus seinem Tonfall herausnehmen.

Wichtig ist dieses Paraphrasieren (noch mal mit eigenen Worten zusammenfassen), weil das Gehirn in Stress-Situationen anders arbeitet als sonst. Es sorgt dafür, dass wir Dinge überhören oder – mit Schulz von Thuns Modell der 4 Seiten einer Nachricht gesprochen – immer nur auf einem Ohr hören und auf den anderen 3 Ohren taub sind. Zum Beispiel hören wir in Kritikgesprächen häufig auf dem Beziehungsohr („der mag mich nicht“), den Appellaspekt überhören wir oder übersteigern wir („ich soll die ganze Arbeit neu schreiben“), auf der Sachebene sind wir kaum erreichbar.

negative Kritik = Stress für Hirn und Psyche

Hinzu kommt, dass Sie sich nicht wirklich auf die Inhalte der Kritik konzentrieren können, wenn Sie sich gleichzeitig als Person abgewertet fühlen und meinen, Sie müssten Ihr Selbstwertgefühl verteidigen. Ihr Gehirn und Ihre Psyche haben plötzlich mehrere verschiedene Schauplätze, auf denen etwas geschieht, und zwischen diesen müssen Sie ständig hin- und herpendeln, denn natürlich dürfen Sie nicht unaufmerksam wirken. Sie müssen sich also rückversichern, dass Sie wirklich alles richtig verstanden haben („richtig“ heißt hier: so wie Ihr Gesprächspartner es gemeint hat) und nichts in den bekannten „falschen Hals“ bekommen haben. Dazu ist das Paraphrasieren Gold wert. Und es nimmt Emotionen aus dem Gespräch.

Emotionen sind wichtig für zwischenmenschliche Beziehungen.
Aber wenn negative Emotionen einen mitzureißen drohen,
ist Ent-Emotionalisierung wohltuend.

Wenn Sie merken, in Ihnen geht die Post ab: Gehen Sie mental auf Distanz, indem Sie um eine kurze Gesprächsunterbrechung bitten; vermutlich brauchen Sie tatsächlich jetzt ein Glas Wasser. So eine Bitte wäre also nicht einmal gelogen. Sich eine solche Mini-Auszeit genehmigen, das wäre optimal für das Gespräch. Falls nicht möglich: wenigstens tief ausatmen. Auch das schafft (eine kleine) Distanz. Sie brauchen diesen Abstand, um sich nicht von den Emotionen mitreißen zu lassen und dann womöglich überschießendselbstverteidigend („ist ja gar nicht wahr!“) oder aggressiv zu reagieren. Beides wäre nicht souverän.

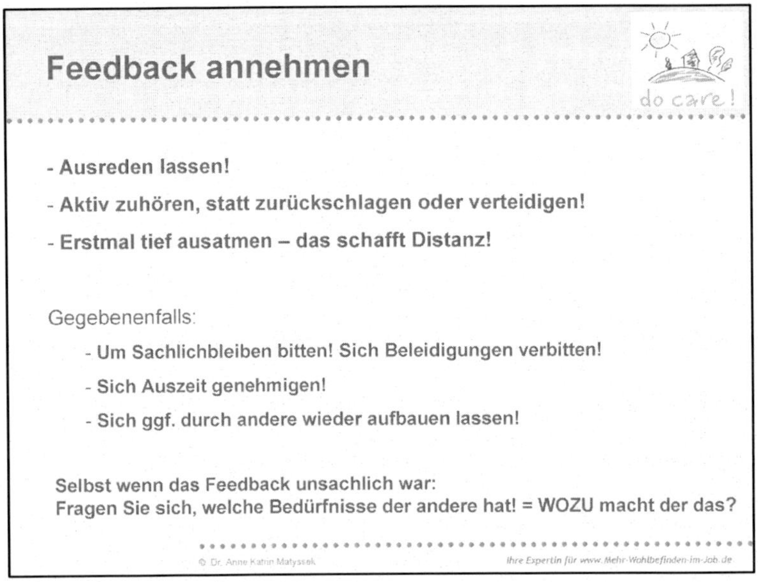

Abb. 11: Feedback annehmen

Souverän ist hingegen, die Kritik anzuhören, nach Konkretisierungen zu fragen, sich Beleidigungen zu verbitten („wir können über alles reden, aber bitte nicht in diesem Ton") und gegebenenfalls die Fortsetzung des Gesprächs zu verschieben, wenn man merkt, dass es einen emotional zu sehr mitnimmt. Versuchen Sie nicht, cool zu wirken. Manchmal wünscht man sich genau das: Coolness. So zu tun, als würde die Kritik einfach an einem abgleiten, als wäre man emotional unberührt.

nicht cool wirken wollen

Aber ein souveräner und vor allem konstruktiver Umgang mit Kritik geht anders. Man will ja aus der Kritik auch etwas lernen – bzw. man muss, wenn man in diesem Arbeitsverhältnis weiterhin einen guten Job machen möchte. Kritik annehmen können und umsetzen: das ist ein Kennzeichen von Menschen mit einem wirklich gesunden Selbstwertgefühl.

Diese Aura der „coolen" Unverletzlichkeit, mit der man sich häufig zu umgeben versucht, ist nicht echt. Sie soll nur den eigentlichen Zustand der emotionalen Labilität und Verunsicherung verstecken. Das Selbstwertgefühl eines Menschen, der sich um Coolness bemüht, ist in Wahrheit höchst störungsanfällig. Die Coolness ist quasi ein Täuschungsmanöver oder – mit dem oben zitierten Hypnotherapeuten Gunther Schmidt gesprochen – ein Lösungsversuch; aber eben leider einer, der in die Hose geht.

4.4 Wie man selbstwertschwache Menschen stärker macht

Sie sind nicht der Therapeut!

Natürlich können Sie nicht wettmachen, was in der Kindheit Ihres Kollegen oder Ihrer Kollegin versäumt wurde. Aber Sie können Ihr Gegenüber darin unterstützen, selber den Blick auf die eigenen Stärken zu lenken und gut für sich selbst zu sorgen. Vergessen Sie dabei nie, dass Sie nicht der Therapeut oder die Therapeutin sind. Sie werden den anderen nie wirklich „heilen" können von seiner Unfähigkeit, durch anerkennende Äußerungen anderer „satt" zu werden. Die folgenden Tipps können für Sie vielleicht eine Unterstützung darstellen.

an Erfolge erinnern

Erinnern Sie den anderen an seine Erfolge! Damit setzen Sie sich nicht dem Verdacht der Anbiederung aus, denn diese Erfolge hat es ja in der Vergangenheit gegeben. Sagen Sie zum Beispiel „Du hast doch schon ganz anderes hinbekommen – weißt du noch damals, als ...!" Sinnvoll ist vor allem das Erinnern an Erfolge, die unter Widerständen oder nach erster Skepsis errungen wurden. Sie bringen den Kollegen in Kontakt mit seinen Ressourcen

Vor allem, wenn es Sie nervt, dass der andere wieder und wieder eine Bestätigung dafür bekommen möchte, dass er einen guten Job macht: Fragen Sie Ihren selbstwertschwachen Kollegen, wie er selber seine Leistung einschätzt. Und wenn dann ein zaghaftes „nicht sooo übel" kommt, können Sie dies mit einem lächelnden Nicken bestätigen und vielleicht noch eine Begründung für die positive Bewertung hinterherschicken.

Zwang zum Konkretisieren und Selber-Loben

Wenn jemand wieder und wieder seine Leistung selber klein redet (vielleicht in der Hoffnung, von Ihnen Gegenteiliges zu hören, vielleicht aber auch, weil es seiner eigenen Bewertung entspricht): Statt dass Sie selber die Arbeit für den Kollegen leisten, delegieren Sie diese Aufbauarbeit und den Zwang zur Konkretisierung an ihn. Fragen Sie: „Was von dem, was du abgeliefert hast, fandest du denn nicht völlig daneben?" Auch hier können Sie nach der Selbsteinschätzung sein Urteil wohlwollend bestätigen.

Falls das soziale Klima in Ihrem Bereich es gestattet (und der Kollege oder die Kollegin einverstanden ist!), können Sie auch andere Teammitglieder bitten, dem verzagten Kollegen Rückmeldung zu geben. Sie brauchen den anderen nicht mit Samthandschuhen anzufassen: Neben positiver Rückmeldung ist auch negative Kritik erlaubt, sofern sie sich ausschließlich auf die Leistung und nicht auf die Person des Kollegen bezieht. Er muss lernen und die Erfahrung machen dürfen: „Es ist normal, dass ich ein paar Dinge falsch mache – den anderen passiert das auch, und die mögen mich trotzdem auch weiterhin."

Selbst wenn Sie der Meinung sein sollten: „Die zieht doch bloß eine Show ab, wenn sie sich wieder und wieder öffentlich klein macht!" – versuchen Sie, trotzdem eine wertschätzende Haltung zu bewahren. Offenbar hat die Kollegin diese Bestätigung durch Sie und die anderen nötig. Das mag ein regressives Verhalten sein, eines erwachsenen Menschen unwürdig – dahinter steckt eine Form von seelischer Not.

Die braucht das. Vielleicht gelingt es Ihnen, sich geehrt zu fühlen, dass Sie so wichtig zu sein scheinen für ihr Selbstwertgefühl. Andernfalls würde die Kollegin sich ja nicht gerade von Ihnen immer wieder aufbauen lassen wollen. Eventuell fällt es Ihnen leichter, wertschätzend zu bleiben, wenn Sie Mitleid für die Kollegin empfinden. Die ist in ihrer Selbstachtung offenbar stark abhängig von der Bewertung durch Sie.

Sie bräuchten das auch mal?

Vielleicht denken Sie „das ist unfair, dass immer die sich so aufbauen lässt – mir selber täte das auch mal gut!" Da haben Sie sicher Recht. Diese Haltung sollte Sie aber nicht dazu verleiten, der Kollegin Ihre Anerkennung zu versagen. Stattdessen sollten Sie gut für sich selbst sorgen und den Ball an genau diese Kollegin zurückgeben: „Du bittest mich so oft um Feedback – mir selbst täte das auch mal gut, von dir zu hören, was an meiner Arbeit ganz gut war oder was ich noch besser machen könnte. Sag doch mal ..." Wenn das Ihr Bedürfnis ist: Nur raus damit!

Patensysteme

Unter Umständen können Sie auch Patensysteme einrichten, indem je zwei Teammitglieder sich gegenseitig Feedback geben. Das kann durchaus zu festen Zeitpunkten geschehen, etwa freitags nachmittags, um danach gut gelaunt ins Wochenende zu gehen. Anfangs wirkt eine so bewusste Einführung von Feedback-Gesprächen künstlich, ja fast schon lächerlich. Und anfangs werden auch nicht alle mitmachen, sondern manche Paare werden sich über etwas anderes unterhalten. Aber erfahrungsgemäß ändert sich das rasch, sobald die erste Scheu überwunden ist und jeder merken konnte: Feedback tut gut.

1. Schritt: körperliche Bedürfnisse befriedigen!

Bernd Sprenger (2005) empfiehlt selbstwertschwachen Menschen, in einem ersten Schritt auf die regelmäßige Befriedigung ihrer körperlichen Bedürfnisse zu achten. Wer nicht viel von sich hält, empfindet es als unnötig, sich mit guter Nahrung zu versorgen („das tut's für mich") oder Körperpflege zu betreiben („das lohnt bei mir eh nicht, ich bin nicht Claudia Schiffer"). Genau diese Verhaltensweisen aber würden der Psyche das Signal geben: „Ich bin es mir wert, gut für mich zu sorgen. Also muss ich wohl etwas wert sein." Was auf den ersten Blick wie ein unlogischer Zirkelschluss aussieht, ist in Wahrheit „psycho-logisch". Unsere Psyche tickt so.

4.5 Wie Sie Ihren Selbstwert stärken

Die in diesem Kapitel genannten Tipps zur Selbstwertstärkung gelten natürlich nicht nur für andere, sondern auch für Sie selbst. In dem folgenden Kasten finden Sie die wichtigsten noch einmal in der Zusammenfassung.

- Achten Sie darauf, dass Ihre körperlichen Grundbedürfnisse (Essen, Schlafen, Sex, Wärme, Bewegung und Erholung) allesamt befriedigt werden. Das signalisiert der Psyche „ich bin's wert“!
- Gestehen Sie sich ein, dass Sie ein Bedürfnis nach Anerkennung durch andere haben. Das ist nicht „uncool“, sondern Ausdruck wahrer innerer Souveränität.
- Lassen Sie sich feiern (Geburtstag, Jubiläum, berufliche Erfolge), und feiern Sie sich auch selber! Seien Sie es sich wert, sich an diesen Tagen erst recht etwas Schönes zu gönnen.
- Bitten Sie um Rückmeldungen von anderen, wenn Sie sich oder Ihre Leistungen zu wenig gesehen fühlen. Holen Sie sich Ihre Lorbeeren ...!
- Nehmen Sie täglich Einzahlungen auf Ihr Selbstwert-Konto vor! Insbesondere in Zeiten unerlaubter Abbuchungen durch andere ist das wichtig für Ihre Bilanz, sprich: Tun Sie sich etwas Gutes!
- Wenn Sie merken, dass jemand Sie verunsichert, sagen Sie sich, dass der das wohl nötig hat, und dass es im Grunde seine Verunsicherung ist, die Sie spüren – und dann geben Sie ihm Sicherheit, indem Sie lächeln und ihn „aufwärmen“.
- Achten Sie darauf, wie Sie mental zu sich selber sprechen: Bauen Sie sich nach Misserfolgen auf, klopfen Sie sich bei Erfolgen auf die Schulter, seien Sie stolz auf sich und genießen Sie das Gefühl! – Schreiben Sie diese positiven Gedanken auf!
- Seien Sie vorsichtig mit der Strategie der Kontaktvermeidung, um der Gefahr von Entwertungserlebnissen zu entgehen! Diese sollten Sie sich nur in absoluten Ausnahmefällen gestatten.
- Definieren Sie sich nicht nur über Arbeit! Je mehr Töpfe Sie haben, aus denen Sie Ihr Selbstwertgefühl schöpfen, desto leichter wird es für Sie, Kritik an Ihrer Leistung anzunehmen.
- Wenn Ihr Selbstwert in Gefahr ist, füllen Sie das Konto auf, indem Sie andere Menschen um Rückmeldung bitten. Und haben Sie keine Scheu, sich trösten zu lassen.
- Sagen Sie sich: Ohne Rückmeldung keine Weiterentwicklung. Oft sieht man erst im Nachhinein, wozu eine negative Kritik gut war. Vielleicht können Sie dem Kritiker später einmal dankbar sein.

So einfach ist das: Wertschätzung im Arbeitsalltag

5

5 So einfach ist das: Wertschätzung im Arbeitsalltag

5.1 Das Düngemittel fürs Klima

Wertschätzung auf 4 Ebenen

Wertschätzung im Betrieb zeigt sich – logisch betrachtet – auf vier Ebenen, zu denen sich Fragen formulieren lassen: 1. Selbstwertschätzung: Wie geht der einzelne Mitarbeitende mit sich selbst um? 2. Wertschätzung auf gleicher Hierarchiestufe: Wie gehen die Kollegen und Teams miteinander um? 3. Wertschätzung zwischen den Hierarchiestufen: Wie gehen Führungskräfte und Mitarbeitende miteinander um? 4. Wertschätzung auf Organisationsebene: Wie geht der Betrieb mit seinen Beschäftigten um?

Anregungen für mehr Selbstwertschätzung finden Sie in den Kapiteln 4 und 9. Um Wertschätzung unter Kollegen geht es in diesem Kapitel sowie in Kapitel 6. Wie Führungskräfte den Kontakt zu den Mitarbeitenden wertschätzend gestalten können, lesen Sie in Kapitel 7. Und was das Unternehmen tun kann, erfahren Sie in Kapitel 8. Im Anhang finden Sie darüber hinaus weitere Anregungen. Vielleicht ist das eine oder andere Neue dabei.

nicht DIE Idee, sondern ein möglichst großes Repertoire

Für ein wertschätzenderes Miteinander auf kollegialer Ebene gibt es am Ende dieses Kapitels zudem einen Leitfaden für ein Multiplikatorenkonzept. Und ein Konzept für Führungskräfte-Veranstaltungen finden Sie am Ende von Kapitel 7. Für alle diese Ideen – und auch für dieses Buch insgesamt – gilt, und das haben Sie bestimmt schon gemerkt: Es gibt nicht eine bestimmte wissenschaftliche Theorie, die dem Ganzen zugrunde liegt. Stattdessen ist es das Anliegen dieses Buches, Ihnen möglichst viele unterschiedliche Ansatzpunkte zur Verfügung zu stellen, mit denen Sie die Wertschätzung in Ihrem Betrieb voranbringen können.

Ich kann das sogar logisch begründen ☺ Jeder Jeck ist anders, sagt man in Köln. Und kein Betrieb ist wie der andere. Mir geht es darum, dass Sie Ihr Repertoire an Möglichkeiten erweitern. Denn je mehr Wege man kennt, desto flexibler kann man agieren.

Dieser Grundsatz gilt für das Thema Stressbewältigung genauso wie für das „beste Düngemittel fürs Klima": die Wertschätzung. Gucken Sie in Ruhe, was zu Ihnen als Person, was zu Ihrer Abteilung und was zu Ihrem Betrieb passt. Und dann starten Sie mit irgendetwas, das Ihnen rasche Erfolgserlebnisse verschafft (zum Beispiel das morgendliche Lächeln für den Pförtner). Das macht gute Laune. Die „broaden-and-build"-Theorie von Barbara Fredericksn besagt, dass Ihre positiven Emotionen Ressourcen freisetzen, so dass Sie dann gut gelaunt die nächst größere Herausforderung angehen können (zum Beispiel ein Gespräch mit einem Menschen, der Ihnen unsympathisch ist). Und so weiter ... ☺

Broaden-and-build-Theorie

Ich finde es wichtig, über Veränderungen hin zu mehr Wertschätzung im System oder in der Organisation zu sprechen. Deshalb stelle ich Ihnen in Kapitel 8.1 und im Anhang ja Ansätze vor, mit denen Betriebe versucht haben, für mehr Wertschätzung zu sorgen. Aber letztlich sind es immer (einzelne) Menschen bzw. Gruppen aus Menschen, die dahinter stehen und die etwas in die Wege geleitet haben. Am Ende wird die Kultur des gesamten Unternehmens vielleicht beeinflusst, ja, aber am Anfang stand immer ein Mensch. Jemand, der sich etwas ausgedacht hat und dabei eine entsprechend wertschätzende Haltung mitgebracht hat.

letztlich wirkt der einzelne Mensch

Denken Sie nicht „das sind doch Kleinigkeiten" – genau diese Kleinigkeiten machen den Unterschied aus zwischen Wohlbefinden und Unwohlsein im Betrieb. Schneider schreibt dazu in ihrem Buch „Gesundheitsförderung in der Arbeitswelt – Nebenwirkung Gesundheit" (2011, S. 90): „Schon Kleinigkeiten wie der Blickkontakt, die Namensnennung, das aufrichtige Lob sowie die gezeigte und vom Mitarbeiter wahrgenommene Wertschätzung verändern nicht nur die Befindlichkeit des Mitarbeiters, sondern auch die Biochemie des Körpers. Das ist messbar!"

– und letztlich wirken die kleinen Dinge

Lächeln Sie, wenn Ihnen danach ist. Dass das ansteckend ist und unser Belohnungszentrum im Hirn aktiviert, wissen wir spätestens, seit die Neurobiologie uns die Entdeckung der Spiegelneurone beschert hat (Wild, 2008). Wenn wir eine Bewegung oder Emotion bei anderen wahrnehmen, neigt ein Teil von uns unwillkürlich dazu, selbiges nachzuempfinden. Insbesondere bei Gefühlen ist dieser Trieb spannenderweise nicht willentlich unterdrückbar (Gaschler, 2008): Wenn uns jemand anlächelt, lächeln wir zurück.

„Niemand braucht Ihr Lächeln nötiger als der,
der gerade keines für Sie übrig hat.
Schenken Sie uns Ihres ..."

steht an der Kasse eines Düsseldorfer Schuhgeschäfts. Ich muss immer grinsen, wenn ich es lese.

nicht denken: „erst mal sollen die ...“

Wertschätzender Umgang und damit einhergehendes Wohlbefinden sind auch eine Frage der Unternehmenskultur. Im DGB-Index Gute Arbeit gaben fast 90% der Befragten an, dass die Unternehmenskultur einen hohen oder sehr hohen Einfluss auf die Mitarbeitergesundheit hat (Buntenbach & Pauli in Giesert, 2008). Diese wird maßgeblich von Führungskräften gestaltet. Aber das sollte nicht als Argument dienen, trotzig die Arme vor der Brust zu verschränken mit der Einstellung „erst mal sollen die! wenn die es vorleben, dann werd' ich auch ...“. Denn Wertschätzung für Kollegen kann jeder – unabhängig von Gehaltsstufe oder Hierarchieebene – zeigen. Jeder kann etwas für ein wertschätzenderes Miteinander tun, und jeder profitiert davon, ebenso das ganze Team.

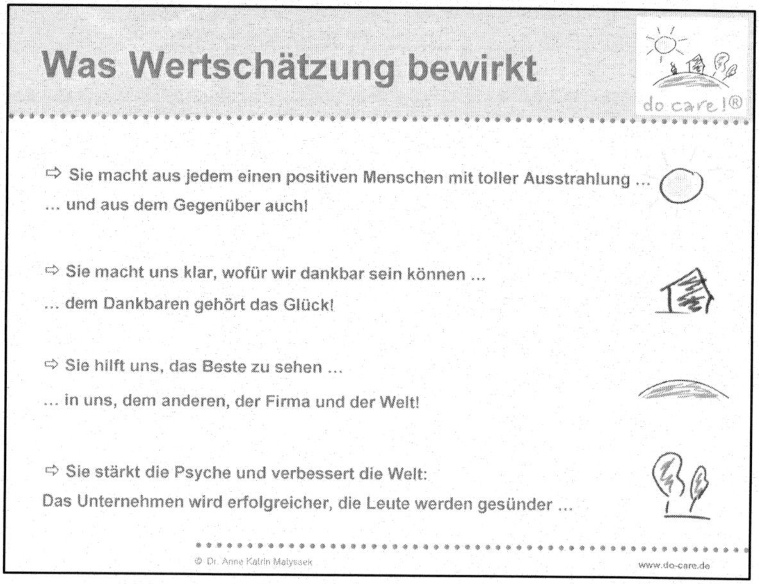

Abbildung 12: Was Wertschätzung bewirkt

allen geht es besser

Man kommt lieber zur Arbeit, weil man sich dort wohl fühlt. Nach einer Erkrankung oder einem Unfall kehrt man schneller wieder zurück, weil man sich gebraucht fühlt und weiß, dass die Kollegen einen brauchen und Rücksicht nehmen. Konflikte im Team werden schneller gelöst oder entstehen gar nicht erst. Eine typische Konfliktursache ist nämlich das Gefühl „der schätzt mich nicht“ oder „der nimmt mich nicht ernst“. Der Zusammenhalt unter Kollegen gibt Sicherheit. Das Selbstwertgefühl wird gestärkt. Jeder Mensch kennt aus eigener Erfahrung die beflügelnde Wirkung von Anerkennung. Trotzdem wird dieses Wissen kaum in die Praxis umgesetzt. Die Gründe dafür schauen wir in Kapitel 6 näher an.

Im Focus 40/2008 (S. 58) war zu lesen: „Wir leben, so scheint es, in einer Kritikgesellschaft. In einer Meckerwelt, einer Nörgelkultur (...) Skeptisch zu sein gilt als geistvoll, eine milde Haltung rasch als naiv. Wir haben in der Schule gelernt, uns auf die Fehler zu konzentrieren, und suchen sie bis heute – bei unseren Kindern und unseren Partnern, bei unseren Kollegen und unseren Chefs. Gleichzeitig sehnen wir uns jedoch nach Lob und Anerkennung." Ein europäischer Vergleich der Jobbörse stepstone ergab, dass die Loblücke in Deutschland doppelt so groß ist wie im europäischen Durchschnitt (Focus 40/2008).

Setzen Sie etwas dagegen, indem Sie „ja" zueinander sagen und den Blick aufs Positive lenken. Anderson et al. vertreten die Auffassung, dass „die Bejahung von Handlungen" Organisationen vitaler macht. Es setzt Kräfte frei, wenn man spürt, dass der Kollege an einen glaubt. „Hatten Sie jemals einen Lehrer, der etwas Außergewöhnliches an Ihrer Arbeit fand, der irgendwie Möglichkeiten in Ihnen sah, derer Sie sich kaum selber bewusst waren? Solche Erfahrungen können lebensverändernd sein. Wir sehen uns plötzlich in einer neuen, anderen und inspirierenden Weise. Für manche wurden so lebenslange Karrieren in Gang gesetzt (Anderson, Cooperrider, Gergen, McNamee u. Whitney, 2004, S. 37).

aufs Positive schauen und dem anderen etwas zutrauen

Um überhaupt den Blick auf positive Aspekte richten zu könne, brauchen Sie eine positive Grundstimmung. Verstecken Sie Ihre gute Laune nicht, sobald Sie die Firma betreten! Menschen mit positiver Stimmung wirken ansteckend. Man spricht auch von emotionaler Resonanz: Wie ein Virus springt die Stimmung über. Im Idealfall stecken Sie einander natürlich mit positiver Stimmung an. Aber notfalls eben auch mal mit schlechter Laune. Hauptsache, Sie verzichten aufs Pokerface (Matyssek, 2009).

Hinter einem Pokerface verbirgt sich fast immer Unsicherheit.
Und es macht auch andere unsicher.

Wer sich undurchschaubar macht, verunsichert sein Gegenüber. Unsicherheit wirkt auch wie ein Virus: Sie steckt an. Verunsicherte Menschen können nicht gut verkaufen, sind nicht überzeugend im Kundenkontakt, sind abgelenkt bei der Arbeit. Menschen wollen wissen, woran sie beim anderen sind. Deshalb schauen sie z.B. morgens als Erstes ins Gesicht der Führungskraft oder erkundigen sich bei Kollegen: „Und, wie ist er / sie heute drauf?" Also, machen wenigstens Sie unter Kollegen es Ihrem Gegenüber leicht: Lassen Sie zu, dass man in Ihrem Gesicht lesen kann! Und achten Sie auf Ihre Stimmung, statt sich hängen zu lassen, bildlich wie wörtlich genommen. Manchmal hilft es schon, wenn man die Wirbelsäule aufrichtet. Und lächelt. Das setzt tatsächlich Glückshormone frei.

Stimmungen stecken an

die Stimmung skalieren

Und hier noch ein Tipp aus der Hypnotherapie: Tun Sie mal so, als könnten Sie Ihre Stimmung messen. Als könnten Sie ihr einen Zahlenwert zuordnen zwischen *0 – total schlechte Stimmung* und *1052 – bestmögliche Stimmung* (einfach so; 1000 wäre zu einfach). Und nun denken Sie mal zehn positive Gedanken („das Wetter ist super zum Grillen, der Schmidtke trägt heute eine schicke Jacke, Gott sei dank bin ich gesund" usw.). Und nun messen Sie noch einmal ... Der Beweis ist erbracht, oder? Sie können Ihre Stimmung zumindest teilweise kontrollieren. Und 1/1052el reicht ja schon. Ein winziges Pünktchen. Und schon ist Welt ein bisschen heller. Solche „Kontrollgefühle" sind ganz wichtig, nicht nur für Menschen in einer depressiven Episode, sondern für alle.

Abbildung 13: Stimmungsskalierung

Ihre Kollegen dürfen stolz sein ...

... und Sie auch!

Pflegen Sie „gesunde" Dialoge, die zum Ziel haben, den Gesprächspartner zu stärken. Tauschen Sie sich aus über das, was gut läuft! Schenken Sie sich gegenseitig großzügig Bestätigung. Ermöglichen Sie einander gegenseitig, stolz zu sein: stolz auf die Zugehörigkeit zum Unternehmen, zur Abteilung, zum Team; stolz auf Leistungen, Ansehen oder die gute Zusammenarbeit. Hinding, Spanowski und Kastner (2010, S. 197) sind der Meinung: „In Wertschätzungskulturen sind positive emotionale Reaktionen und Haltungen wie Stolz wahrscheinlicher. Im anderen Fall kommt es eher zu Frustration, Ärger und negativer Aktivierung, die auf Dauer Stresssymptome mit sich bringen können."

Menschen sind Medizin. Oder Gift.

Der Blick auf positive Aspekte macht aus ihnen Medizin. Menschen begegnen sich auf andere, neue, gesündere Weise, wenn sie miteinander über Stärken und positive Entwicklungen sprechen. Das ist für viele zunächst befremdlich oder ungewohnt, aber es verbessert das Klima insgesamt, und auch den Umgang mit einander. Man kann den Raum dazu schaffen, dass ein wertschätzendes Miteinander möglich wird, zum Beispiel, indem man klar Position bezieht, wenn über abwesende Dritte gelästert wird („Das tut unserem Team nicht gut, bitte lass das").

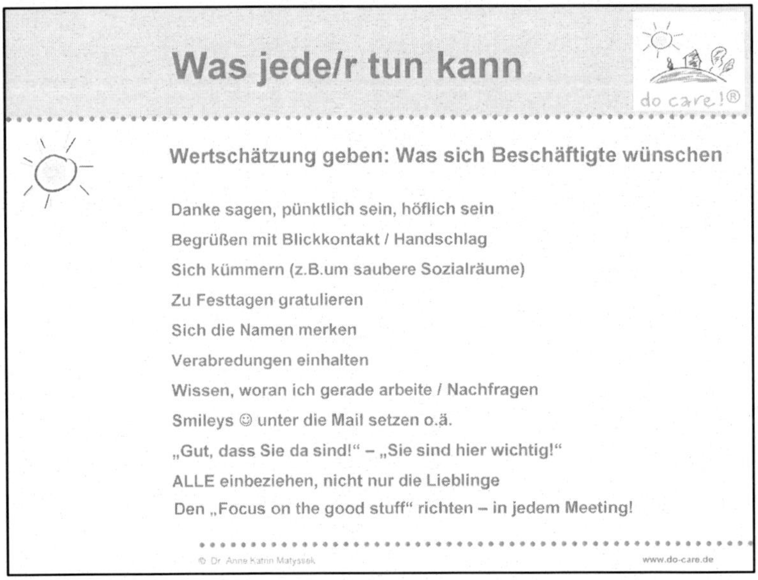

Abbildung 14: Wertschätzung – was jede/r tun kann

Wir-Gefühl stärken

Eine unauffällige Variante, günstig aufs Teamklima einzuwirken, besteht darin, Gemeinsamkeiten zu finden und so das Wir-Gefühl zu pflegen (ohne aggressive Abgrenzung gegen andere). In der Sozialpsychologie kennt man das Phänomen „Sympathie schafft Ähnlichkeit, und Ähnlichkeit schafft Sympathie". Kein Wunder also, dass ältere Paare einander manchmal gleichen wie ein Ei dem anderen. Fördern Sie Wir-Erzählungen! „Indem solchen Geschichten Wert und Wichtigkeit verliehen wird, wird die Vergangenheit in einer Weise konstruiert, dass sie gegenwärtige Beziehungen verstärkt" (Anderson, Cooperrider, Gergen, Gergen, McNamee u. Whitney, 2004, S. 30).

Unterschiede würdigen und den Gewinn darin suchen

Neben dem Finden von Gemeinsamkeit ist aber auch das Würdigen von Unterschieden wichtig! Stärke aus der Verschiedenartigkeit der Teammitglieder ziehen, genau die Andersartigkeit als Ressource fürs Team betrachten, also Diversity leben, unabhängig von Alter, Geschlecht, Religion, kulturellem Hintergrund, sexueller Orientierung, Haarfarbe, Lieblingsfußballverein, Kinderzahl, Firmenzugehörigkeitsdauer, Hierarchiestufe – das ist Wertschätzung pur.

Geben Sie jedem Menschen das Gefühl,
ein wertvoller Mensch zu sein!

Aktionen:

Kinderfoto-Zeigetage, Haustier-Mitbringtage, schwäbische Tage, türkische Woche

Vielleicht können Sie Aktionen anregen, bei denen jeder sich als Individuum zeigen kann, so er denn möchte (bitte auch akzeptieren, wenn Leute das ablehnen – „jede (sic!) Jeck ist anders" ...): Tage, an denen die Leute sich gegenseitig ihre Kinder- oder Familienfotos zeigen oder ihre Haustiere mitbringen dürfen. Das klingt ja so absurd und lässt sich auch gewiss nicht überall verwirklichen – aber die Abteilungen, die solche Aktionen mal gestartet haben, berichten ausschließlich von positiven Erfahrungen. Die Kollegen fühlen sich gesehen mit dem, was ihnen wichtig ist. Die Veranstaltung einer türkischen Woche (oder „schwäbische Tage" oder ähnliches, vielleicht auch in Absprache mit der Kantine) kann ähnliches bewirken. Jedenfalls ist die Stimmung an dem Tag gut.

Kürzlich war im Internet von einer Firma zu lesen, die einen Nackttag einrichten wollte. Einige erschienen tatsächlich in Strandkleidung. Ob das für Ihren Betrieb in Frage kommt, müssen Sie wohl selbst entscheiden. Die gute Laune ist an solchen Tagen vermutlich größer als die Leistung ... Ich persönlich denke, dass es zu unserem Kulturkreis nicht so richtig passt. Hingegen ein Motto-Freitag „Urlaubsfeeling im Büro" mit entsprechenden Accessoires dürfte auch in vielen mir bekannten Firmen (ohne Kunden-Sicht-Kontakt) möglich sein, ohne dass das Image leidet. Ansonsten gilt: Feiern Sie, wann immer es etwas zu feiern gibt – Geburtstag, Jubiläen, und natürlich Erfolge und Etappensiege Ihres Teams.

Auch angemessene Kleidung kann Ausdruck von Wertschätzung sein. Gleiches gilt für Pünktlichkeit, Höflichkeit, namentliche Ansprache bei der morgendlichen Begrüßung, gegenseitiges Kaffee-Einschenken, frühzeitige Informationsweitergabe an alle, und auch authentisches Sich-Geben, wie man ist. Auhagen (2006, S. 46): „Man muss nicht alles sagen, was man denkt oder fühlt. Aber was man dem anderen Menschen mitteilt, soll mit dem eigenen Erleben übereinstimmen." Sich dauerhaft zu verstellen, ist auch nicht gesund, wie man aus der Beobachtung von CallCenter-Beschäftigten weiß, die stundenlang gute Laune heucheln müssen.

Tipps für mehr Wertschätzung unter Kollegen:

- Informieren Sie andere frühzeitig und persönlich. Und zwar alle und nicht nur die, mit denen Sie sowieso häufig reden. So vermeiden Sie Cliquenbildung in Ihrem Team.
- Achten Sie auf Sauberkeit in Wasch- und Sozialräumen. Wahre Wertschätzung kann auch heißen, mal (!) den Dreck anderer zu beseitigen, damit sich die Nicht-Betroffenen weiterhin wohlfühlen.
- Bringen Sie erkälteten Kollegen eine Tasse Tee, müden Kollegen einen leckeren Kaffee aus der Kantine mit. Es freut Menschen, wenn sie merken, dass ihre Bedürfnisse zur Kenntnis genommen werden.
- Lächeln Sie, wenn Ihnen danach ist. Jedes Lächeln erwärmt die Atmosphäre und verlockt dazu, weitergegeben zu werden. Die Stimmung verbessert sich insgesamt.
- Sprechen Sie es deutlich und frühzeitig an, wenn Sie sich über jemanden geärgert haben. Das gebietet der Respekt vor sich selbst (!) und anderen: dass Sie Ihren Ärger nicht runterschlucken, sondern die Situation klären.
- Fragen Sie Kollegen um Rat oder bitten Sie sie um ihre Meinung, insbesondere diejenigen, die vom Typ her eher zurückhaltend sind. Sie fühlen sich durch Sie wertgeschätzt und einbezogen.

Wertschätzung ist nie selbstverständlich. Die Kolleginnen und Kollegen müssen sie Ihren Handlungen entnehmen können (Übernahme von unangenehmen Schichten, Gefälligkeitserweisungen, respektvoller Umgang, Einbeziehen bei Entscheidungen, Fragen nach der Meinung etc.).

Gehen Sie nie davon aus, dass Ihre Kollegen von selber wissen, dass Sie sie schätzen.

Trainieren Sie Ihre Fähigkeiten im wertschätzenden Zuhören – also zuhören, ohne direkt zu bewerten. So erfahren Sie, wie Ihr Teamkollege tickt, was ihm wichtig ist (auch im Betrieb) und was ihn stört. Die Grundhaltung dabei: Offen sein, neugierig, wie ein Kind, das gespannt ist auf das Geheimnis des Gegenübers. Natürlich kostet das Zeit und manchmal etwas Mühe oder gar Überwindung (vgl. Kapitel 6.3). Aber sagen Sie sich nach Möglichkeit dennoch: Der andere ist es wert! Und je besser Sie ihn kennen, desto leichter wird es, mit ihm umzugehen.

wertschätzende Haltung: offen und neugierig wie ein Kind

Je mehr wir in einander investieren, desto wertvoller werden wir für einander.

„du bist hier wichtig"
„du wirst hier gebraucht"

Wenn man sich gar nicht erst miteinander beschäftigt und nicht neugierig aufeinander ist oder Mitglieder des Teams von vornherein ablehnt, wird man einander auch nie etwas bedeuten, und der Zusammenhalt wird nie wachsen. Für Wohlbefinden am Arbeitsplatz braucht es aber genau dieses Gefühl: Dass man den anderen wichtig ist und gemeinsam an einem großen tollen Ziel arbeitet, zu dem jeder seinen individuellen Beitrag leisten und dabei aufblühen kann – bildlich gesprochen. Wertschätzung ist dabei das Düngemittel und trägt zugleich bei zu einem Wachstumsklima.

die Sonne scheinen lassen ☺

Lassen Sie die Sonne aufgehen ... Erwärmen Sie das Klima ☺ Kleine Geschenke – ein Adventskalender am 1.12., ein Eis im Sommer, ein Zettel mit einem netten Spruch (bei Frauen ...), ein Kaffee, der aus der Kantine mitgebracht wird – erhalten die Kollegialität, auch wenn sie keinen materiellen Wert haben. Sie tragen zu einem gesunden Klima bei, in dem jeder wachsen und sich entfalten kann. Wichtig ist, dass die Atmosphäre in Ihrem Team möglichst angstfrei ist, damit die Leute sich auch trauen, einander ihre Ecken und Kanten zu zeigen.

Hier zum Schluss noch eine ganz simple Empfehlung zur Klimaverbesserung: Loben Sie Ihre Führungskraft!

Leitfaden für gelingende Beziehungen (aus Matyssek, 2010c, S. 34):

- Großzügig sein mit positivem Feedback!
- Positive Emotionen teilen!
- Respektieren, dass jeder seinen Freiraum braucht!
- Gut für den anderen sorgen – aber auch gut für sich!
- Ansprechen, wenn einen etwas belastet!
- Auch das Leben außerhalb dieser Beziehung pflegen!
- Konflikte beim Namen nennen!
- Unabhängig voneinander bleiben!
- Für viele schöne gemeinsame Erlebnisse sorgen!
- Kleine Geschenke ...
- Die Beziehung bewusst gestalten!

Die psychosoziale Gesundheit im Betrieb durch Wertschätzung zu fördern, ist nicht nur Aufgabe von Führungskräften. Sie betrifft alle Kulturträger (im Besonderen) und im Grunde alle Beschäftigten. Letztlich sollten alle – von der Geschäftsleitung über die Betriebsräte über die Sicherheitsfachkräfte, die Betriebsärzte und Gesundheitsmanager bis hin zu den Führungskräften und anderen Beschäftigten – ein Interesse daran haben, ein wertschätzendes Klima zu schaffen, in dem Vertrauen und Offenheit möglich sind und Gesundheit gefördert wird.

5.2 Umgang mit Kranken und Viel-Fehlern

Wie es tatsächlich um das Betriebsklima bestellt ist und ob wirklich wertschätzend mit einander umgegangen wird, zeigt sich vor allem am Umgang mit „schwierigen“ Team-Mitgliedern. Dazu gehören zum Beispiel diejenigen, die häufig fehlen – egal ob krankheitsbedingt oder aus anderen Gründen. Jeder Abwesende belastet mit seiner Abwesenheit das restliche Team. Die anderen müssen Mehrarbeit leisten und geraten damit wohlmöglich an ihre Belastungsgrenze. Das Teamklima wird angespannter.

Abwesenheit belastet alle

Das weiß jeder, auch der Abwesende selbst. Er selbst ist auch nicht zu beneiden. Wenn er gesundheitliche Beeinträchtigungen hat, geht's ihm nicht gut. Nach seiner Rückkehr muss er sich von den anderen auf den neusten Stand bringen lassen. Er fühlt sich vielleicht schuldig, weil die anderen für ihn mitarbeiten mussten. Er hat – sofern das Klima stimmt – das Bedürfnis, seine Abwesenheit zu rechtfertigen, um nicht als Blaumacher oder Weichei zu gelten.

Wenn er zu denjenigen gehört, die häufige Kurzerkrankungen aufweisen, ist er der Gefahr der sozialen Ausgrenzung ausgesetzt. Menschen haben nun einmal Zugehörigkeitsbedürfnisse. Wenn Sie jetzt denken „das ist dem doch egal!“, dann sollten Sie noch einen Schritt weiter denken (statt entnervt das Buch zuzuschlagen ;-) ...): Vielleicht würde dieser Mensch sich auch lieber öfter wohl fühlen am Arbeitsplatz, als es derzeit der Fall ist. Das „egal“ markiert das traurige Ende einer Entwicklung. Das war nicht immer so. Dieser Mensch fühlt sich aber heute offenbar nicht mehr eingebunden in sein Team.

ein paar offene, harte Worte ...

Sie denken jetzt (was sehr menschlich und sehr nachvollziehbar ist), dass Sie sich ebenfalls manchmal unwohl fühlen und dennoch zur Arbeit kommen? Dann sollten Sie auch Ihre eigenen Klagen Ernst nehmen: Was muss passieren, damit Ihr Wohlbefinden am Arbeitsplatz gefördert wird? Die anderen müssen dasselbe Arbeitsethos, dasselbe Verpflichtungsgefühl gegenüber dem Betrieb aufweisen wie Sie? Dann wären Sie versöhnt? Aber bei den ganzen Blaumacher-Kandidaten vergeht Ihnen die Lust am Arbeiten? Ich behaupte: Dann war die ohnehin nicht besonders groß ...

Ihr eigenes Verpflichtungsgefühl ist im Moment nur schwach ausgeprägt, wenn Sie es von dem der anderen abhängig machen. Kann ja sein, dass das daran liegt, dass der Team-Zusammenhalt gerade nicht stimmt. Aber das sollten Sie dann auch zugeben: dass Sie am liebsten genau so handeln würden wie die Oft-Fehlenden. Nur Ihr schlechtes Gewissen spielt Ihnen da einen

Streich. Und deshalb beharren Sie auf den Regeln, die für alle im gleichen Maß gelten sollen.

Vielleicht denken Sie jetzt: „Ja, aber es gibt doch Leute, die es sich mit den attestfreien Kurzerkrankungen besonders leicht machen!" Stimmt. Gibt es. Aber Sie werden sich nur dann über diejenigen aufregen, wenn Sie entweder neidisch sind oder sich aufgrund der Mehrarbeit überlastet fühlen. Letzteres müssen Sie Ernst nehmen! Sie sollten beispielsweise zu Ihrer Führungskraft gehen (erst danach zum Betriebsrat) und das Gespräch suchen. Vielleicht geben Sie sogar eine Überlastungsanzeige ab. Damit dokumentieren Sie, dass Sie sich nicht in der Lage sehen, die Arbeit in der gewünschten sorgfältigen Form und Qualität weiter zu erledigen.

Und falls es der Neid ist, der Sie so denken lässt: Vielleicht gelingt es Ihnen, sich selbst davon zu überzeugen, dass es dem Blaumacher vermutlich nicht wirklich gut geht. Mindestens macht ihm die Arbeit keinen Spaß, aber vermutlich kommen tatsächlich noch ein paar körperliche Symptome hinzu. Das geht ganz schnell, ohne dass diese eingebildet sein müssen.

100% gesund oder krank gibt es nicht

Kein Mensch ist nur gesund oder nur krank. Das wissen schon Medizinstudenten im zweiten Semester. Und Sie sollten sich ebenfalls von der Vorstellung verabschieden, es gäbe eindeutige Zuordnungen zur einen oder anderen Seite. Wer ab und zu in sich selbst hineinhorcht, der kennt das auch von sich: Gesunde Anteile lassen sich zu jedem Zeitpunkt finden (!) und fördern – kranke aber auch. Es ist auch eine Frage der Aufmerksamkeitslenkung, welche Symptome man an sich wahrnimmt. Und der Häufig-Fehlende will sich offenbar auf die Symptome des Unwohlseins konzentrieren.

Mein Lieblingsbeispiel für diesen Zusammenhang ist die Veränderung von Kopfschmerzen durch äußere Einflüsse (vgl. Abb. 8): Beim spannenden Champions-League-Spiel verschwinden die beinahe. Beim (jetzt mal klischeehaft negativ besetzten) Schwiegermutterbesuch nehmen sie an Intensität zu. Was ist nun? Hatte man sich die Schmerzen eingebildet? Keineswegs. Man kann Schmerzintensität zwar nicht wirklich messen. Aber man weiß ziemlich sicher, ob man gerade unter Schmerzen leidet oder nicht.

Dass bei Patienten mit chronischer Schmerzerkrankung die „objektive" Reizgrundlage verloren gehen kann (ebenso beim Phantomschmerz nach Amputationen), ist dabei eher ein Beleg als eine Widerlegung dieser These: Das Empfinden von Schmerzen hängt von vielen Faktoren ab. Die sichtbare körperliche Schädigung, die Nervenleitreaktionen zur Folge hat, ist nur einer davon. Die Aufmerksamkeitslenkung auf der psychischen Ebene ist ein weiterer.

Man kann sich in Schmerzen auch hineinsteigern (oder sich ablenken), ohne böse Absicht. Das Hineinsteigern geht leichter, wenn man sich auch in psychischer Hinsicht unwohl fühlt am Arbeitsplatz. Simple Vorwürfe à la „du Simulant!“ sollten Sie sich daher verkneifen. Gehen Sie erst einmal davon aus, dass der Mensch tatsächlich an körperlichen Symptomen leidet; in 98% der Fälle wird diese Annahme nämlich zutreffen. Und falls Sie schon einmal erlebt haben, dass sich hinter häufigen Fehltagen, zum Beispiel immer an Freitagen, eine ernsthafte Erkrankung verbarg – in einem mir bekannten Fall war es Multiple Sklerose, über die die Frau aber noch nicht sprechen wollte –, dann sind Sie von da an ohnehin zurückhaltend mit Unterstellungen.

unterstellen, dass er die Wahrheit sagt

Zeigen Sie stattdessen Ihr Interesse am Wohlbefinden des Kollegen. Fragen Sie nach, wie's ihm geht, ob ihm noch etwas fehlt oder er schon wieder voll einsatzbereit ist. Eigentlich ist das die Aufgabe Ihrer Führungskraft, aber ich finde, auch auf Kollegenebene kann man sagen, dass einen der Grund des Fehlens zwar nichts anginge, aber ob es etwas mit der Arbeit zu tun hätte – schließlich würde hier im Betrieb ja jeder Mann / jede Frau gebraucht.

„du hast uns hier gefehlt“, „du bist uns nicht egal“, „wir brauchen hier jede/n“

Damit geben Sie das Signal, dass der andere Ihnen nicht egal ist. Es ist Ihnen aufgefallen, dass er gefehlt hat; und er *hat* gefehlt. Sie machen sich Sorgen und interessieren sich für sein Wohlergehen. Dass das letztlich auch in Ihrem Interesse ist – Arbeiten geht leichter, wenn alle anwesend sind –, ist dem Kollegen schon klar. Trotzdem wird er sich, wenn es ihm wirklich nicht gut ging, über Ihr Interesse (sofern es nicht geheuchelt war) freuen. Seine Bindung ans Team wird dadurch gestärkt.

In diesem kurzen Willkommensgespräch sollten Sie ihn auch über Dinge informieren, die sich in seiner Abwesenheit ereignet haben, um ihm den Wiedereinstieg zu erleichtern. Falls der Kollege sich Ihnen gegenüber geöffnet hat und Ihnen erzählt hat, weswegen er gefehlt hat, sollten Sie ihn auch gegenüber den anderen verteidigen. Sie können zugeben „ich weiß, was mit ihm war; glaubt's mir, ihr könnt froh sein, dass ihr so etwas nicht habt, lasst ihn einfach in Frieden“, um die Ausgrenzung des Kollegen zu vermeiden.

= Willkommensgespräch unter Kollegen

Aufpassen sollten Sie allerdings, falls immer Sie es sind, den der Kollege morgens anruft, um sich krankzumelden – also wenn Sie dessen Krankmeldung an Ihre Führungskraft weiterleiten sollen. Machen Sie in dem Fall einfach ruhig klar, dass Ihr Vorgesetzter der Ansprechpartner dafür ist oder – noch einfacher – stellen Sie das Gespräch direkt durch. Wertschätzender Umgang bedeutet nicht, dass man sich ausnutzen lässt, wenn andere den Weg des geringsten Widerstands gehen wollen. Und er schließt auch nicht aus, dass bei offensichtlich arbeitsrechtwidrigem Verhalten (nicht genehmigter Zweitjob oder ähnliches) rechtliche Konsequenzen gezogen werden – letztlich zum Schutze der anderen im Team.

5.3 Bitte keine Lästerei! – Wertschätzend kommunizieren

Gründe zum Lästern finden sich immer genug

Lästern schafft eine Pseudo-Gemeinschaft

Simples oberstes Gebot für alle, die sich mehr Wertschätzung im Betrieb wünschen: Schluss mit jeder Form von Lästerei! Es ist ja sooo einfach und so verbindend und zugleich identitätsstiftend, negativ über abwesende Dritte zu sprechen: „Wie die wieder aussieht! Was der wieder für altmodische Klamotten an hat! Wetten, dass die am Brückentag wieder blau macht?! Dass der sich auch immer so in den Vordergrund spielen muss! Wie die wieder riecht!"

Aber es ist auch billig. Wem es Ernst ist mit der Wertschätzung im Betrieb, der verzichtet aufs Lästern. Gleiches gilt für das Mit-den Augen-Rollen, wenn jemand sich wiederholt zu Wort meldet oder mit einem penetrant riechenden Parfüm nervt. Ansprechen oder Schweigen – alles andere ist feige. Falls Ihnen so ein Verhalten bei anderen auffällt, sollten Sie das kommentieren; entweder nonverbal, falls sichergestellt ist, dass die dritte Person davon nichts mitbekommt; oder sonst eben später unter vier Augen.

TIPP FÜR SIE

Sprechen Sie positiv über Dritte oder lassen Sie's ganz!

Ein harter Tipp, ich weiß ... Ein ziemlich hoher Anspruch steht dahinter. Aber Sie meinen es doch Ernst mit Ihrem Wunsch nach mehr Wertschätzung im Betrieb. Und Sie sind bestimmt auch bereit, dafür das eine oder andere aktiv zu verändern. Dann finde ich, ist dies ein sehr wichtiger Vorsatz, dessen Umsetzung sich positiv auf den Umgang miteinander auswirken wird.

Machen Sie die Welt besser ...!

Am Anfang kann es übrigens sein, dass die Kollegen dann umso mehr über Sie lästern. In der Regel werden Sie davon allerdings nichts mitbekommen, denn sonst wäre es kein Lästern. Aber ich bin fest davon überzeugt, dass man die Welt besser macht und das Lästern abschafft, wenn man selber sich konsequent weigert, dabei mitzumachen. Man kann zum Beispiel einfach die Teeküche verlassen, wenn man merkt, dass sich wieder einmal eine Lästerrunde versammelt hat und verbale Stopp-Versuche („jetzt lasst's doch! wir wollen doch noch weiter gut zusammenarbeiten, und so etwas tut uns als Team einfach nicht gut") nicht gefruchtet haben.

Ein bewährter Lästerverhinderungstipp lautet: Vermeiden Sie in Ihrem Team Grüppchenbildung. Am einfachsten geht das, indem Sie mal mit den einen, mal mit den anderen gemeinsam Pause machen. In der Regel besteht eine Abteilung immer aus mehreren Unterteams, die nach ganz unterschiedlichen Kriterien gebildet werden: die Alten, die Jungen, die Blaumänner, die Anzügler, die Kranken, die Altgedienten, die Techniker, die Modischen, die Kritiker, die Angepassten usw. Halten Sie Kontakt zu möglichst allen Mitgliedern Ihres Bereichs.

Grüppchenbildung verhindern!

Hilfreich finde ich auch die von Martin Wehrle (2005) empfohlene Technik, den lästernden Kollegen ein A4-Blatt nehmen zu lassen und hierauf zwei Spalten anzulegen. Links soll er den Satz vervollständigen „An meinem Chef (Kollegen XY) passt mir nicht, dass ...“, richtig ausgiebig in seiner eigenen Sprache und gegebenenfalls auf weiteren A4-Blättern ebenso. Rechts daneben soll der Satz ergänzt werden „Stattdessen wünsche ich mir ...“ – so wird die Läster-Energie in konstruktive Richtung gelenkt. Die negativen Emotionen werden umgeleitet auf ein positives Ziel.

2-Spalten-Technik

Versuchen Sie, auch in Gesprächen unter Kollegen den Blick aufs Positive zu kultivieren, also die zerstörerische nörgelnde Grundausrichtung abzulegen zugunsten einer salutogenen Haltung.

Salutogen ist:

- Teamsitzungen mit einem Bericht über Gelungenes zu eröffnen
- wenn man über seinen Chef spricht, dies wertschätzend zu tun
- wenn man über Kollegen spricht, dies wertschätzend zu tun
- wenn man über die Kantine spricht, dies wertschätzend zu tun
- (statt zu lästern) einander von den Stärken Dritter zu erzählen
- einander über positive Taten anderer zu berichten
- sich gegenseitig zu verstärken, wenn jemand sich gesund verhält

Achten Sie auch darauf, einzelne Abteilungen, die vielleicht nicht so stark im Aufmerksamkeitsfokus stehen oder innerbetrieblich nicht so angesehen sind (weil sie zum Beispiel wenig mit den Finanzen zu tun haben) einzubeziehen und „aufzuwerten“, beispielsweise die Hauswirtschaftsabteilung oder das Reinigungsteam. Das beinhaltet, dass die Hauswirtschaftsleitung regelmäßig an der Abteilungsleiterrunde teilnimmt. Wichtig ist auch hier – wie immer – dass die oberste Leitung die Leistungen dieser Abteilung würdigt und ihren besonderen Wert für den Betrieb herausstellt; und das nicht in Form einer Einmalaktion, sondern immer wieder. Der Vertrieb wäre nur halb so gut und erfolgreich, wenn er die anderen nicht im Rücken hätte ...

alle Abteilungen sind gleich wichtig

Seien Sie auch aufmerksam in Bezug auf Gender-Aspekte in Ihrem Team. Es gibt nun einmal Unterschiede zwischen den Geschlechtern. Frauen stellen mehr Fragen und wirken auf Männer damit schneller inkompetent. Frauen in statushöheren Positionen versuchen häufig, ihre Autorität herunterzuspielen: Sie möchten ihr Ziel erreichen, ohne hierfür ihre Macht einzusetzen. Aber Bescheidenheit wird im betrieblichen Alltag nicht unbedingt gewürdigt. Man weiß, Gruppen arbeiten dann am besten zusammen und lästern am wenigsten, wenn die Geschlechterzusammensetzung mindestens 1:2 beträgt.

Frauen : Männer

5.4 Bitte, danke und soziale Unterstützung

Es sind, wie Sie schon mehrfach gelesen haben, die vielen kleinen Dinge, die darüber entscheiden, ob sich jemand wertgeschätzt fühlt. Große Gesten wie Geburtstagsgeschenke, für die gesammelt wurde (sofern sie von Herzen gegeben wurden) sind schön. Aber das tägliche Miteinander wird von den kleinen Gesten geprägt. Das fängt an beim „danke!" für eine Information oder eine erbrachte Leistung. Dieses kleine – schleimverdachtsfreie – Wort drückt aus, dass ich gesehen habe, was der andere getan hat.

Sich zu bedanken für den Einsatz des Kollegen oder der Kollegin ist frei von Schleimverdacht. Wenn man Kinder für ihren Einsatz lobt, hängen sie sich noch mehr in eine Aufgabe hinein, beweisen mehr Spaß und Ausdauer und machen auch größere Fortschritte als wenn man ihnen Eigenschaften bescheinigt wie „du bist aber schlau". Dass ihr Engagement gesehen und gewürdigt wird (selbst wenn es nicht immer erfolgreich ist), wünschen sich auch Erwachsene in der Arbeitswelt.

die magischen 5 Buchstaben

Gleiches gilt für das „bitte". Es ist eben nicht selbstverständlich, dass ein Kollege etwas für mich tut. Und ich vergebe mir nichts, wenn ich dies durch ein höfliches „bitte" zum Ausdruck bringe. Diese kleinen Höflichkeitsgesten sollten eigentlich selbstverständlich sein und zum täglichen Umgang dazu gehören. Oft genug wird aber hier als erstes an Wertschätzung „gespart". Das ist übrigens eine Verhaltensweise, die sich prima auch daheim am Esstisch „üben" lässt, wenn man denn will („gib mir mal die Butter, bitte!"). Das Klima ändert sich aufgrund dieser kleinen 5-Buchstaben-Worte oft überraschend schnell ins Positive.

Aber natürlich beinhaltet ein wertschätzendes Miteinander noch viel mehr. Man kann einander Aufmerksamkeit, Lächeln, Bestätigung oder anerkennende Worte schenken. Dazu ist man bereit, wenn man glaubt, der andere würde Entsprechendes erwidern (also „zurückschenken") oder wenn man sich durch andere Menschen oder Ereignisse so reich beschenkt oder dankbar fühlt, dass man auch den Rest der Welt im Überschwang glücklich machen möchte. Soziale Unterstützung gehört ebenfalls dazu.

großzügig sein mit „Geschenken"

Soziale Unterstützung – das heißt unter Kollegen / Kolleginnen:

- einander den Rücken stärken („wir schaffen das!")
- sich gegenseitig Trost zusprechen („es sind krasse Zeiten!")
- sich an Erfolge zu erinnern („du hast schon ganz anderes geschafft")
- einander Fehler zu verzeihen („das kann doch mal passieren")
- sich vor dem Kunden in Schutz nehmen
- sich vor anderen Hierarchieebenen in Schutz nehmen
- ansprechbar sein, ein offenes Ohr haben
- und natürlich, falls möglich, praktische Hilfe leisten

Soziale Unterstützung ist ein optimaler Belastungspuffer. An den Belastungen selber ändert sich durch sie nichts – aber das subjektive Belastungsempfinden wird durch sie deutlich gemindert. Eine Studie der Bertelsmann-Stiftung ergab, dass soziale Unterstützung durch Vorgesetzte sogar zur Burnout-Prävention geeignet ist. Aber auch, wenn Mitarbeitende sich unter einander soziale Unterstützung schenken, leisten sie damit einen wichtigen Beitrag zum Stressabbau. Genauer gesagt: Der Stress ist zwar noch da, aber er wird nicht mehr als so belastend empfunden. Man traut es sich eher zu, mit den Überlastungen fertig zu werden. Die Ressourcen werden gestärkt, das Klima insgesamt wird verbessert.

soziale Unterstützung

TIPP FÜR SIE

Mit einem Satz wie „Ja, ich weiß, im Moment ist es heftig" geben Sie Ihren Kollegen kostenlos und quasi auf die Schnelle die Chance zu einer gesundheitsfördernden Mini-Ent-Stressung.

5.5 Wie Sie den täglichen Umgang wertschätzend gestalten

Die Unternehmenskultur ist wichtig, keine Frage. Aber auch sie wird geprägt von jedem Beschäftigten im Betrieb. Das Geheimnis liegt nicht in „dem großen Wurf" oder einer tollen Strategie für mehr Wertschätzung. Die kann „obendrauf" kommen. Aber die unverzichtbare Basis für einen lebendigen Prozess in diese Richtung sind die vielen kleinen wertschätzenden Gesten im alltäglichen Miteinander.

- Geben Sie großzügig und lächelnd, aber ohne emotionalen Überschwang, Bestätigung und positives Feedback!
- Sprechen Sie ausschließlich so über abwesende Dritte, dass diese auch dabei sein könnten.
- Sprechen Sie nach Möglichkeit überhaupt nur positiv über Ihre Führungskraft, Ihr Team, Ihre Kollegen, Ihren Betrieb (idealerweise sogar über die Kantine ...)!
- Beziehen Sie Position gegen Lästerei! Verhindern Sie Ausgrenzungen und ergreifen Sie im Zweifelsfall Partei für die Schwachen! Vermeiden Sie Informationsgefälle innerhalb des Teams.
- Verhindern Sie Grüppchenbildung, indem Sie abwechselnd zu allen Kontakt halten, beispielsweise in den Pausen. Gehen Sie mit jeder Gruppe mal zum Mittagessen.
- Sehen Sie Unterschiedlichkeit als Stärke! Beziehen Sie Außenseiter bewusst mit ein. Fragen Sie sie nach ihrer Meinung, pflegen Sie den Kontakt.
- Machen Sie aus Ihrem Herzen keine Mördergrube! Seien Sie offen (geben Sie dabei einen Vertrauensvorschuss!) und berichten Sie den anderen, wie es Ihnen gerade geht.
- Pflegen Sie Ihre Stimmung, ohne sich zu verstellen! Testen Sie die Skalierungstechnik aus der Hypnotherapie.
- Trauen Sie den Kollegen etwas zu! Glauben Sie an einander, und gewähren Sie auch dabei einen Vertrauensvorschuss!
- Sprechen Sie Bauchgrummeln frühzeitig an. Besser, ein Konflikt wird offen ausgetragen, als dass er um des lieben Friedens willen unter den Teppich gekehrt wird und unerkannt schwelt.
- Lassen Sie Ihr Lächeln für Sie arbeiten ...!

Machen Sie sich immer wieder klar, dass Sie ein Mitgestalter der Unternehmenskultur sind. Bleiben Sie dran ... Auch wenn's schwer ist oder wird. Es lohnt sich für alle.

!!!!! EXTRA: Wie Sie Multiplikatoren-Workshops durchführen

Hintergrund. In Zeiten von Umstrukturierungen und demographischem Wandel stellt sich für viele Menschen in Betrieben die Frage: „Braucht das Unternehmen mich noch?“ – eine Frage, die auch am Selbstwertgefühl rüttelt, weil sie mit mangelnder Wertschätzung gleichgesetzt wird. Auch von ihrer Führungskraft fühlen sich Beschäftigte bisweilen wenig wertgeschätzt. Die Freude an der Arbeit sinkt, mit der Motivation lässt auch die Leistungsqualität nach. Hinzu kommt, dass der Belastungsdruck zugenommen hat. Immer mehr Arbeit muss von immer weniger Mitarbeitenden erledigt werden.

Da kommt es leicht zu Resignation und Hilflosigkeit, die sich auch in Spannungen im Team äußern können, zum Beispiel wenn die Gesundheitsquote sinkt und die anderen Mehrarbeit leisten müssen. Gerade jetzt aber wäre ein wertschätzendes Miteinander Gold wert: Wertschätzung gilt als *die* psychosoziale Ressource; in ihr liegen große Potenziale zur Gesundheitsförderung der Mitarbeiter/innen wie der Führungskräfte! Sie ist ein wichtiger Hebel zur Erhöhung der Anwesenheit von Körper und Herz (!), reduziert psychosomatische Beschwerden und fördert das Wohlbefinden.

Wertschätzung ist die Basis aller Bemühungen um gesundheitsgerechte Mitarbeiterführung und um Betriebliches Gesundheitsmanagement: Dieses wird nur dann seine wohltuende Wirkung entfalten können, wenn die Mitarbeitenden spüren, dass es dem Unternehmen Ernst ist mit seinem Interesse an ihrem Wohlergehen und sie nicht nur als Leistungserbringer, sondern auch als Mensch gesehen werden. In der INQA-Studie (www.inqa.de, Initiative Neue Qualität der Arbeit) wurde in einer repräsentativen Stichprobe ermittelt, dass das „Gesehen-Werden als Mensch“ einen der wichtigsten Faktoren für „gute Arbeit“ darstellt. Dieses Bedürfnis sehen viele bei sich selber unbefriedigt.

Und die Studie „Deutschlands beste Arbeitgeber“ (Great Place to Work) ermittelte als Kriterien für gute Arbeitgeber aus Mitarbeitersicht folgende Definition: „Ein Arbeitsplatz, an dem man denen vertraut, für die man arbeitet, stolz ist auf das, was man tut, und Freude hat an der Zusammenarbeit mit Kollegen“. Der HR-Leiter des durchführenden Instituts *psychonomics*, Frank Hauser, ergänzte hierzu auf mehreren Tagungen: Selbst die besten deutschen Arbeitgeber haben Probleme mit eigentlich selbstverständlichen Äußerungen wie „gut gemacht! danke schön!“ im Umgang miteinander. Bei diesen Punkten setzt das hier vorgestellte Multiplikatoren-Konzept an.

Ablauf und Rahmenbedingungen. Die Teilnehmenden erfahren und erleben im Rahmen eines Multiplikatoren-Workshops – eingestimmt durch eine Vorbereitungsaufgabe –, wie sie mit ihren Teams im Rahmen eines Impuls-Tages (zwischen 2 und 8 Stunden, je nach Wahl der Bausteine durch den Multiplikator) eine Kampagne für mehr Wertschätzung im Team starten können und wie dieser Prozess über 6 Monate fortgeschrieben werden kann (mit konkreten Vorschlägen für Transferaufgaben in den Teamrunden). Die Veranstaltung soll die Teilnehmenden sensibilisieren für die Bedeutung von Wertschätzung in ihrem Leben. Hierzu wird bei ihrem Erleben und ihren Erfahrungen angesetzt, um dann überzuleiten zu der Frage „Wie gehe ich mit meinen Kolleginnen und Kollegen um?“ Den Ablauf der Maßnahme zeigt das Diagramm.

Abb. 15: Ablauf des Multiplikatoren-Konzepts

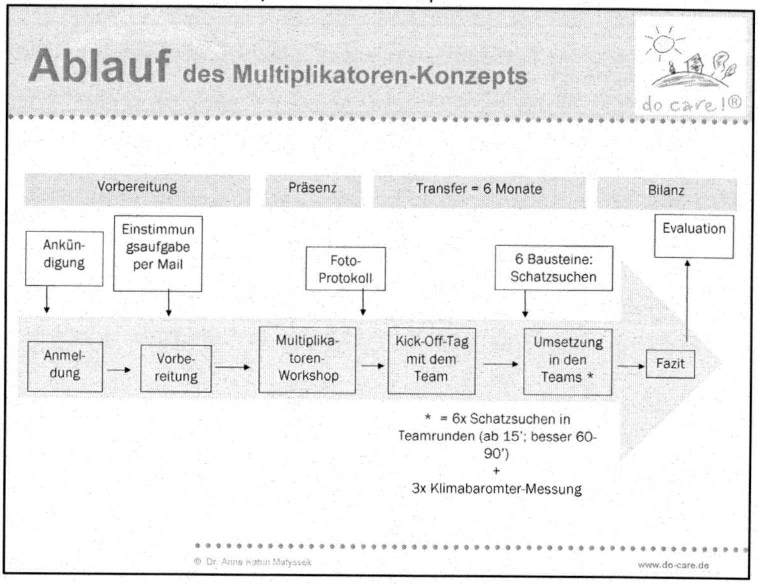

Nach der Ankündigung melden sich Interessenten an (Zielgruppe: siehe unten). Diejenigen, die an der Multiplikatoren-Ausbildung (1 Tag) teilnehmen sollen, erhalten eine Einstimmungsaufgabe per eMail und bereiten sich damit auf den Ausbildungstag vor (Fotoprotokoll zur Erinnerung). Es folgt die Impuls-Veranstaltung des Wertschätzungsprozesses, die jeder Multiplikator mit seinem Team durchführt (Kick-Off-Tag). Um den Prozess lebendig zu halten, folgen insgesamt 6 Transferaufgaben („Schatzsuchen“), bei denen die Teams in 15 bis 90 Minuten spezielle Themen bearbeiten. Evaluation, falls gewünscht, und Fazit schließen sich an.

Die Maßnahme erfüllt die folgenden Kriterien wirtschaftlich sinnvoller Personalentwicklung: Prozess statt Einmal-Aktion, Nachhaltigkeitssicherstellung durch Transfermaßnahmen und möglichst starke (gerade so eben noch verantwortbare ...) Verkürzung der Präsenzphase. Aus zeitökonomischen Gründen lassen sich auch die Schatzsuchen in den 6 Monaten nach dem Impuls-Tag („Kick-Off-Tag") im Extremfall auf 15 Minuten verkürzen, so dass eine Durchführung in Teamrunden auch in Zeiten von Zeitknappheit realistisch ist. Wünschenswert wäre aber eine intensivere Auseinandersetzung mit dem Thema (60-90' je Transfer-Treffen).

wirtschaftlich sinnvoll

Bei den Zielen, Inhalten etc. ist im Folgenden zu unterscheiden zwischen dem Multiplikatoren-Workshop und der Team-Maßnahme (= Impuls-Tag plus 6 Transfer-Meetings). Der Multiplikatoren-Workshop dient der Ausbildung der Teilnehmenden und ihrer Vorbereitung auf die Durchführung der Team-Maßnahme. Im Multiplikatoren-Workshop wird daher häufig zwischen „den Ebenen geswitcht" (Erleben als Teilnehmer/in, Reflexion über das Erlebte, Reflexion und „Üben" der Trainer-Rolle für die Durchführung der Maßnahme im eigenen Team), so dass sich am Ende alle fit fühlen für die eigenständige Durchführung des Impuls-Tages und der 6 Schatzsuchen in Teamrunden in den 6 Monaten nach dem Impuls-Tag. Für beide Maßnahmen (für den Multiplikatoren-Workshop und für die Team-Impuls-Veranstaltung) finden Sie die Dateien im Internet unter www.wertschaetzung-im-betrieb.de. Die Agenda für den Multiplikatoren-Workshop finden Sie zudem im Anhang.

„Switchen" zwischen Multiplikator-Rolle und Teilnehmer-Rolle

alle Dateien auf der Website

Ziele. Die Maßnahme verfolgt sowohl strukturelle Ziele als auch teamdynamische Ziele als auch Lernziele im eigentlichen Sinne. Hinsichtlich einer gesünderen Unternehmenskultur sind hierbei die teamdynamischen Ziele die wichtigsten.

3fach hält besser: Ziele

Die teamdynamischen (Haupt-)Ziele der Team-Maßnahme sind folgende:

- Die Herstellung einer positiven Grundstimmung in den Teams wird gefördert, der Gruppenzusammenhalt wird gefördert; das Verpflichtungsgefühl gegenüber dem Team steigt, was die Anwesenheitsquote erhöhen kann (nur bei Abwesenheit im „Graubereich" zwischen halb-krank-und-halb-gesund – hier soll definitiv nicht einer Anwesenheit trotz Krankheit der Weg geebnet werden! Aber eine AOK-Studie an über 10.000 Versicherten zeigt zum Beispiel: Je besser das Betriebsklima, desto weniger Rückenschmerzen!).
- Der Multiplikator (aus Gründen der Verständlichkeit wird fortan nur die männliche Form benutzt, also „der TN" – selbstverständlich sind ebenso Frauen gemeint) gibt das Signal ins

Team „Ihr seid wichtig, und ihr seid *mir* wichtig". Ein wertschätzender Umgang im Team wird gefördert. Die Mitarbeiter/innen trauen sich auch, Wertschätzung einzufordern – bei Kollegen und bei ihrer Führungskraft, weil sie sich ja auf die Maßnahme berufen können. Dementsprechend sinkt auch bei der Führungskraft die „Schamgrenze", Wertschätzung (incl. Lob) zu zeigen, ohne dass er befürchten muss, belächelt zu werden („Merkst du, er war wieder auf'm Seminar: Er lobt wieder!" >> „Seminarverwandlungsphobie"). Insbesondere mobilisiert die Maßnahme zwischenmenschliche Aspekte der Motivation (als dritte Variante neben extrinsischer und intrinsischer Motivation wird die „soziale Motivation" oft unterschätzt!).

- Außerdem dient die Maßnahme der Prävention der „Posttraumatischen Verbitterungsstörung" in Zeiten von Clearing und Abbauinstrumenten – mit zu erwartenden positiven Effekten auf Klima, Produktivität und (abermals!) Anwesenheit. Sie leistet einen Beitrag zur Mobbing-Prävention und zur Prävention innerer Kündigung. Und sie leistet einen Beitrag zur Prävention psychosomatischer Erkrankungen.

Die strukturellen (Neben-)Ziele sind folgende:

- Im Multiplikatoren-Workshop erfahren die Teilnehmenden eine stärkere abteilungsübergreifende Vernetzung.
- Die Teilnehmenden erleben eine Stärkung und einen Kompetenzzuwachs durch die Durchführung der Team-Maßnahme (sie erleben sich in einer neuen Rolle).

Die Lernziele im eigentlichen Sinn (hier nur als Hintergrund wichtig!) sind folgende:

- Die Teilnehmenden erfahren, dass Wertschätzung ein Gesundheitsfaktor ist, den auch sie selbst für ihr Wohlbefinden am Arbeitsplatz benötigen.
- Sie erleben sich selbst als ressourcenreich und entdecken die Stärken im anderen.
- Sie erhalten Anregungen für das ganz konkrete Äußern von Wertschätzung und Selbstwertschätzung.
- Sie erhalten eine „offizielle Erlaubnis" für mehr Selbstwertschätzung.

Ein weiterer positiver Nebeneffekt ist darin zu sehen, dass alle im Team das Signal bekommen „Hier verändert sich vieles, aber es gibt auch Dinge, die gleich bleiben" (hier eben: die Transferaufgaben). Dies kann Stabilität in Zeiten von Verunsicherung geben.

Kerngedanke. Nur wer die eigene Besonderheit kennt, kann und wird auch die Besonderheit im anderen wahrnehmen können. Nur wer sich der eigenen Stärken bewusst ist, wird auch bereit sein, Stärken anderer anzuerkennen. Anders ausgedrückt: Ohne Selbstwertschätzung keine Wertschätzung anderer! Der „psycho-logische" Ablauf ist daher so konzipiert, dass die Teilnehmenden folgende Erfahrungen machen:

1. Ich bin hier heute wichtig.
2. Ich bin grundsätzlich wichtig – das bestätigen mir die anderen. Das stärkt mich.
3. Aus dieser Bestätigung / Stärke heraus kann ich auch die anderen wertschätzen.
4. Wir sind als Team gut und wichtig – und jeder einzelne ist gut und wichtig.
5. Ich merke, diese Haltung tut mir und allen gut – es lohnt sich, da weiterzumachen.

Zielgruppe. Gesucht werden Mitarbeitende (u.U. auch Team-Leitende), die sich zu Multiplikatoren ausbilden lassen wollen. Die Bereitschaft dazu ist zugleich das Selektionskriterium: Für das Thema interessieren sich erfahrungsgemäß nur Menschen, die ohnehin schon einen wertschätzenden Blick auf ihre Umgebung haben, sozial orientiert sind und Freude daran haben, vor anderen aufzutreten. Die Ausbildung der Multiplikatoren sollte erfolgen durch ... tatatataaa ... SIE. Schließlich haben Sie sich dieses Buch nicht ohne Grund gekauft. Idealerweise verfügen Sie über Erfahrung in der Leitung von Gruppen, arbeiten gern mit Menschen und haben eine wertschätzende Grundhaltung. Haben Sie, stimmt's?

Sie als Moderator Sprich: Multiplikatoren-Ausbilder

Argumente für die Ausbildung von Multiplikatoren. Wenn Sie externe Referenten als Vortragende einladen, ist das ein schönes Signal „Ihr seid uns so wichtig, dass wir extra jemanden einkaufen". Aber Ihr Betrieb hat mehr davon, wenn Sie die Veranstaltung selber durchführen. Sie wissen am besten, wie Ihre Leute ticken. Und der Kulturveränderungsprozess kommt dann mehr aus einem Guss und vor allem von innen ... Weitere Vorteile sind: das Selbstbewusstsein der Multiplikatoren wird gestärkt, die Realitätsnähe ist größer, die Identifikation mit dem Projekt ist deutlich größer, der Transfer wird erleichtert, und Kosten werden gespart.

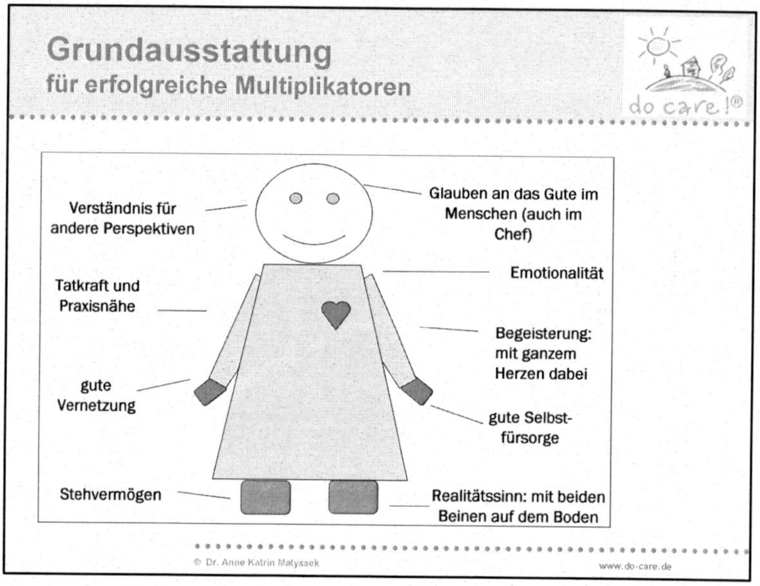

Abb. 16: Grundausstattung für erfolgreiche Multiplikatoren (und Moderatoren ...)

Durch eine **Einstimmungsaufgabe** vorab bereiten sich die Multiplikatoren mental auf den Workshop-Tag vor. Ihre Ergebnisse fließen natürlich in den Tag ein. Die Aufgabe, die Sie einfach per eMail verschicken können, heißt: „Worauf sind Sie stolz (hier im Betrieb als ganzem, in Bezug auf Ihr Team, oder in Bezug auf sich selbst)? Und gibt es vielleicht ein Symbol dafür, dass Sie zur Multiplikatoren-Ausbildung mitbringen möchten?“ Die Antworten erfolgen also nicht per eMail, sondern werden einfach an dem Tag vorgestellt.

Klimabarometer

Evaluation. Für die Evaluationswütigen wird ein sogenanntes Klimabarometer als Mess-Instrument zu mehreren Erhebungszeitpunkten eingesetzt: vorher, direkt nach dem Workshop und im zeitlichen Abstand von jeweils 2 Monaten (mindestens 3x), so dass schließlich mindestens 5 Klimabarometer vorliegen. Das Teamklima wird jeweils anonym erfasst im sog. Klimabarometer, und zwar mittels visueller Analog-Skala von 1 bis 100. Das Klimabarometer ist ein 1m langer Strich, dessen Pole mit 0 und 100 gekennzeichnet sind und auf dem von jedem Team-Mitglied ein Kreuz gemacht werden soll als Antwort auf die Frage „wie finde ich im Moment die Stimmung in unserem Team auf einer Skala von 0 (= total) mies bis 100 (= total gut)?“. Es wird damit gerechnet, dass das Klimabarometer eine Verbesserung der Stimmung gegenüber der Baseline (erster Erhebungszeitpunkt vor der Team-Maßnahme) verzeichnen wird.

Zur Transfersicherung gibt es über die Vereinbarungen des Impulstages hinaus sechs Transferaufgaben („Schatzsuchen") für die Teams. Auch durch die 3 Klima-Barometer werden die Teams immer wieder an das Thema erinnert. Am Ende des Halbjahres sind Bilanz-Veranstaltungen zum Erfahrungsaustausch für die Multiplikatoren sinnvoll.

Dateien. Die zu dieser Multiplikatoren-Schulung gehörenden Dateien (auch die für Sie, also für den Moderator – oder realistischerweise in den meisten Fällen wohl: für die Moderatorin – der Multiplikatoren-Ausbildung) finden Sie im Internet unter www.wertschaetzung-im-betrieb.de. Dort liegen die Dateien zur Verwendung in Ihren Veranstaltungen (ich übernehme keinerlei Haftung). Außerdem finden Sie auf der Website weitere Materialien. Um es für Sie als Moderator der Schulung noch einmal deutlich zu sagen: Es gibt ZWEI Dateien, die Sie benötigen. Zum einen die sog. „Moderationsdatei zum Multiplikatoren-Programm für die Ausbilder der Multiplikatoren" und zum anderen die „Datei zum Impuls-Tag/ Multiplikatoren-Programm" (für Ihre Ausbildungsteilnehmenden).

8 bis 12, notfalls mit Führungskraft und in nur 2 Stunden ....

Gruppenzusammensetzung. Was die Gruppenzusammensetzung angeht, lautet immer wieder die Gretchenfrage: Sollte die Führungskraft auch teilnehmen? Soll sie gar selber Multiplikator werden? Meiner Erfahrung nach spricht vieles dafür („der Fisch duftet vom Kopf", die Vorbildfunktion), aber noch mehr dagegen: Der Prozess ist organischer, wenn Mitglieder des Teams sich des Themas annehmen und die Sache in Eigenregie vorantreiben. Meine Empfehlung lautet daher: Es schadet nicht, wenn eine Führungskraft an der Multiplikator-Ausbildung teilnimmt, aber lohnender ist es, wenn die Gruppe aus 8 bis 12 „normalen" Team-Mitgliedern besteht, die im Anschluss jeweils mit ihrem Team einen Impuls-Tag zum Thema „Wertschätzung" veranstalten wollen – wobei „Tag" auch heißen kann: 2 Stunden, je nach dem, wie viel Zeit realistisch ist. Auch in 2 Stunden kann einiges in Gang gesetzt werden; der Wert des Konzepts besteht primär im „drüber reden und dranbleiben" und nicht in den hypergenialen Tools, die auf Knopfdruck Wertschätzung herbeizaubern. Es kommt einer Paradoxie gleich, wenn man von Menschen verlangt: „Ab jetzt wird hier bitte wertschätzend mit einander umgegangen!" Eine wertschätzende Haltung kann wachsen, man kann und sollte sie pflegen – aber man kann sie nicht anordnen. Und man kann auch niemanden zwingen, seine Haltung zu trainieren. Man kann einem anderen Menschen höchstens Angebote machen, seine eigene Bedürftigkeit in Sachen Wertschätzung zu überdenken und über diese Erkenntnis auch mit anderen wertschätzender umzugehen. Eben dies geschieht in allen Veranstaltungen, vor allem, wenn sie möglichst heterogen zusammengesetzt sind, also Leute aus diversen Abteilungen teilnehmen.

Begleitheft. Als Arbeitshilfe für die Teilnehmerinnen und Teilnehmer empfiehlt sich die Anschaffung des zugehörigen Begleithefts für jede/n: Das Arbeitsheft zu diesem Buch trägt den Titel „Gut, dass Sie da sind!" und enthält auf 52 Seiten Arbeitsmaterialien, Platz für Notizen zur Veranstaltung sowie mehrere Transferhilfen. Es kostet 5,00 € und ist im Buchhandel erhältlich, bzw. ab 10 Exemplaren auch unter www.mehr-wohlbefinden-im-job.de. Mit der Bestellung machen Sie den Teilnehmenden ganz bestimmt eine Freude – und mir auch ... Die ISBN-Nummer lautet: 978-3-8423-5961-1. Die Nachhaltigkeit wird durch solche Materialien maßgeblich erhöht. Bei der nun folgenden Konzeptvorstellung sehen Hinweise auf Heftnotizen so aus: *Notiz!*

Ablauf. Im Prinzip folgen alle Veranstaltungen demselben Muster.

Seminarablauf (bewährtes Beispiel-Muster)

Begrüßung: „Wer von Ihnen hat heute schon ...?" << Sie können das!

Anknüpfen an dem Punkt „Anerkennung" aus der MAB o.ä.: WIESO?

Gesundheit als Produktivitäts- / Gesundheitsfaktor: harte Fakten für den Kopf

Anerkennungshaushalt der TN („Die größte Anerkennung", Waage) fürs Herz

Ursachen von Wertschätzungsdefiziten und deren Bearbeitung

Anerkennung im Arbeitsalltag (Lob und Wertschätzung ganz konkret)

Vorbereitung des Transfers in die Praxis (Planspiel, Mails, Leitlinien, Artikel)

Verteilung einer Erinnerungshilfe

© Dr. Anne Katrin Matyssek www.do-care.de

Abb. 17: Muster-Ablauf einer Veranstaltung

Wenn ich im Folgenden die Multiplikatoren-Ausbildung beschreibe, gehe ich davon aus, dass Sie dieses Buch bereits gelesen haben und Ihnen die Inhalte also vertraut sind. Außerdem gehe ich davon aus, dass Sie als Personalprofi wissen, wie Sie Freiwillige als Multiplikatoren in Ihrem Betrieb akquirieren können. Anregungen für einen Einladungstext (ein Muster für die anderen Veranstaltungen) finden Sie im Anhang. Daher beschränke ich mich auf didaktische Hinweise, wenn ich jetzt die Inhalte vorstelle und die zur Moderationsdatei gehörenden Folien durchgehe.

Begrüßen Sie die Ankommenden per Handschlag, falls es zu Ihnen passt – auch, wenn die Multiplikatoren dies bei ihren Team-Mitgliedern anders handhaben werden. Für die Multiplikatoren-Ausbildung gilt wie für alle Veranstaltungen: Erleben-Lassen ist wichtiger als Belehren. Man muss die emotionalen Anteile ebenso aktivieren wie die kognitiven, wenn das Lernen erfolgreich sein soll und die Teilnehmenden danach einen etwas veränderten Umgang mit ihren Kollegen pflegen wollen. Das fängt im Seminar schon an: Auch hier sollen sich alle von Anfang an wohlfühlen. Einige Ideen zur Gestaltung eines wertschätzenden Ambientes finden Sie im Anhang unter „Ergänzungsideen". Vielleicht möchten Sie den Raum ansprechend gestalten durch Poster mit Sprüchen, durch Blumen oder die hinten beschriebene „Schatzinsel". Vielleicht möchten Sie auch Namensschilder verteilen, auf deren Rückseite jeweils einer der Sprüche aus dem Anhang zu lesen ist. Achten Sie in jedem Fall auf pünktlichen Beginn. Wertschätzung beinhaltet auch den Respekt vor der Lebenszeit der anderen.

wertschätzendes Ambiente

Abb. 18: Ressourcenorientierte Einstiegsfrage in allen Veranstaltungen

Starten Sie – noch vor der Vorstellung Ihrer Person oder des Ablaufs – mit der ressourcenorientierten Einstiegsfrage: „Wer von Ihnen hat sich heute schon wertschätzend verhalten?" Sammeln Sie dazu einige Antworten und bescheinigen Sie dann den Teilnehmenden, dass sie sich ausnahmslos alle schon wertschätzend verhalten haben: Sie haben nämlich alle schon gelächelt ... Lächeln ist elementarer Bestandteil eines wertschätzenden Miteinanders: Es entspannt die lächelnde Person selbst, und es entspannt die Kollegen, die das Lächeln als Signal deuten können „er / sie tut mir nichts, er / sie fühlt sich wohl in meiner Gegenwart". Es verbreitet Wohlbefinden. Umso schöner, wenn es nach dieser Erläuterung auf den Gesichtern einiger Teilnehmer verbleibt. Sie können dieses Verhalten positiv verstärken, indem Sie genau darauf hinweisen: Die Teilnehmenden erleichtern Ihnen damit Ihren Job, und obendrein zeigen sie, dass sie diese Basiskompetenz bereits beherrschen. Die Antwort auf die Frage, warum es Sinn macht, genau SO in eine Veranstaltung einzusteigen, lautet: Weil die Frage so schön ressourcenorientiert ist. Man signalisiert damit „hey, ihr könnt das, das ist nicht schwierig, was wir hier machen werden". Dann machen Sie die Teilnehmenden auf die zwei Varianten von Fragen auf den Folien aufmerksam (siehe Folie 5).

Wenn Sie mögen, können Sie danach vorstellen, von wem das Seminar konzipiert wurde ... Aber natürlich können Sie diese Folie auch überspringen und stattdessen sich selber vorstellen ☺ Es folgt die Übersichtsfolie mit den 4 großen Themenbereichen, die in allen Veranstaltungen identisch sind. Da man heutzutage ja alles evaluieren muss, können Sie die Teilnehmenden zu einer Evaluation im Mini-Format einladen: Angenommen, sie könnten ihre Stimmung messen, und zwar auf einer Skala von 0 bis 1.052 (Null heißt: „mir ging's nie mieser", und 1.052 heißt: „mir ging's nie besser"), wie viele Punkte würden die Teilnehmenden dann ihrer aktuellen Stimmung geben? Sie bräuchten das nicht laut zu sagen, sollen sich aber die Zahl merken (*Notiz!*). Und am Ende der Veranstaltung würden sie noch einmal gefragt, und dann würde man ja sehen, ob sich nicht bei dem einen oder anderen die Stimmung um ein Pünktchen nach rechts verbessert hat ... Was das mit Wertschätzung zu tun hat?! Viel! Gut gelaunte Menschen erhalten erfahrungsgemäß mehr Wertschätzung als Griesgrame oder Menschen mit Pokerface, und zweitens sind sie ihrerseits großzügiger mit wertschätzenden Äußerungen.

erstes Innehalten

Lassen Sie bereits an dieser Stelle die angehenden Multiplikatoren Revue passieren: Was ist bislang passiert? Die Startphase ist in der Regel hoch-emotional. Es soll kein Eindruck verloren gehen. Nun sollten 2 oder 3 Teilnehmende ihre eigenen ersten Worte vor den anderen üben und hierfür wertschätzendes Feedback von den anderen erhalten. Danach erst stellen Sie den Ablauf des Konzepts sowie die möglichen Begleitmaterialien vor und starten in eine Kennenlernrunde in Form von Aufstellungen (siehe Folie). Wenn die Teilnehmenden sich bereits kennen, reicht es, dass die Fragen zur Einstimmungsaufgabe beantwortet werden. So sparen Sie Zeit. Besprechen Sie also, worauf die einzelnen stolz sind und welche

Gegenstände sie mitgebracht haben. Achten Sie darauf, jede Äußerung freundlich-positiv zu würdigen. Manchmal schämen sich Teilnehmende für das, was sie mitgebracht haben. Wichtig ist, dass jeder Teilnehmer am Ende der Vorstellungsrunde, innerhalb derer diese Antworten nun vorgestellt werden sollen, etwas Persönliches über den anderen gehört hat. Natürlich können Sie – je nach Zeit – auch dazu einladen, dass die Teilnehmen außerdem weitere Informationen über sich erzählen oder sich gegenseitig interviewen und einander den anderen vorstellen.

und so geht die Vorstellungsrunde am Impulstag

Beim Impulstag, also der „Endverbraucher-Veranstaltung", die die Multiplikatoren später durchführen sollen, läuft die Vorstellungsrunde anders ab (die Leute kennen sich ja schon): Die Multiplikatoren sollen je 2 Teilnehmende einander zuordnen oder – charmanter und auflockernder – zulosen (zum Beispiel, indem sie je 2 Stückchen merci-Schokolade an je 1 Geschenkband von ca. 80cm Länge knoten und dann jeden ein Stück in die Hand nehmen lassen, während sie sämtliche Losbänder in der Mitte festhalten; wenn jeder ein Schokoteil in der Hand hat, lassen sie los, und jeder sieht, wer am anderen Ende seines Bandes mit ihm verbunden ist). Wenn sich die Paare gefunden haben, sollen sie sich austauschen über die Fragen: Worauf sind sie besonders stolz? (*Notiz!*) und 2. Was würden sie Nettes über sich selbst sagen, wenn sie sich anerkennend über sich selbst äußern sollten? (*Notiz!*)

Schoko-Lose

Bedürfnisse im Job

Es folgt der Block „Wertschätzung als Gesundheits- und Produktivitätsfaktor". Ausgangspunkt für solche Veranstaltungen ist ja häufig eine Klage über Wertschätzungsdefizite bei Mitarbeiterbefragungen, Gefährdungsanalysen oder der Sozialberaterin. Stellen Sie – wie an der Stelle später die Multiplikatoren am Impulstag – den jeweiligen Anlass zu dieser Veranstaltung in Ihrem Unternehmen vor. Fragen Sie dann „Was sind IHRE Bedürfnisse am Arbeitsplatz?" (*Notiz!*) Die ersten Nennungen werden in Richtung „Geld", „Kohle" etc. gehen, aber dann kommen erfahrungsgemäß auch Äußerungen wie „Selbstverwirklichung", „netter Kontakt zu Kollegen" und eben „Anerkennung" oder „Wertschätzung".

Angemessene Bezahlung, Mindestlohn – das ist die Basis, aber noch lange nicht alles, was Menschen heutzutage von ihrem Arbeitsplatz erwarten. Die letztgenannten beiden Äußerungen greifen Sie auf und stellen die INQA-Studie „was ist gute Arbeit" vor: Von den 5.000 Befragten bescheinigte nur jeder Zweite seiner Führungskraft einen wertschätzenden Führungsstil. Fragen Sie die Teilnehmenden, was das ihrer Meinung nach für Folgen hat, bevor Sie die Verbildlichung präsentieren (oder den Text dazu raten lassen): „Der Mensch geht ein wie eine Primel".

Weniger bildlich gesprochen: Wertschätzungsdefizite haben körperliche Auswirkungen. Wer sich beispielsweise ignoriert fühlt, reagiert entweder hilflos, setzt verstärkt Cortisol frei, was sein Immunsystem schwächt, ihn erkältungsanfälliger macht und sein Depressionsrisiko erhöht. Oder er regt sich auf, schüttet vermehrt Stresshormone aus, was auf Dauer seinem Herz-Kreislauf-System nicht gut tut. Wertschätzungsmangel schadet folglich der Gesundheit des einzelnen. Aber er schadet auch dem Unternehmen, wie die Folie mit der Motivationsschere zeigt. Bei dieser ist wichtig, dass es anfangs nicht um negative Kritik geht, sondern um das Ausbleiben einer erwarteten Anerkennung. Dieses Ausbleiben führt zu nachlassender Leistung, und erst dafür erntet der Mensch negative Kritik, was einen Teufelskreis in Gang setzt. Zum Glück geht es ja aber auch andersrum: Positivspiralen lassen sich ebenfalls in Gang setzen, und zwar durch Anerkennung.

hier noch nicht von „Haltung“ sprechen

An dieser Stelle würde ich noch nicht von Wertschätzung als Haltung reden. Jetzt am Anfang werden viele Teilnehmenden noch „verkopft“ im Raum sitzen und logische Ursache-Wirkungs-Zusammenhänge sowie Zahlen, Daten und Fakten suchen. Diesen sollten wir ein Ankommen ermöglichen, auch wenn an dieser Stelle die Anerkennung, von der auf der Folie die Rede ist, manipulierenden Charakter haben kann. Aber wenn anhand dessen die Teilnehmenden verstehen, was Anerkennung bzw. Wertschätzung alles bewirken kann und welche Auswirkungen sie haben kann, wird sie das öffnen auch für die schwierigere Betrachtung von Wertschätzung als zweckfreier Haltung.

Lassen Sie – zum Beispiel durch die Schoko-Lose, die oben bei der Erläuterung der Warm-Werde-Runde für die Team-Mitglieder am Impulstag vorgestellt wurde – die Multiplikatoren zu zweit die Fragen beantworten: „Was war eine große Anerkennung / die größte in Ihrem Berufsleben? Und wie hat die auf Sie gewirkt?“ Die Antworten auf die zweite Frage sollen am Flip festgehalten werden – idealerweise delegieren Sie dies an 1 oder 2 Teilnehmende. Sie sollen darauf achten, durch paraverbale Äußerungen wie „aha“ oder „ja“ zum Erzählen zu ermutigen. Es folgen Informationen über den Gesundheitsfaktor Wertschätzung und seine betriebswirtschaftlichen Auswirkungen.

Anerkennungs-Waage

An dieser Stelle folgt der Schwenk auf die Bedürfnislage der Teilnehmenden. Leiten Sie diesen Part beispielsweise folgendermaßen ein: „Ich stelle Ihnen jetzt zwei Fragen. Antworten Sie beide Male spontan aus dem Bauch heraus durch Handheben, wenn Sie finden, die Frage trifft auf Sie zu.“ Dann lesen Sie die Fragen vor und zählen die Handzeichen.

Das Ergebnis ist (fast) immer dasselbe: nämlich ein Ungleichgewicht zwischen Anerkennung geben und empfangen. Aus Sicht der Anerkennungsempfänger scheinen die Anerkennungsgeber (wer auch immer das ist, beruflich oder privat, sei dahingestellt) anerkennungsgeizig zu sein. Aber das soll ja nicht so bleiben. Daher geht's im nächsten Block um Wertschätzung im Arbeitsalltag. Aber zuvor kann jeder einmal für sich testen, wie es um seinen Anerkennungshaushalt bestellt ist.

Am Impuls-Tag werden die Multiplikatoren vermutlich nicht sämtliche Folien ausführlich vorstellen. Sie sollen daher jetzt festlegen, für welche sie sich bei diesem ersten Block entscheiden.

einfache Definition

Zu Beginn des Blocks „Wertschätzung bzw. Anerkennung im Arbeitsalltag" als zweitem großen Kapitel aller Veranstaltungen wird zunächst eine einfache Definition vorgenommen. Gezeigt wird eine starke Vereinfachung von Abbildung 1 aus diesem Buch: Anerkennung als Oberbegriff für leistungsbezogenes Lob und personbezogene Wertschätzung. Nach meiner Erfahrung reicht diese extrem simple Darstellung für die meisten Veranstaltungen aus; natürlich können Sie bei einem anspruchsvolleren Teilnehmerkreis auch die ausführliche Definition verwenden, wie sie im ersten Buchkapitel vorgestellt wird. Wenn Sie die Leute fragen, was ihnen wichtiger ist – Lob für ihre Leistung oder Wertschätzung für ihre Person – werden Sie in der Regel immer hören: Wertschätzung ist wichtiger, aber Lob im Sinne von Feedback (wo stehe ich?) brauchen wir auch, genauso wie wir auch negative Kritik brauchen.

Da beides wichtig zu sein scheint, sollten nun auch beide Aspekte mit Inhalt gefüllt werden. Auf die Frage, woran man ein richtig gutes Lob erkennt, sollten Sie zunächst einmal Antworten sammeln und dann erst die Folie (bildlich oder in Textform) „Richtig loben" präsentieren. Zur Erläuterung: Die Anerkennungsfaustregel 3:1 besagt, dass man grob gerechnet mindestens dreimal mehr positives wie negatives Feedback geben sollte, denn Kollegen machen mindestens dreimal mehr Dinge richtig als falsch. So wird verhindert, dass das Lob ausschließlich als Einleitung für nachfolgendes negatives Feedback („haben Sie gut gemacht, aber ...") oder als Einleitung für einen neuen Auftrag missbraucht wird („haben Sie gut gemacht, und jetzt bitte dasselbe in der Hälfte der Zeit").

Bewährt hat sich, für jede Antwort auf die Frage „Woran macht sich denn Wertschätzung fest?" oder „Was wünschen sich denn Kollegen in puncto Wertschätzung?" ein kleines Danke (z.B. in Form verpackter Mini-Schoko-Stücke) zu verteilen, damit möglichst viele Punkte zusammenkommen, bevor Sie die Folie zeigen (*Notiz!*). Es folgt eine Folie mit dem Spruch „Ihr wichtigster Kollege ist der, an den Sie heute noch nicht gedacht haben".

Belastungssymptome erkennen (Liste auf www.do-care.de)

Jedes Team hat leistungsstarke und leistungsschwache Mitarbeitende, Ältere und Jüngere, Gesunde und Kranke. Und viele schleppen sich krank an den Arbeitsplatz, wünschen sich aber, von netten Kollegen dabei entdeckt und heimgeschickt zu werden mit dem Segen aller ... Präsentismus nützt niemandem. Erforderlich ist, das Augenmerk auf Frühindikatoren von Überlastung zu richten und das Gespräch mit dem Kollegen zu suchen. Vielleicht ist eine vorübergehende Entlastung möglich – das geht aber nur, wenn der Kollege sich öffnet und ihm hierzu die Chance geboten wird. Um dies zu ermöglichen, sollen nun die Multiplikatoren (und später ihre Team-Mitglieder) am Flipchart eine Sammlung von Überlastungssignalen erfolgen – damit viele Nennungen notiert werden können, kann auch hier wieder an den Jagdinstinkt appelliert werden durch Verteilung von Schokoteilen. Vielleicht fällt Ihnen ja auch etwas anderes ein ... etwa ein Punktesystem oder ähnliches; was auch immer: es muss zu Ihnen passen.

Die Teilnehmenden sollen also Antworten auf die Frage liefern „Woran erkennen Sie, ob ein Mitmensch überlastet ist? Was sind das für Signale, bei denen Sie aufmerksam werden?“ Tragen Sie alle Antworten in einen Männchenumriss am Flipchart ein und stellen Sie den Kurzleitfaden für Gespräche mit überlasteten Kollegen vor: 1. Symptome im Sinne von wahrgenommenen Veränderungen wertfrei beschreiben, 2. offen fragen „was ist los“, 3. ausdrücken, dass man sich Sorgen macht und den anderen unterstützen möchte („helfen“ impliziert passive Hilflosigkeit und sollte vermieden werden), 4. offen fragen, was der Kollege braucht, 5. gesprächsbereit bleiben. Dabei ist nicht das Rad neu erfunden, aber dieser simple Leitfaden liefert offenbar vielen Menschen eine brauchbare Unterstützung, um sich in solche Gespräche zu wagen.

wertschätzende Haltung und Blick aufs Positive kultivieren

Um Gespräche auch mit schwierigen Kolleginnen und Kollegen wertschätzend führen zu können, braucht man eine wertschätzende Haltung. Der Satz „Was fährt der Idiot so dicht vor mir her?“, der im wahren Leben gefallen ist (ich war dabei, ich saß daneben) offenbart: Manchmal wählen wir unsere Sicht auf die Dinge zu egoistisch. Ebenso in dem Fallbeispiel: Ein Kollege kommt zu spät zu einer Präsentation (*Notiz!*). Es soll deutlich werden: Es gibt kein richtig oder falsch, aber der Mensch, der mit einer positiven Haltung an den Kollegen herangeht, ist vermutlich zufriedener, schläft besser, schaltet besser ab und ist kreativer als derjenige, der sich schwarz ärgert und in seine Unterstellungen hineinsteigert. Auch am Ende dieses Blocks sollen die Teilnehmenden wieder entscheiden, welche Folien und Inhalte sie am Impuls-Tag mit ihrem Team näher behandeln wollen.

Wertschätzungshindernisse und ihre Lösungen – so heißt der dritte große Baustein aller Veranstaltungen. Sammeln Sie am Flip Antworten auf die Frage „was hindert Menschen, anderen Wertschätzung zu geben?“ Ergänzend zu dem, was die Teilnehmenden nennen, können Sie weitere Antworten anbieten. Viele Menschen tun sich leicht damit, die Leistungsträger unter ihren Kollegen wertzuschätzen und ihre Leistungen zu loben. Sie knüpfen ihre Wertschätzung an das Leistungsvermögen des Kollegen. In dem Moment ist die Wertschätzung Mittel zum Zweck. Das kann an der Stelle zu spannenden Diskussionen führen, falls Sie das möchten („ist es möglich / nötig / wünschenswert, wirklich allen Menschen mit bedingungsloser Wertschätzung zu begegnen?“). Oft stimmt einfach die Chemie nicht – und schon ist es Essig mit der Wertschätzung. Und manche Kollegen reagieren auch empört oder abweisend, wenn sie positives Feedback erhalten. Dies können Sie auf den folgenden Folien sehen.

Lösungen für Wertschätzungshindernisse finden

Zusammenfassen lassen sich die häufigsten Nennungen erfahrungsgemäß in 4 Gruppen von Wertschätzungshindernissen: eigener Stress, gute Leistungen für selbstverständlich halten, Sympathie-Defizite und Bedingungen, die in jedem selbst zu suchen sind wie Selbstwertschätzungsdefizite oder schlechte Laune. Diese vier Haupt-Hindernisse sollen die Teilnehmenden nun in vier Gruppen bearbeiten. Die Aufgabenstellung finden Sie auf den Folien. Es empfiehlt sich, vier Pinwände mit den Aufgabenstellungen zu versehen, so dass die 4 Gruppen räumlich getrennt von einander je ihren Fall bearbeiten können. Nach 20 Minuten lassen Sie alle Pinwände neben einander aufstellen, alle Teilnehmenden sollen ihre Gläser mit Wasser oder Saft füllen, und so wandern Sie alle zusammen wie auf einer Vernissage von Pinwand zu Pinwand. Nach der Vorstellung der Ergebnisse wird natürlich auf das Wohl der jeweiligen Künstler angestoßen ...

Voraussetzung dafür, anderen überhaupt mit Wertschätzung zu begegnen, ist Selbstwertschätzung. Lassen Sie die Teilnehmenden den Satz „Weil ich es mir wert bin ...“ selber beenden (falls Sie noch genug Zeit haben: im Partnerinterview), bevor Sie die Folie mit den Antworten zeigen (<u>*Notiz!*</u>). Als Erinnerungsstütze für mehr Selbstwertschätzung können Sie die Vorderseite der CareCard zeigen. Und abermals sollen sich die Multiplikatoren entscheiden, welche Inhalte und Folien sie am Impuls-Tag näher behandeln wollen.

Ideen zur Transfersicherung vorstellen

Es folgt der vierte und letzte große Inhaltsblock der Veranstaltungen: Der Transfer, bildlich gesprochen „Damit die Saat aufgeht“. Stellen Sie einzelne Transfersicherungsideen vor. Einige finden Sie auf der Folie, Erläuterungen dazu und weitere Ideen weiter unten in diesem EXTRA sowie im Anhang unter „Ergänzungsideen". Die Multiplikatoren sollen sich entscheiden, welche Maßnahme(n) sie mit ihrem Team – je nach an dem Tag verbleibendem zeitlichen Budget – durchführen wollen. Also idealerweise mindestens in 2 Varianten: „was mache ich, wenn ich noch viel Zeit vs. wenn ich nur noch wenig Zeit an dem Tag zur Verfügung haben werde?" Plan B gibt Sicherheit für den Fall der Zeitknappheit.

Kurz vor Schluss klären Sie jetzt noch die offenen Fragen, die den Multiplikatoren auf dem Herzen liegen, zum Beispiel: Welche Rolle nehmen sie ein, Experte oder Coach? Wie laden sie die Kollegen zu den 6 Transfertreffen ein? Welche Erinnerungsemails wollen sie wann versenden (s.u.)? Und natürlich fragen Sie, ob die Leute sich nun fit fühlen bzw. was sie noch brauchen.

Geschenk zum Schluss

Zum Abschluss erhalten alle Teilnehmenden eine CareCard. Dementsprechend hoffentlich gut gelaunt erscheint noch einmal die Frage „Wie ist Ihre Stimmung jetzt?" Die allermeisten Teilnehmenden berichten, dass ihre Stimmung sich seit dem ersten Messzeitpunkt verbessert habe – und sei es auch nur, um Ihnen einen Gefallen zu tun ... Zum Abschluss können Sie auf weiterführende Angebote hinweisen und sich über Ihren Schlussapplaus freuen ☺

Wenn Sie Kapitel 7 lesen, werden Sie in dem dortigen EXTRA feststellen, dass der Ablauf dem hier vorgestellten sehr nahe kommt. Das ist nicht (nur) Faulheit meinerseits, sondern dahinter steht die These: Wertschätzung spielt sich letztlich primär immer zwischen je zwei Menschen ab, egal ob sie nun Kollegen sind oder Führungskraft und Mitarbeiter. Bei den Führungskräfte-Veranstaltungen gibt es spezielle Blöcke, aber die Grundstruktur ist bewusst bei allen Veranstaltungen dieselbe. Und wenn Ihr Vorstand mitmachen würde, wäre sie ebenfalls identisch.

Transferaufgaben = Schatzsuchen

Vorschläge für die 6 Transferaufgaben („Schatzsuchen"). Die Multiplikatoren sollen sich aus den folgenden Ideen sechs Stück aussuchen, von denen sie je eine pro Monat vorbereiten (oder besser noch: ein anderes Team-Mitglied vorbereiten lassen), so dass im nächsten Halbjahr immer wieder in einer Teamsitzung – oder ganz notfalls per eMail – an das Wertschätzungsprojekt erinnert wird. Es ist übrigens (fast) egal, wofür sie sich entscheiden. Das Wichtigste ist, dass es überhaupt einen Anlass gibt, zu dem die Team-Mitglieder sich über das Thema Wertschätzung austauschen. Man sagt, da wo die Aufmerksamkeit hin geht, geht auch die Energie hin. Wenn man also die Team-Energie auf positive Aspekte des Betriebs und des Miteinanders lenkt, werden sofort genau diese Aspekte gestärkt.

Sorgen Sie auch bei den Transfersitzungen für ein angenehmes Ambiente (z.B. durch Kekse, Blumen, Frischluft, einen großen Smiley auf dem Flipchart, einen Apfel auf jedem Platz – was auch immer zu Ihnen passt) und dafür, dass die Team-Mitglieder sofort erkennen „ah ja, heute ist wieder der Tag zu unserem Wertschätzungsprojekt“. Vielleicht durch ein Projekt-Logo oder Musik-Stück, das beim Impuls-Tag entwickelt wurde und einen hohen Wiedererkennungswert hat. Falls Sie mit dem Begleitheft arbeiten, sollten Sie in einer eMail vorab die anderen daran erinnern, das Heft mitzubringen.

Zur leichteren Orientierung finden Sie ungefähre Minuten-Angaben in Klammern hinter der jeweiligen Idee. Die tatsächliche Dauer hängt natürlich stark von der Teamdynamik ab.

- den Team-Check bearbeiten (anonyme Auswertung und grafische Darstellung am Flipchart). Das Augenmerk sollte darauf liegen: „wo sind wir schon gut?“ und weniger auf „aber das muss noch besser werden“ (90')
- gemeinsam einen Baum pflanzen (oder notfalls Kresse in kleinen Schälchen ...) und dazu eine Rede halten; die Kresse kann man auch in Symbolform säen; wenn jeder eine Schale erhält, kann jeder die Wertschätzung wachsen sehen, sofern er seinerseits wertschätzend handelt (die Samen gießt ...)
- Team-Regeln mit namentlichen Unterschriften erstellen als Antworten auf die Frage: Wie wollen wir mit einander umgehen? Als kleine Hilfestellung, welche Verhaltensweisen Ihnen besonders wichtig sind, können Sie die 26 Karten der Bausteinbox ausdrucken (oder natürlich kaufen) und die Favoriten auswählen lassen (z.B. Unterstützung geben, nur gut übereinander reden, Freude teilen, morgens begrüßen, Konflikte offen ansprechen etc.); Sie finden die Karten bei den ersten 26 Folgen der www.podcast.pause.de im Internet, natürlich kostenlos zum Ausdrucken. Die Baustein-Box „Gut, dass Sie da sind“ gibt es für 39,80 € unter www.mehr-wohlbefinden-im-job.de (90')
- eher für Frauen geeignet: Kalender mit Wertschätzungssprüchen basteln und in der Abteilung aufhängen (60-90')
- „Lobe den Chef“-Aktion (Litfass-Säule beschriften); natürlich kann man auch eine zweite Litfass-Säule aufstellen, auf der Wünsche an die Führungskraft formuliert werden; beim Beschriften der Säulen sollte diese nicht anwesend sein (30' bzw. mit anschließender Erörterung in Gegenwart der Führungskraft: 60')

- für Verspielte: Bastelwürfel erstellen (Vorlage auf der Website); dazu die Vorlagen ausdrucken und zusammenkleben (20'); vielleicht sogar für andere Abteilungen „mitbasteln“
- Konflikte begraben: Nehmen Sie einen großen Bogen Papier und notieren Sie darauf gemeinsam – jeder soll mal schreiben, wenigstens einzelne Worte – worin der Konflikt bestand; wenn sich alle einig sind, dass dieser Konflikt das Team nicht länger runterziehen soll, werden Lösungsvorschläge für das zukünftige Miteinander formuliert; falls damit alle einverstanden sind (auch das kann man unterschreiben lassen, aber bitte nicht bierernst), kann man den Papierbogen, auf dem der Konflikt beschrieben war, zerknüllen oder zerreißen und gemeinsam im WC herunterspülen, im Hof vergraben („begraben“) oder verbrennen; danach gibt es ein Versöhnungsmahl
- gegenseitig Wertschätzung spenden: Alle Team-Mitglieder erhalten ein Plakat (Tonpapier o.ä., jedenfalls stabiler als normales Papier) und kleben es jeweils einem anderen mit Kreppband auf den Rücken. Nun schreibt jeder jedem anderen (bis ca. 20 TN geht das ganz gut) auf das Blatt, was er an ihm schätzt. Falls diese Aufgabe zu körperbetont ist, lassen sich die Pappen auch verdeckt auf den Tisch legen, durcheinander gemischt, und jeder zieht eine Pappe, notiert seine Antwort und legt die Pappe wieder zurück usw. Aber für eine wärmere Atmosphäre sorgt definitiv die ursprüngliche Variante (90')
- Buttons entwerfen mit Sprüchen, die zu Ihrem Projekt passen, zum Beispiel „Mensch, du bist wichtig!“, „Danke, dass Sie hier arbeiten!“, „Gut, dass Sie da sind!“ oder „Sie sind ein Schatz!“; Firmen, die die Buttons günstig drucken, finden Sie im Internet (je nach Aufwand 15 bis 60')
- Kritik-Regeln erstellen: Zwei Halbgruppen erhalten je ein Flipchart-Papier und notieren Antworten auf die Fragen „was finden wir wichtig beim Feedback-Geben?“ und „was finden wir wichtig beim Feedback-Empfangen?“
- ein Poster erstellen mit den Gesichtern von allen, das an prominenter Stelle aufgehängt wird – digital oder tatsächlich mit Fotos (je nach Aufwand ab 15')
- eine „Team-Entwicklungs-Kurve“ erstellen. Hierbei handelt es sich quasi um ein Resilienztraining im Mini-Format. Man nimmt ein Pinwand- oder Flipchartblatt (Flipchartblatt quer legen bzw. quer aufhängen) und zeichnet ein Koordinatensystem. Die x-Achse bezeichnet die Zeit; der Nullpunkt ist „als unser Team gegründet wurde“. Die Y-Achse bezeichnet Höhen und Tiefen des Teams „wie es uns gerade ging“. Dann wird in

einer Diskussion mit allen – maximal 10 Leute pro Gruppe – eingetragen, wie sich das Befinden des Teams insgesamt seit seiner Gründung verändert hat; wenn es Krisen gab (z.B. Entlassungen, Reklamationen, Misserfolge, Team-Konflikte), ging das Befinden vermutlich nach unten, bei Erfolgserlebnissen (gute Absatzzahlen, neue Software etc.) nach oben. Vielleicht lassen sich auch Hochs identifizieren, die keine richtige Ursache zu haben schienen. Wichtig ist bei der abschließenden Betrachtung der Kurve: „was haben wir schon alles gemeinsam bewältigt" und „wie haben wir es geschafft, aus den Tälern wieder herauszukommen" (60-90')

Weitere Ideen für Transferaufgaben entdecken Sie möglicherweise im Anhang unter „Ergänzungsideen".

Erinnerungs-eMails. Sie gehören zum Programm und sind ein wichtiger Baustein zur Verankerung dessen, was man gemeinsam erlebt hat. Sie sollten in einem bestimmten Rhythmus erfolgen; zum Beispiel jeden Montag Morgen – dann sorgen sie dafür, dass die Kollegen gut gelaunt in die Woche starten (gleichzeitig erinnern sie sie vielleicht daran, meinen neuen Podcast zu hören, der immer montags morgens um halb zehn erscheint ...). Und ganz wichtig: Die Betreff-Zeile reicht!!! Sie müssen keine langen Texte formulieren, die werden eh nicht gelesen. Okay, falls Sie Fotos vermailen oder ähnliches, können Sie ein paar Zeilen dazu schreiben. Aber normalerweise reicht es völlig aus, wenn Sie ein nettes Zitat in die Betreffzeile schreiben (z.B. „UNSER WERTSCHÄTZUNGSPROJEKT: Heute gebe ich mir die Erlaubnis, mich wohlzufühlen" oder einen anderen Namensschild-Spruch, den Sie im Anhang finden). Und damit dann auch wirklich niemand die Mail extra aufklicken muss – Ihre Kollegen werden eh mit Mails überschüttet – ergänzen Sie noch „owT" (= „ohne weiteren Text"). Fertig. Ist nicht viel Arbeit und sorgt für Erinnerungen. Auch diese Sache können Sie prima an Kollegen delegieren. Wenn jede Woche einer anderer für diese Mini-Rundmail verantwortlich ist, wird das Projekt erst recht zu einer gemeinsamen Aktion.

Nachhaltigkeit sichern geht auch in 1 Betreffzeile

Tipps für die Multiplikatoren. Am Anfang fühlt es sich vielleicht noch etwas seltsam an, vor den Kolleginnen und Kollegen zu stehen oder zu sitzen. Alle schauen einen an, und falls man das noch nicht so richtig gewohnt ist, können die Hände schon einmal feucht werden. Das ist völlig normal und sorgt in der Regel dafür, dass Ihr Gehirn zuverlässig auf Höchsttouren arbeitet. Falls Sie befürchten, zu aufgeregt zu sein am Impuls-Tag, suchen Sie sich einfach jemanden, der die Veranstaltung mit Ihnen gemeinsam gestaltet. Sie müssen überhaupt nicht alles allein machen. Im Gegenteil. Je mehr Team-Mitglieder Sie hinzuziehen, desto mehr wird das Projekt wirklich zum Team-Projekt. Und genau das wollen Sie ja.

nicht missionieren!

Missionieren Sie nicht! Die Gefahr ist groß, dass man andere mit erhobenem Zeigefinger anspricht, wenn man selber so sehr für ein Thema brennt. Aber das wirkt oft unsympathisch. Falls Ihnen abwertende Äußerungen oder Verhaltensweisen auffallen, sollten Sie dies scherzhaft ansprechen mit dem Tenor „keiner ist perfekt".

Klären Sie Ihre Rolle! Sind Sie ein Experte? Dann erklären Sie den anderen, was sie tun sollen und was für sie richtig ist – dadurch entsteht ein Abhängigkeitsverhältnis. Belehren Sie nicht! „Belehrungen aktivieren nicht" (Schneider, 2011, S. 52). Sie wollen aber, dass die Leute selber aktiv werden. Für die Rolle des Helfers gilt im Grunde dasselbe. Sinnvoller ist die Rolle des Coachs. Ein Coach unterstützt andere auf Augenhöhe dabei, sich selber zu entfalten. Dieser Weg empfiehlt sich auch beim Einsatz für mehr Wertschätzung im Betrieb außerhalb des Multiplikatoren-Programms. Oder Sie sind und bleiben einfach der nette Kollege von gleich zu gleich. Das ist vermutlich das Sympathischste. Und Sie fühlen sich „echt".

alle sollen sich wohlfühlen an dem Tag

Es wird davon ausgegangen, dass Sie die anderen Team-Mitglieder siezen. Aber natürlich sollten Sie Ihre Kollegen so ansprechen, wie Sie es auch normalerweise tun. Seien Sie bei der Veranstaltung ganz Sie selbst, ohne sich irgendwie zu verbiegen. Und wenn Sie die eine oder andere Folie unsinnig finden, gehen Sie einfach darüber hinweg. Sie müssen sich mit dem Programm wohlfühlen. Achten Sie auf ein wertschätzendes Miteinander an diesem Tag. Das fängt natürlich bei Ihnen selbst an. Hören Sie aktiv zu, greifen Sie Antworten und Fragen (auch kritische!) als willkommen auf, seien Sie großzügig mit Äußerungen wie „ja", „genau", „interessant" etc. Schenken Sie viel Bestätigung und scheuen Sie sich nicht, kleine Schwächen zuzugeben (das macht sympathisch). Versuchen Sie einfach, sich an dem Tag so wohl wie möglich zu fühlen, dann sind Sie ein prima Vorbild.

Geduld, Geduld ...

Für den Fall, dass Sie nach dem halben Jahr ein bisschen enttäuscht sein sollten, weil es noch immer Verhaltensweisen im Umgang der Kollegen miteinander gibt, die Sie als wenig wertschätzend empfinden: Bitte haben Sie Geduld! Es gibt nicht DEN Tipp, DEN Impulstag, DAS Transfertreffen, nicht DIE geniale Idee – und schwupps wäre das Klima gesünder. Gefragt ist vielmehr täglich neuer Einsatz für ein wertschätzenderes Miteinander. Das dauert. Aber es wirkt. Bitte bleiben Sie dran! Tragen Sie mit bei zum großen Klimawandel im positivsten Sinne. Bringen Sie die Kühlschränke zum Schmelzen ... Lassen Sie über Ihrem Betrieb die Sonne aufgehen. ☺

6 Wenn's schwierig wird: Wertschätzungshindernisse und ihre Lösungen

6 Wertschätzungshindernisse und ihre Lösungen

6.1 Konfliktsituationen wertschätzend meistern

wenn Bedürfnisse zu kurz kommen, regen sich negative Gefühle

Warum ist es so schwierig, in Konfliktsituationen seinen Ansprüchen an eine wertschätzende Haltung treu zu bleiben? Weil man selber in dem Moment eine Form von Wertschätzungsmangel empfindet. Die meisten Konflikte in einer Beziehung rühren daher, dass sich einer der Beteiligten nicht genug wertgeschätzt fühlt. Schimpftiraden, Vorwürfe, moralische Abwertungen sind psychologisch betrachtet ein Hinweis darauf, dass bestimmte Bedürfnisse in dieser Beziehung zu kurz kommen. Baum (2006) unterscheidet noch zwei weitere Hauptbedürfnisse im zwischenmenschlichen Umgang: nämlich neben dem Bedürfnis nach Wertschätzung und Anerkennung (eng assoziiert mit dem Selbstwertgefühl) noch das nach Freiheit und Selbstbestimmung sowie das Bedürfnis nach Sicherheit. Ist eines davon unbefriedigt, so kommen negative Emotionen auf.

Reptilienhirn gegen Großhirn

Im Extremfall entwickeln diese Gefühle eine Eigendynamik. Wie kommt es zu den impulsiven, überschießenden Reaktionen? Wenn unser Gehirn eine Situation als gefährlich einstuft, reagiert nicht das vernunftgesteuerte Großhirn sondern das Limbische System, das uns schon regiert hat, als wir noch Reptilien waren. Sprich: da wird nicht überlegt, sondern aus dem Bauch heraus unwillkürlich gehandelt mit den drei zur Verfügung stehenden Verhaltensalternativen – Angriff, Flucht oder Totstellen. Hinterher fragt man sich dann, wie einem das passieren konnte. Da hilft aber kein Überlegen: Das Reptiliengehirn reagiert „einfach so“.

Um zu verhindern, dass die negativen Gefühle einen beherrschen und das klare Denken unmöglich wird, sollte man zunächst lernen, zwischen Beobachtung und Bewertung zu unterscheiden. Dies ist zugleich die erste Phase der Gewaltfreien Kommunikation; bei dem Konzept geht es darum, Konflikte zu lösen, indem man sich klar macht, welche Bedürfnisse man selber in einer Situation hat, und welche die andere Person hat. Dieser Prozess erfolg in vier Schritten. Im Anhang finden Sie dazu weitere Informationen.

1. Beobachten

Beispielsweise beinhaltet der Gedanke „Sie sind unzuverlässig" eine Bewertung (Beispiel von Brüggemeier, 2010, S. 27). Eine reine Beobachtung wäre: „Wir hatten abgesprochen, dass ich die Unterlagen bis 15 Uhr bekomme. Jetzt ist es 16.30 Uhr." Lindemann und Heim (2010, S. 30f) fragen: „Was geschieht mit Ihrem persönlichen Empfinden, wenn Sie Folgendes denken: ‚Das ist doch wieder mal typisch! Ständig verpasst sie ihre Abgabetermine. Die ist so was von unzuverlässig! Wegen ihr kommt jetzt das ganze Projekt in Verzug!' Löst dieses Denken bei Ihnen auch Wut oder Ärger aus? Je wertender und verurteilender unsere Gedanken sind, desto größer ist unser Stresspegel und um so eher schaltet sich unser Reptilienhirn ein."

4 Schritte der Gewaltfreien Kommunikation GfK

Das Beispiel zeigt sehr schön, wie man, ausgehend von einer Beobachtung durch Bewertungen den eigenen Stress in Gedanken steigern kann. Das lässt zu Recht hoffen, dass man den Stresspegel auch durch Gedanken wieder senken kann – im Sinne der eigenen Gesundheit und im Sinne einer Konfliktprävention, bezogen auf den Umgang mit der Kollegin. Lindemann und Heim (2010, S. 119): „Statt den Fokus darauf zu richten, was wir brauchen, sind wir im wertenden Denken von unserer Lebensenergie abgeschnitten." Wer bewertet, nimmt in dem Moment Festsetzungen im Kopf vor, er wird mental starr, ist nicht mehr neugierig, macht dicht statt auf.

2. Befinden

Und dann sollte man darauf achten, wie man sich fühlt (zweite Stufe der GfK). Beispielsweise froh, sicher, zufrieden, aktiv, begeistert – wenn Bedürfnisse erfüllt werden. Oder ängstlich, ärgerlich, hilflos, unter Druck oder traurig – wenn Bedürfnisse nicht erfüllt werden. Wichtig ist, dass man für seine Gefühle Verantwortung übernimmt und nicht jemand anderem die Schuld daran gibt. Ärger eignet sich besonders gut, um diesen Unterschied zu verdeutlichen. Wenn ich sage „dein Verhalten ärgert mich", dann ärgere eigentlich „ich mich" – das Verhalten des anderen ist nur der Auslöser für meine Ärgergefühle.

Ein Problem bei Konflikten sind ja tatsächlich die Ärgergefühle, die dabei aufkommen. Tanja Baum stellt fest (2006), Ärger lohnt sich nicht, weil er für die Ausschüttung von Stresshormonen sorgt, klares Denken verhindert, ansteckend wirkt, Energien verbraucht und einen Schuldigen benötigt. Sie empfiehlt, möglichst „ent-ärgert“ in Gespräche zu gehen, zum Beispiel, indem man in den Bauch atmet, sich durch Humor entkrampft, gute Seiten am Gegenüber sucht, sich im Verzeihen übt oder die Kunst der Umdeutung versucht, indem man das Gespräch als Herausforderung ansieht.

Also am besten gar nicht erst ärgern ... Lindemann und Heim (2010, S. 119) beschreiben treffend: „Ärger bremst unsere Leistungsfähigkeit aus, weil er die Aufmerksamkeit darauf richtet, das Verhalten anderer zu bewerten und sie dafür zu bestrafen.“ Entsprechend ihrer theoretischen Herkunft, der Gewaltfreien Kommunikation, empfehlen sie, Ärger als Warnsignal zu begreifen, um wieder mit seinen eigenen Bedürfnissen in Kontakt zu kommen und so emotionalen Stress aufzulösen. Es verschafft einen klaren Kopf, wenn man sich fragt: „Was will ich eigentlich (von dem)? Und wozu? Was brauche ich?“ Das leitet über zum dritten Schritt.

3. Bedürfnis

Ich könnte ja theoretisch auch emotional unbeteiligt sein. Der Ärger weist mich darauf hin, dass eines meiner Bedürfnisse in dem Moment unbefriedigt ist. In dem Augenblick, in dem ich mir über meine Bedürfnisse klar werde, übernehme ich die Verantwortung für meine Gefühle. Das Erkennen der Bedürfnisse ist der dritte Schritt – gepaart mit der Erkenntnis (Lindemann und Heim 2010, S. 173): „Sie selbst sind der einzige Mensch, der für die Erfüllung Ihrer Bedürfnisse verantwortlich ist. Hier ist Konsequenz in der eigenen Selbstfürsorge gefragt.“

Meine eigenen Bedürfnisse
sind so wichtig wie die der anderen.
Und:
Die Bedürfnisse der anderen
sind so wichtig wie meine.

Viele Menschen finden es peinlich, über ihre Bedürfnisse zu sprechen. Sie fürchten, sich durch zu große Offenheit zu blamieren. Und tatsächlich ist es nicht sicher, dass die Umgebung mit Applaus reagieren wird, wenn man sagt „ich habe ein Bedürfnis nach Anerkennung“. In dem Fall sollten sie eine Begründung oder Erklärung hinzusetzen und andere Worte verwenden, wie beispielsweise „mir ist Feedback wichtig, um zu wissen, wo ich stehe und was ich noch verbessern sollte“. Egal wie, aber auf irgendeine Weise muss das Gegenüber erfahren, was einem fehlt und was man sich wünscht.

Am Pranger hat kein Mensch ein offenes Ohr. Statt des Vorwurfs „du bist rücksichtslos“ macht es mehr Sinn, das eigene Bedürfnis in Form einer Ich-Aussage zum Ausdruck zu bringen, zum Beispiel durch die Formulierung „mir ist Rücksichtnahme wichtig“ (Holler, 2006, S 32). Die klingt deutlich weniger aggressiv. Der Untertitel eines Buches von Beate Brüggemeier (2010) lautet: „Wer sich öffnet, kommt weiter“. Offenheit ist in Wahrheit souverän – nicht, die Emotionen zu verstecken.

Natürlich kann man auch ein Pokerface aufsetzen und so tun, als stünde man über den Dingen, als wäre man emotional total unbeteiligt. Viele Menschen stellen sich genau das unter souveränem Verhalten in Konfliktsituationen vor. Das ist psychologisch betrachtet Mumpitz. Unbeteiligt tun kann fast jeder. Aber damit gewinnt man nichts. Es rumort unter der Oberfläche ja doch weiter. Und im Zweifelsfall wird das Gegenüber noch angesteckt mit dieser Maske der Pseudo-Unberührtheit. Statt die Emotionen beiseite zu drücken, sollte man besser genau hinspüren: „was regt sich da in mir?“ und „welche Emotionen und Bedürfnisse regen sich bei meinem Gegenüber?“

Wenn man klären möchte, welches Bedürfnis hinter dem aggressiven Verhalten des Gesprächspartners steckt, sollte man sich nicht fragen „warum (macht der das)?“ sondern „wozu“? Was erreicht der andere durch sein Verhalten? So wird das hinter seinem Verhalten stehende Bedürfnis leichter ersichtlich. Und es wird einfacher, Alternativen vorzuschlagen, wie sich das Bedürfnis des anderen befriedigen lässt, ohne dass man selbst zu kurz kommt. Fragt man hingegen „warum tut der das?“, dann findet man vielleicht nur die Antwort „weil er eben ein Ekel ist“; diese statische Sicht auf die Dinge hilft aber nicht weiter. Im Verstehen der Bedürfnisse – der eigenen und der des Gesprächspartners – liegt der Schlüssel zur Lösung des Konflikts.

Sich in den anderen hineinversetzen, wenigstens gedanklich. Dann lassen Wut und Ärger meistens nach. Verena Kast (2005) unterscheidet zwischen kognitiver und emotionaler Empathie. Diese Unterscheidung finde ich hilfreich für den Umgang mit Konflikten. Sie schreibt (S. 8): „Gerade wenn wir das Verhalten eines anderen Menschen ablehnen, kann uns die kognitive Empathie dazu führen, dass wir dieses Verhalten verstehen, vielleicht sogar respektieren können, auch wenn wir es nicht wertschätzen.“

Hineinversetzen verhindert Konflikte

Die von Verena Kast angesprochene Fokussierung aufs Verhalten (versus auf die Person) ist ebenfalls sinnvoll, gerade in Konflikten: Das Verhalten des anderen nervt, regt auf, bringt einen auf die Palme – nicht der Mensch als solches. Diese Einstellung verhilft nämlich zu emotionalem Abstand.

Empathie zeigen – das verlangt viel von einem, wenn man merkt, wie in dem Moment die Wut hoch kochen will. Aber wenn man sich vor Augen führt, was im schlimmsten Fall passieren kann in einem eskalierenden Konflikt am Arbeitsplatz, wächst die Motivation, eben dies zu verhindern. Manchen fällt es leichter, empathisch zu sein, wenn sie es sich zunächst als ein Gedankenexperiment verkaufen („nur mal angenommen ... was könnte bei ihm / ihr theoretisch dahinter stehen“).

(Emotionale) Empathie wird oft mit Sympathie verwechselt, meint aber etwas anderes: Ich muss meinen Gesprächspartner keineswegs sympathisch finden oder mögen, um mich in ihn hineinzuversetzen und seine Bedürfnislage zu verstehen. Empathie heißt, dass man versucht, die Welt mit den Augen des anderen zu sehen, ohne gleich eine Bewertung vorzunehmen. Was der andere tut, lehnt man vielleicht dennoch ab. Aber man hört ihm aktiv zu und versucht, seine Motive und Bedürfnisse und Kränkungen zu begreifen. Auch Wertschätzung bedeutet nicht: immer derselben Meinung sein. Aber Diskussionen über gegensätzliche Auffassungen werden anders ablaufen, wenn die Grundhaltung von Wertschätzung und Respekt geprägt ist (Worliczek & Zechmeister, 2009).

Lindemann und Heim (2010) schlagen vor, statt „Schuldohren“ sollten wir „Verständnisohren“ aufstellen: also nicht zu fragen, was mit uns oder dem anderen nicht stimmt, sondern stattdessen die Frage zu stellen, was wir selber gerade fühlen und brauchen und was der andere gerade fühlt und braucht. Die Frage, wer Schuld oder Recht hat, verbraucht nur unnötig viel Energie und ist unproduktiv. Empathisches Verständnis hingegen erleichtert Konfliktlösungen.

4. Bitte

Wenn das Bedürfnis erkannt ist, kann man im vierten Schritt eine Bitte an seinen Gesprächspartner formulieren. Wichtig ist, dass diese wirklich als Bitte (die abgeschlagen werden kann) und nicht als Forderung daherkommt.

Diese vier Schritte der sogenannten Gewaltfreien Kommunikation tragen erheblich dazu bei, Konflikteskalationen durch überbordende negative Emotionen zu verhindern. Emotionen sind das A und O in Konflikten. Ohne Emotionen keine Konflikte – zumindest keine, die wir wirklich so bezeichnen würden. Der Satz „bei uns werden Konflikte auf der Sachebene ausgetragen" ist meistens eine Farce, die nichts anderes besagt als „bei uns verstecken alle ihre Gefühle und schlucken ihren Ärger heimlich runter, damit offiziell Frieden herrscht". Das ist aber nicht gut für die Gesundheit. Und langfristig auch nicht für den Teamfrieden. Der erfordert es, dass Konflikte angesprochen werden.

ohne Emotionen keine Konflikte

In der Praxis kommt es sehr häufig vor, dass Konflikte verschleppt werden. Man kehrt Ärgergefühle so lange unter den Teppich, bis man impulsiv reagiert und damit womöglich die Beziehung gefährdet – blöd, wenn man mit dem Gesprächspartner auch in Zukunft zusammenarbeiten muss. Je nach dem, was im Betrieb passiert ist, steht am Ende vielleicht sogar die Kündigung. Eskalierte Konflikte kosten Zeit und Energie, die man besser in andere Dinge steckt. Konflikte sollte man folglich so früh wie möglich angehen, so lange sie noch „warm" sind. Sind die Fronten einmal „erkaltet", sprich verhärtet, kostet eine Bewältigung mehr Aufwand.

Konfliktbewältigung wird nämlich umso schwieriger, je später man aktiv wird.

Das besagen auch sämtliche Stufenmodelle der Konfliktentwicklung. Ebert (2003) beispielsweise beschreibt vier Stufen der Konflikteskalation. Auf Stufe 1 herrscht fließende Kommunikation, geprägt von Vertrauen, die Beziehungen sind freundschaftlich-kollegial. Stufe 2 ist geprägt von Skepsis, kleinen Sticheleien, ironischen Andeutungen; man hat Angst, etwas Falsches zu sagen, redet in Floskeln, Stress und Verspannungen kommen auf. Auf Stufe 3 herrscht Ablehnung vor; beide Konfliktparteien beharren auf ihrem Standpunkt, schränken ihren Handlungsspielraum ein, monologisieren statt sich um gegenseitiges Verständnis zu bemühen. Stufe 4 schließlich ist gekennzeichnet durch Resignation und Sprachlosigkeit; statt mit einander zu reden, geht man vor Gericht.

Konflikte lassen sich nicht vermeiden, sie sind immer auch Bestandteil von Beziehungen – entscheidend ist, wie man mit ihnen umgeht. Bewältigte Konflikte machen stark! Sie können ein Team festigen. Ein erwachsener Umgang mit Konflikten – das ist nicht: Rückzug, Pseudosachlichkeit, Pokerface, Kontaktabbruch, Gegenangriff, Rache, Ärgern bis zum Herzinfarkt, Opferrolle. Sondern das ist ein kurzes Innehalten („Stopp, wie geht's mir eigentlich?").

bewältigte Konflikte machen Teams stark

„Stopp" sagen, kurz auf Distanz gehen, in sich hineinhorchen, dann wieder ins Gespräch

Wenn Sie das schaffen – mal kurz STOPP zu sagen und nachzudenken über das, was gerade abgeht und wo Sie sich unwohl fühlen – haben Sie den wichtigsten Beitrag zur Konfliktbewältigung schon geleistet. Wenn man sich angegriffen fühlt, ist es das Beste, erst einmal aus der Situation herauszugehen, idealerweise sogar aus dem Gespräch. Beispielsweise kann man sagen: „Ich kann das so nicht stehen lassen; aber bevor ich jetzt etwas Falsches sage, will ich da noch mal in Ruhe drüber nachdenken. Aber ich möchte noch einmal darauf zurückkommen, was hier gerade passiert ist." So eine zeitliche oder räumliche Auszeit zum Nachdenken verhindert, dass die Emotionen überschießen, wodurch das Verhältnis dauerhaft gestört werden könnte.

Sobald Sie merken (und darin liegt die Hauptschwierigkeit: es zu merken), dass Sie sich durch das Verhalten eines anderen gekränkt fühlen oder wütend werden: Überlegen Sie mindestens eine Minute lang, ob Sie selbst sich nicht auch schon einmal so verhalten haben, und suchen Sie mindestens fünf gute Gründe bzw. Entschuldigungen, die sein Verhalten rechtfertigen könnten.

besser „wozu" als „warum" fragen

Frey (2004) empfiehlt hierzu die „5-Finger-Fragetechnik", die eine Art Raster für diese fünf Gründe darstellen können. Als Eselsbrücke nimmt man sich die Finger einer Hand vor und fragt sich, wozu (!) sich ein Konfliktpartner so verhält, wie er sich verhält. Die Kleinfingerfrage lautet „Was ist die schönste Erklärung, die ich mir vorstellen kann?", die Daumenfrage: „Was ist die schlimmste Erklärung, die ich mir vorstellen kann?" und die drei mittleren Finger: „Welche drei Erklärungen sind am wahrscheinlichsten?" Das „wozu" ist hierbei wichtiger als das „warum".

Wenn einem schon schwant, dass ein Gespräch unerfreulich verlaufen wird, läuft im Kopf eine Art Film ab – in der Regel ein Gruselfilm. Diese Bilder verselbständigen und verfestigen sich schnell. Dadurch wird das Feindbild noch größer. Man kann es aber sinnvoll nutzen, indem man die dahinter stehenden unbefriedigten Bedürfnisse näher betrachtet. Es macht Sinn, wiederholt die Frage zu erforschen, zu welchem Zweck der Gesprächspartner ein bestimmtes Verhalten zeigt. Hilfreich ist dabei die Einstellung „der andere kämpft nicht gegen mich, sondern für sich" (und andere Wege scheint er nicht zu kennen).

Während des Gesprächs sollte das Befinden eine wichtige Rolle spielen. In eskalierenden Konflikten wird es einfach totgeschwiegen. Lindemann und Heim (2010, S. 63) empfehlen, Fragen zu stellen wie „Wie geht es Ihnen damit, wenn Sie das hören?" oder „Wie ist das für Sie, wenn Sie das hören?" Die Wirkung besteht darin, dass der andere sich Ernst genommen fühlt. Es rührt uns nämlich in der Regel, wenn wir merken, dass sich andere tatsächlich für unser Befinden interessieren. Auch die Auseinandersetzung mit dem eigenen Befinden ist wichtig, um nicht impulshaft aggressiv zurückzuschlagen.

Wenn wir mit Vorwürfen oder negativer Kritik konfrontiert werden (und darauf verzichten, in dem Moment auf unser Befinden zu achten), reagieren wir häufig spontan mit Abwertungen, Beleidigtsein oder Rückzug. „Diese Abwehr- und Verteidigungshaltung ist eine ganz natürliche menschliche Reaktion, um das Selbst zu schützen. Bringt uns aber nicht weiter, sondern katapultiert uns in eine Spirale der kommunikativen Gewalt und lässt aus Gesprächspartnern Gesprächsgegner werden“ (UKPT-Spezial, eine Zeitschrift der Unfallkasse Post und Telekom, erschienen im Frühjahr 2011, S. 9; verfasst von Fritzi Wiessmann).

Wolf versus Giraffe

Marshall Rosenberg würde sagen: Man greift zur Wolfssprache, mit der Konflikte hochgeschraubt werden. Empfehlenswert ist stattdessen die sogenannte Giraffensprache – die Giraffe ist das Landtier mit dem größten Herzen. Darunter versteht er genau die vier genannten Schritte der Gewaltfreien Kommunikation: Beobachten (ohne Bewerten), Gefühle klären, Bedürfnisse äußern und Bitten formulieren.

Wenn man sich durch einen „Wolf“ angegriffen fühlt, sollte man versuchen, innerlich einen Schritt zurückzugehen und erst einmal durchzuatmen. Vielleicht schafft man es innerlich, über den Dingen zu stehen. Manchmal hilft es, den Gesprächspartner öfter mit Namen anzusprechen und Blickkontakt zu halten, um ihn zu „bändigen“. Ein Buchtipp zur Konfliktprävention: Marshall B. Rosenbergs „Konflikte lösen durch Gewaltfreie Kommunikation“ (2007). Es handelt sich „nur“ um ein ausführliches Interview, aber es gibt sagenhaft viel Kraft für einen wertschätzenden Umgang mit sich und anderen.

Hungernde haben kein Interesse daran, andere satt zu sehen

Eine wichtige Präventionsmaßnahme in Bezug auf Konflikte ist die Stärkung des Selbstwertgefühls. Ein starkes Selbst fühlt sich nicht so leicht angegriffen. Man muss das Gefühl haben, dass die eigenen Bedürfnisse befriedigt sind, um sich auf die Bedürfnisse anderer einlassen zu können bzw. diese zu (be)achten. Bildlich gesprochen: Wer sich hungrig fühlt, hat kein Interesse daran, andere satt zu machen. Das käme einer Überforderung gleich. Man sollte also zuerst dafür sorgen, dass man selber satt wird.

Verena Kast (2005, S. 10) schreibt: „Solange wir uns unseren Selbstwert dadurch verbessern, dass wir andere schlechter machen, damit wir selbst besser sein können, solange wird es uns schwer fallen, andere Menschen anzuerkennen.“ Eine – in meinen

Augen legitime – Zwischenlösung für Menschen, denen es schwer fällt, Menschen mit aggressivem Verhalten Wertschätzung entgegenzubringen, besteht darin, Mitleid zu empfinden („die ist doch im Grunde arm dran, wenn die glaubt, so sehr um die Gunst der Chefin kämpfen zu müssen“). Zwar macht diese Strategie uns selber auch dadurch größer, dass sie den anderen kleiner macht, aber in der Regel ist man großherziger beim Finden von Konfliktlösungen, wenn der andere einem leid tut.

Tipps für Konfliktsituationen:

- zur Prävention das Selbstwertgefühl hegen und pflegen
- Auszeit vor dem Gespräch nehmen, um den „Film“ zu erkennen
- vorher tief ausatmen und positive Aspekte am anderen suchen
- Erklärungen finden für das Verhalten des anderen (5-Finger-Regel)
- Beobachtung von Bewertung trennen
- Mut zur Offenheit (Bereitschaft, das eigene Befinden zu schildern)
- unbefriedigte eigene Bedürfnisse ansprechen (Ich-Aussage)
- auf der Suche nach den unbefriedigten Bedürfnissen des anderen: durch die Brille des anderen schauen (= Empathie ≠ Sympathie)
- nicht fragen „warum (macht der das)?“ sondern „wozu?“
- Mitleid empfinden
- eine Bitte formulieren (VW-Regel: keinen Vorwurf, sondern Wunsch)

6.2 „Wenn ich die schon sehe!“ - Sympathiemangel bewältigen

eigentlich sind wir viel netter

Es gibt Menschen, die machen es einem schwer, sie zu mögen. Emotionslose Nüchternheit oder eine kalte Atmosphäre hindern uns daran, uns so zu geben, wie wir sind. Eigentlich sind wir viel netter. Aber wir fühlen uns bisweilen umgeben von menschlichen Kühlschränken. Zwischenmenschliche Energiekrisen sind weit verbreitet - innerbetrieblich und sogar in mancher Partnerschaft. Da wird Wertschätzung auf Sparflamme gekocht, das Klima ist frostig, der Ton unterkühlt. Herzlichkeit?! Wärme?! Da tut (nicht nur) der Ingenieur sich schwer ... Ein betont sachlicher Kommunikationsstil verhindert das Äußern von Wertschätzung. Dahinter steht häufig die Befürchtung „du magst mich nicht (sonst würdest du ja lächeln etc.), also mag ich dich auch nicht (und lächle ebenfalls nicht)“.

Echte Sympathie ist selten eine Einbahnstraße.

Den Leuten, von denen man glaubt, dass sie einen nicht mögen, geht man aus dem Weg. Man nimmt ihnen und sich reflexartig die Chance, sich näher kennen zu lernen. Dabei täte genau das gut. Das Verrückte: Je länger und intensiver man sich mit einem Menschen beschäftigt (wozu man im Fall eines Sympathiemangels leider keine Lust hat), desto sympathischer wird er einem in der Regel. Man entdeckt nämlich immer mehr Ähnlichkeiten. Und wie schon in Kapitel 5 zu lesen war: Ähnlichkeit schafft Sympathie, und Sympathie schafft Ähnlichkeit.

sozialpsychologisches Grundgesetz: Ähnlichkeit schafft Sympathie und umgekehrt

TIPP FÜR SIE

Suchen Sie bewusst nach Ähnlichkeiten zwischen sich und dem Menschen, der ein Verhalten zeigt, das Ihnen unsympathisch ist!

Gehen Sie mal bewusst – als geistige Herausforderung – auf die Suche nach Verhaltensweisen oder Ausdrucksformen (notfalls auch Eigenschaften oder Besitztümern), die Sie am anderen nicht völlig unsympathisch finden. Eventuell können Sie sogar klären, woher es kommt, dass Ihnen die Person unsympathisch ist.

Vielleicht erinnert sie Sie an Ihren alten Chemielehrer, der Sie immer gemobbt hat; oder an Ihre kleine Cousine, die immer schon Mamas Liebling war und bevorzugt behandelt wurde. Solche Erkenntnisse erleichtern es uns, anderen die Chance auf einen Neuanfang zu geben, denn sie stellen klar: Das war damals; heute hingegen kann ich versuchen, den Menschen erst einmal so anzunehmen, wie er ist. Das ist ein Ausdruck psychischer Reife!

Ausdruck psychischer Reife

Vielleicht können Sie ein kleines Experiment daraus machen. Testen Sie mal, was passiert, wenn Sie einem Menschen, der Ihnen unsympathisch ist, dreimal (!) mit Offenheit und Interesse begegnen. Sie probieren dreimal aus, was passiert, wenn ... (Sie denjenigen grüßen, Sie mit der Frau 3x gemeinsam zu Mittag essen etc.). Warum gleich dreimal? Weil der Mensch ein Gewohnheitstier ist und Ihr Gegenüber vielleicht erst einmal selber überrascht. Erst wenn Sie drei Misserfolge eingefahren haben, dürfen Sie weitermachen wie bisher. Sehen Sie es als kleine Herausforderung an Ihren Wertschätzungsanspruch ...

Jeder Mensch verdient mindestens drei Chancen!

den anderen als Herausforderung sehen – auch für den eigenen Wertschätzungsanspruch ...

Bevor Sie mit einem „schwierigen“ Menschen ins Gespräch gehen, sagen Sie innerlich „Willkommen“ zu demjenigen (natürlich auch gern laut, sofern es authentisch ist). Bei Menschen, die man nicht mag, fällt einem das schwer. Die Österreicher Worliczek und Zechmeister (2009; S. 139) empfehlen für solche Fälle: „Ich kann mir z.B. sagen: ‚Du bist jetzt für mich der Trainer. Du bereitest mir eine schwierige Situation, die mich als Persönlichkeit herausfordert. Durch Dich kann ich lernen, sicherer und stärker zu werden. Du forderst mich heraus, meine Zeile zu überdenken und meinen Standpunkt klar darzulegen‘.“

dem Großhirn eine Chance geben

Man soll also versuchen, den anderen bzw. sein Verhalten als Herausforderung zu betrachten (wichtig: nicht die Person nervt, sondern ihr Verhalten, ihr Aussehen, ihr irgendwas! erst diese Einstellung ermöglicht es, auch etwas Nicht-Nervendes zu entdecken). Das wissen wir aus der Stressforschung: Wenn man es schafft, eine Stresssituation als Herausforderung zu sehen, sinkt der Stresspegel. Die Erklärung dafür: Man hat den Eindruck, die Situation unter Kontrolle zu haben, weil man sich in dem Moment innerlich distanziert, was die Emotionen stoppt. Man schaltet neurobiologisch betracht um vom limbischen System aufs Großhirn: Das Denken kann beginnen. Dadurch fühlen wir uns souverän.

„Willkommen“ als Lebenseinstellung

„Willkommen“ als Lebenseinstellung – das ist vermutlich das Ideal, das wir alle anstreben. Im Grunde will jeder auch anderen seine Wertschätzung zeigen („eigentlich bin ich viel netter“) – aber es gibt eine Reihe Blockaden, die das verhindern: mangelnde Expressivität (neudeutsch: „Pokerface“), geringes Selbstwertgefühl, Protzerei des Gegenübers, Unterstellungen und Vorurteile, totale Unähnlichkeit mit uns selber, Anerkennungsgeheische, aggressives Auftreten und vieles mehr. Wenn Sie wirklich Ernst machen wollen mit der Wertschätzung in Ihrem Betrieb, sollte für Sie gelten:

Man muss Menschen mögen.

Allen Widrigkeiten zum Trotz! Menschen zu mögen, die uns mögen und uns das auch zeigen – das ist ja einfach! Schwieriger ist es, jemanden zu mögen, der keine Gefühle zeigt und von dem wir daher nicht wissen, ob er uns mag. Insofern kann man jedem Menschen eigentlich nur empfehlen: „Machen Sie's den anderen leicht, Sie zu mögen – lächeln Sie!“ Und setzen Sie auch Ihren persönlichen Ehrgeiz darein, unterkühle Zeitgenossen auftauen. Wenn Sie über jemanden denken „Da gefriert einem das Lächeln im Gesicht“, setzen Sie sich doch zum Ziel, genau diesem Menschen Ihrerseits innerhalb des nächsten Gesprächs ein Lächeln ins Gesicht zu zaubern.

Befriedigende Beziehungen sind nicht das Produkt eines zufälligen Zusammentreffens netter Leute, sondern das Resultat einer wertschätzenden Grundeinstellung, die Menschen veranlasst, anderen einen Wertschätzungsvorschuss zu geben.

befriedigende Beziehungen sind kein Zufall

6.3 „Bei dem Stress kann ich nicht auch noch rumloben!“ - Oder?

Viele Mitarbeiter, aber auch viele Führungskräfte reagieren anfangs genervt, wenn sie hören, dass sie im Dienste des besseren Betriebsklimas großzügig mit Anerkennung für einander umgehen sollten. Fast jeder findet, er hätte ohnehin schon genug zu tun. „Und jetzt soll ich mir auch noch Gedanken darüber machen, was der Piet gut kann?! Ich habe kaum genug Zeit, meinen eigenen Kram zu schaffen!“ Jetzt noch auf den Kollegen zu achten – das kommt vielen unangemessen vor. Dabei vergessen sie:

Wertschätzung macht wertvoll.

Der Team-Zusammenhalt wächst, man kann sich stärker aufeinander verlassen, und der Austausch untereinander kann einen auch selber ent-stressen – gerade in Hochleistungszeiten. Gerade wenn der Schreibtisch überquillt und man das Gefühl hat, selber kaum hinterherzukommen, tut es gut, wenn der Kollege das sieht und zum Beispiel äußert: „Ja, das ist im Moment eine krasse Zeit!“ Ein ganz simpler Ausdruck sozialer Unterstützung, der das Signal sendet: „ich sehe das, wie du dich hier reinhängst; du bist nicht allein, das geht uns allen so!“

Manche schieben den Stress aber auch nur als Argument vor. Die haben Stress, keine Frage, aber primär äußern sie Protest, wenn sie hören, dass sie Anerkennung schenken sollen, weil sie fürchten, sich der Lächerlichkeit preiszugeben (harte Kerle, Sie wissen schon – siehe Kapitel 1.3). Sie befürchten, als Schleimer dazustehen. Dabei übersehen sie, dass Wertschätzung für die Person ohnehin noch wichtiger ist als Lob für die Leistung. Und dass so ein Satz, der soziale Unterstützung ausdrückt, oder einfach das „danke!“ nur zwischen 1 bis 3 Sekunden in Anspruch nimmt. Anerkennung schenken – das muss nicht minutenlang dauern.

Anerkennung kann ganz schnell gehen

Und es gibt noch weitere Befürchtungen, die einen Abstand nehmen lassen. Selbst wenn das Lob nicht manipulieren soll, sondern auf einer wertschätzenden Haltung beruht, kann es beim anderen negativ ankommen – auch diese Erfahrung haben viele schon gemacht. Das gilt beispielsweise für Formulierungen wie „das Kleid macht dich gar nicht so dick“, „kann man essen“, „oh super, ganz toll, wie Sie hier den Kaffee kochen!“, „nehmt euch mal ein Beispiel an Hans“, „na bitte, geht doch!“, „ich hätte nie von Ihnen erwartet, dass Sie das so toll hinbekommen“ oder „Sie sind mein zuverlässigster Mitarbeiter“. Für solche Sätze gilt: So bitte nicht!

Negative Formulierungen („nicht so schlecht“) werden nicht als Lob wahrgenommen. Für Kleinigkeiten oder Tätigkeiten ohne Qualifikationsanspruch wollen Menschen nicht gelobt werden – ein Dank für den Einsatz wäre authentischer. Und wenn vorherige Misserfolge Bestandteil des Lobes sind, wird es auch nicht als solches wahrgenommen. Auch vor anderen mag man nicht gelobt werden („Chefs Liebling“), da droht gleich das soziale Abseits. Und schließlich kann man jemanden mit einem Lob auch ganz schön unter Druck setzen, sich fortan weiter so zu verhalten wie bislang. Solche Formulierungen sollte man daher besser vermeiden.

es gibt mehr Wörter als „gut“

Irgendwo habe ich gelesen (Quelle leider unbekannt): „Eskimos kennen über 100 Wörter für ‚weiß' und 40 für ‚Schnee' – wie viele kennen wir für Anerkennung? Eins! ‚gut'!“ Eigentlich finde ich es ein bisschen zu simpel, Ihnen hier ein paar Formulierungsvorschläge zu unterbreiten, die über den langweiligen nichtssagenden Klassiker „ham Se gut gemacht“ hinausgehen – aber da die Teilnehmenden in Seminarveranstaltungen sich häufig genau mit solchen Alternativformulierungen schwer tun und eben diese wie wild notiert haben, liste ich Ihnen hier doch ein paar auf ...

Beispiele für Formulierungen (aber nur wegen des Eskimo-Effekts ...):

- Gut, dass Sie da sind! Sie kommen gerade recht!
- Herzlichen Glückwunsch zum Geburtstag, Herr ... / Frau ...!
- Da merkt man den Profi ...
- Danke, dass Sie das so schnell erledigt haben!
- Du hast dich ganz schon da reingehängt, alle Achtung!
- Respekt vor Ihrer Zuverlässigkeit!
- Vielen Dank!
- Das Argument spricht für deine ...
- Sie sind ja schon lang im Geschäft: was ist Ihre Meinung zu ...?
- Das merkte man, dass dir das Projekt wirklich am Herzen lag.
- Es ist schön, Sie im Team zu haben! Sie können häufig gut ...
- Dank Ihrer Hilfe kann ich dem Kunden ...

6.4 Umgang mit Mimosen und Anerkennungssüchtigen

Wie man selbstwertschwache Menschen stärkt, konnten Sie schon oben in Kapitel 4.4 lesen. Fredmund Malik schreibt in der Malik-Kolumne 04/2005: „Es gibt allerdings auch andere Menschen; solche, die tatsächlich jeden Tag Lob brauchen, denen das Gespür dafür fehlt, ob sie Lob verdient haben oder nicht. Diese dürfen aber nicht der Maßstab für das Loben sein, sondern sie sind ein ernsthaftes Problem für jede Organisation (...) Im Grunde sind sie eine ständige personifizierte Forderung nach privilegierter Behandlung." Um diese Anerkennungssüchtigen geht es in diesem Kapitel sowie um den Umgang mit Menschen, die schnell beleidigt sind und einem ebenfalls viel psychische Energie abverlangen.

die rauben einem Energie

Branden (2010) empfiehlt Führungskräften, auch im eigenen Interesse das Selbstwertgefühl ihrer Mitarbeitenden zu stärken. Zu seinem 38-Punkte-Plan für Manager gehören unter anderem folgende Tipps:

- einen respektvollen Ton wahren im Umgang mit allen
- Chancen zum eigenverantwortlichen Handeln geben
- dem Mitarbeiter durch Fragen dabei helfen herauszufinden, warum seine Arbeit ihm so gut gelungen ist
- nach Interessenschwerpunkten fragen und den Mitarbeiter dementsprechend einsetzen
- den Mitarbeiter fragen, was er braucht, um seine Arbeit noch besser erledigen zu können.

All diese Punkte kann man – auch als Kollege – auch im Umgang mit Anerkennungssüchtigen anwenden. Bei all dem erledigt nämlich der Kollege die gedankliche Arbeit und nicht man selber. Und das muss letztlich das Ziel sein: dass der Anerkennungssüchtige lernt, sich selber die Anerkennung zu geben, ohne dass man selbst deshalb zu seinem Therapeuten wird.

Anerkennung braucht Emotion. Der folgende Ausschnitt aus dem Buch „Chef, Sie haben ein Super-Team!" kann das beleuchten (Matyssek, 2009, S. 13): „Corinna, das hast du gut gemacht!" sagt der Vorgesetzte zur Mitarbeiterin. Daraufhin sie aufgebracht: „Ja, Mensch, dann kannst du mich doch auch mal LOOOBEN!" Was ist hier schief gelaufen? Der Vorgesetzte hat doch gedacht, er habe sie mit eben jenem Satz gelobt. Offenbar ist seine Äußerung bei der Mitarbeiterin aber anders angekommen. Viele Führungskräfte sind der Meinung, dass sie eigentlich genug Anerkennung geben. Und wundern sich, dass Mitarbeiterinnen und Mitarbeiter (offenbar nimmersatt oder anerkennungssüchtig) klagen, es sei zu wenig.

Anerkennung positiv formulieren und ohne Pokerface

ohne Emotion kommt es nicht an

Ein Grund für diese Diskrepanz im Erleben liegt oft in der fehlenden Emotion. Ein „ja, das haben Sie nicht schlecht gemacht" mit Grabesstimme ist kein Lob. Für echte Anerkennung gilt: Bitte keine Verneinung und kein Pokerface! Sätze mit Verneinungen sind grundsätzlich schwach. Nehmen Sie ein Beispiel aus dem Privatleben: „Es stimmt nicht, dass ich dich nicht liebe" oder „Das ist doch selbstverständlich, dass ich dich liebe" – diese Aussage wird wohl kaum für Lächeln oder mehr sorgen. Fazit: Wertschätzung unbedingt emotional äußern und positiv formulieren!

Hinding, Spanowski und Kastner (2010) beschreiben ein Mehr-Ebenen-Modell der Wertschätzungsquellen, das ihrer Meinung nach auch für Stolz gilt: Man kann stolz sein auf die eigenen Leistungen oder die des Teams oder die des Unternehmens, und man kann stolz darauf sein, in einem bestimmten Team oder einer bestimmten Organisation tätig zu sein. Schließlich kann man auch stolz darauf sein, wie der eigene Beruf oder das Unternehmen von der Gesellschaft bewertet werden. Übrigens: Fürchten Sie nicht, der andere könnte „zu groß" werden. Das Selbstwertgefühl der allermeisten Menschen kann so eine Streicheleinheit einfach gut brauchen, ohne dass es in Überheblichkeit ausarten würde.

Kollegen dürfen und sollen stolz sein

Die Autoren sind der Meinung (S. 190): „Wertschätzung wirkt sich positiv auf den Selbstwert und die psychische Gesundheit aus und kann Stolz auslösen oder verstärken". Stolz steigert die Leistungsbereitschaft und erhöht die Anwesenheit. Er ist so lange prosozial, wie er leistungsbezogen ist („das habe ich gut gemacht"). Personbezogener Stolz („ich bin toll") kann hingegen auch mit Feindseligkeit und Konkurrenzdenken assoziiert sein. Leistungsbezogener Stolz fördert die Selbstwirksamkeit und die Selbstachtung. Man muss den Kollegen helfen, stolz auf sich zu sein.

Wenn jemand Sie erwartungsvoll anschaut, können Sie auch fragen: „Sie warten jetzt auf anerkennenden Äußerungen von mir?" Aufs Nicken können Sie das Lob an den Kollegen selber delegieren: „Wie sind Sie denn selber zufrieden?" Wieder geht es darum, dass er sich letzten Endes die Anerkennung selbst gibt und nicht Sie die psychische Arbeit leisten. Und wenn alles nichts hilft, können Sie (vielleicht anfangs scherzhaft?) darauf hinweisen, dass Sie für jeden Kollegen nur ein begrenztes Quentchen Zeit zur Verfügung haben – und er habe sein Wochenbudget nun schon aufgebraucht ...

In einem CallCenter haben einmal Kollegen ein Schild gemalt, das bei der Nachfrage der anerkennungssüchtigen Kollegin hochgehalten wurde: „Du bist super!" Angeblich hat's gewirkt. Möglich war das, weil die Kollegen der Frau tatsächlich wohl gesonnen waren und den Spruch durchaus Ernst meinten – nur durch ihre ständige Rückversicherungswut waren sie genervt. Die Frau selber wiederum besaß ein gewisses Maß an innerer Souveränität und konnte gut über sich selbst lachen. Es verlangt etwas Feingefühl zu erkennen, ob der Kollege oder die Kollegin auch so entspannt damit umgehen könnte und ob diese Maßnahme passt. Bei Menschen, die sich schon bei winzigen Kleinigkeiten gekränkt fühlen („Mimosen"), ist eher Vorsicht angesagt. Über sich selber lachen fällt den meisten schwer.

Der Umgang mit Mimosen kann das Teamklima aber ebenfalls stark belasten. Manch einer reagiert genervt, wenn er nach Jahren der behutsamen Behandlung noch immer den Eindruck hat, dass seine Kollegin bei jeder Gelegenheit beleidigt ist. Anfangs bemüht man sich vielleicht noch darum, die Person mit Samthandschuhen anzufassen, aber irgendwann lässt der Eifer nach – wenn man nämlich das Gefühl hat, dass die Person sich in der Rolle der Gekränkten zu sehr gefällt, um sie ablegen zu können. Hier gilt wie im Umgang mit psychisch beeinträchtigten Personen oder Sonderlingen aller Art:

Verstehen geht vor Einflussnahme.

Mitleid aktiviert Wertschätzungsressourcen

Vielleicht können Sie sich ausmalen, wie die Person so geworden ist. Das lässt vielleicht Ihre Empathie wachsen. Wenn Sie den Mut haben, sprechen Sie den Menschen doch darauf an („ich habe den Eindruck, du nimmst dir die Worte vom Chef / von Christa sehr zu Herzen – fühlst du dich beleidigt?"). Vielleicht erzählt er Ihnen seine Geschichte oder lässt Sie wenigstens in das hineinschauen, was im Moment in ihm vorgeht. Und vielleicht gelingt es Ihnen, dann Mitleid zu empfinden. Mitleid aktiviert oft weitere Wertschätzungsressourcen.

Wir-Gefühl statt Extrawürstchen

Bitte nie vergessen: Sie sind nicht der Therapeut. Sie können nicht wettmachen, was in fünf Jahrzehnten verbockt wurde. Wer weiß, was im Leben dieser Person in der Vergangenheit alles schief gelaufen ist: Sie werden diesen Menschen nicht heilen können. Das ist nicht Ihre Aufgabe und entspricht in der Regel auch nicht Ihrer Kompetenz. Ihr Job als Kollege besteht darin, demjenigen zu signalisieren, dass er ein gleichberechtigtes Mitglied eines Teams ist (mit Extrawürsten für alle oder für keinen), in dem es lauter Individuen gibt, die aber alle am selben Strang ziehen, wenn sie sich für dieselbe Firma einsetzen. Über den Appell ans Wir-Gefühl kann man es manchmal schaffen, die Mimosen und andere „schwierige" Kollegen letztlich doch ins Boot zu holen.

6.5 Wie Sie in schwierigen Situationen wertschätzend bleiben

Situationen erscheinen uns immer dann „schwierig“, wenn wir fürchten, dass unsere eigenen Bedürfnisse zu kurz kommen („ich selber werde hier nicht gesehen, und ich bin selber im Stress“). Wenn wir uns hingegen emotional satt und selbstwertmäßig stark fühlen, wächst auch unser Verständnis für Menschen mit aggressivem Verhalten oder Selbstbewusstseinsnöten.

- Wichtigster Tipp für Konflikte, an denen Sie beteiligt sind: Bewahren Sie Ruhe. Das geht nur durch kurzen Rückzug (wenigstens mental). Atmen Sie kurz durch!
- Besser wäre zusätzlich ein räumlicher bzw. zeitlicher Abstand. Aus der Distanz heraus ist die Gefahr geringer, dass man sich von Emotionen mitreißen lässt. Man behält einen kühlen Kopf.
- Fragen Sie sich: Was sind meine Bedürfnisse, welche sind nicht befriedigt, so dass ich gekränkt oder aufgebracht reagiere? Was täte mir gut in dieser Situation?
- Versetzen Sie sich ins Gegenüber hinein: Wozu (nicht: warum) macht der das? Was sind seine Bedürfnisse dabei? Wie kann man / er / ich die auf andere Weise befriedigen?
- Auch wenn's keinen Spaß macht: Nur über Verständnis, also Sich-in-den-anderen-Hineinversetzen lassen sich Konflikte lösen. Betrachten Sie's als gedankliches Experiment.
- Falls Ihnen das mit der Wertschätzung in dem Moment zu schwer fällt: Versuchen Sie, Mitleid zu empfinden (mental, nicht in Worten) für Ihren Gesprächspartner. Schon löst die Wut sich auf. Das gilt zum Beispiel im Umgang mit Anerkennungssüchtigen.
- Stehen Sie offen zu Ihren Emotionen. Dass Offenheit in Wahrheit souverän ist, kapieren auch diejenigen, die sich laut darüber lustig machen (da müssen Sie durch).
- Lassen Sie sich nicht durch ein aufgesetztes Pokerface Ihres Gegenübers verunsichern. Das ist „Pseudo“: Im anderen geht genauso die Post ab wie in Ihnen.
- Versuchen Sie, „schwierige“ Menschen näher kennen zu lernen. So geben Sie sich und ihnen die Chance, einander sympathischer zu werden.
- Falls es in Ihrem Team Zoff gibt: Nicht Partei ergreifen, aber eindeutige Erwartungen an alle formulieren.

Die Kern-Empfehlung dieses Kapitels lautet: Achten Sie darauf, wie es Ihnen geht und was Ihre Bedürfnisse sind – und dann achten Sie auf die Ihres Gegenübers.

7 Die Führungskraft im Fokus

7 Die Führungskraft im Fokus

7.1 Warum Führungskräfte eine besondere Rolle spielen

Führungskräfte und ihr Umgang mit einander sind Vorbild

Warum stehen die Führungskräfte beim Thema Wertschätzung besonders im Fokus? Weil sie in besonderem Maße die Beziehungskultur in Unternehmen gestalten. Wichtig ist neben der Vorbildfunktion und gesundheitsgerechter Mitarbeiterführung auch der Umgang der Führungskräfte unter einander: „Ohne einen respektvollen, auf gegenseitiger Wertschätzung fußenden Umgang der Führungskräfte untereinander wird jeder Ansatz zur Verbesserung der Gesundheitssituation in Unternehmen in seiner Wirkung eingeschränkt bleiben“ (Kromm & Frank, 2009, S. 49).

Eine besondere Rolle kommt Führungskräften auch im Betrieblichen Gesundheitsmanagement zu: Die beste Maßnahme ist zum Scheitern verurteilt, wenn Mitarbeitende das Gefühl haben, die Geschäftsleitung interessiere sich nur für ihre Arbeitsfähigkeit, nicht aber für den Menschen im Mitarbeiter. Kromm und Frank (2009, S. 19) schreiben dazu: „Werden solche Aktivitäten sogar als Alibi benutzt, um bei bestehenden schlechten Gesundheitskennzahlen vordergründig eine Mitarbeiterorientierung zu demonstrieren, wird das Ganze schnell zum Bumerang. Fehlen Transparenz und Fairness, empfinden Mitarbeiter solche Angebote sogar als zynisch und werden sie auch nicht annehmen.“

Führungskräfte = Kulturbeauftragte

Hinze schreibt in seinem Buch „Führungsprinzip Achtsamkeit“ (2001, S. 22): „Führungskräfte sind Kulturbeauftragte.“ Er sieht Vorgesetzte vor die Aufgabe gestellt, „Wertentwicklung“ zu betreiben. Wenn sich Gespräche zwischen Führungskraft und Mitarbeitenden überwiegend um Defizite, Fehler und Schwächen der Mitarbeiter und des Unternehmens drehen, ist man rasch bei gegenseitigen Vorwurfstiraden. Das ist nicht nur destruktiv und selten zielführend – es ist auch für alle beteiligten Personen unbefriedigend und macht schlechte Laune.

Führungskräfte bestimmen mit über das Befinden der Mitarbeitenden und über deren Engagement. Anerkennung spielt dabei eine wichtige Rolle. Es wird viel Potenzial vergeudet, wenn man vergisst, die Ressourcen in den Vordergrund zu stellen. Die Unternehmensberatung Towers Perrin ermittelte 2005 an über 80.000 Arbeitnehmern: Der motivierendste Faktor ist das Interesse der Vorgesetzten an ihren Mitarbeitern.

Eine Untersuchung der Beratungsgesellschaft ServiceValue aus Köln an 2.000 Angestellten ergab: Jeder dritte erhält kein Lob von Vorgesetzten. Lob wurde lediglich eingesetzt, um unangenehme Zusatzaufgaben verteilen zu können. Die Branchen, in denen Führungskräfte zu wenig Anerkennung gaben – Verkehrswesen und Industrie – hatten auch die größte Abnahme an Mitarbeiterengagement zu verzeichnen (Pressemeldung vom 17.03.2011, abrufbar unter www.servicevalue.de).

Anerkennung und Mitarbeiterengagement hängen eng zusammen

Mitarbeiterengagement ist aber unverzichtbar für wirtschaftlichen Erfolg, wie eine Untersuchung der Bertelsmann AG zeigt: „Die 25 Bertelsmann-Firmen, die die höchste Mitarbeiteridentifikation aufweisen, zählen gleichzeitig zu den 25 wirtschaftlich Erfolgreichsten mit der höchsten Umsatzrendite. Die 25 Firmen mit dem niedrigsten Identifikationsgrad bilden auch gleichzeitig die Gruppe der 25 am wenigsten erfolgreichen Firmen“ (Bertelsmann-Stiftung und BKK: Enterprise for Health – „Psychosoziale Gesundheit und Führung“; abrufbar unter www.enterprise-for-health.org).

Neben der extrinsischen und der intrinsischen Motivation gibt es die soziale Motivation: Menschen machen viel anderen Menschen zuliebe. Diese Variante der Motivation können Führungskräfte beeinflussen. Sie ist immer dann besonders wichtig, wenn die Tätigkeit selbst wenig Raum für Selbstentfaltung bietet. Bei langweiligen Routineaufgaben kann die gute Beziehung zu Kollegen und zum Vorgesetzten der einzige Motivator sein, der Menschen morgens ins Werk treibt. Natürlich sollte eine gute Führungskraft darauf achten, dass die Arbeitsinhalte möglichst attraktiv sind. Aber faktisch stößt sie dabei oft an Grenzen.

soziale Motivation: wichtig vor allem bei langweiligen Jobs

Es lässt sich einfach nicht jeder Arbeitsplatz attraktiv gestalten. Und nicht jeder Mitarbeiter kommt intrinsisch motiviert zur Arbeit. Dann zählt die zwischenmenschliche Ebene umso mehr.

Viele Mitarbeitende erleben sich als Verschiebemasse angesichts befristeter Arbeitsverträge, wiederholter Umstrukturierungen oder Personalabbau (vornehm ausgedrückt „Personalanpassungsmaßnahmen“). Sie fühlen sich in Zeiten der Zahlen-Daten-Fakten-Fokussierung zum Kostenfaktor degradiert – dabei sind sie es, die die Leistung für diese Zahlen, Daten und Fakten liefern müssen.

den Spagat schaffen, gerade in Umstrukturierungen

Vieles läuft auf organisatorischer Ebene schief, was die Führungskraft auf der Mensch-zu-Mensch-Ebene auffangen muss. So soll sie beispielsweise einigen Mitarbeitenden vermitteln „wir brauchen dich", während sie zugleich andere Menschen in die Arbeitslosigkeit entlassen muss und diesen damit signalisiert „wir brauchen dich nicht mehr". So ein Spagat verlangt jeder Führungskraft viel ab; sie will schließlich auch morgen noch in den Spiegel schauen können.

Den Spagat schafft sie nur, indem sie zunächst in jedem Mitarbeiter den Menschen sieht, und erst im zweiten Schritt den Leistungserbringer. Die Trennung von dem Mitarbeiter fällt dann allerdings noch schwerer, als wenn man in ihm nur die Arbeitskraft sieht. Persönliche Betroffenheit und Anteilnahme sind der Preis, den eine wertschätzende Führungskraft zahlt. Das Führungsverhalten ist laut Johani Ilmarinen der beste Prädiktor für die Arbeitsfähigkeit älterer Beschäftigter zwischen 51 und 62 Jahren.

die Führungskraft als Identitätsstifte, auch bei virtueller Führung

Die Bestätigung, ein wichtiger Mensch zu sein, kann man sich immer nur teilweise selbst geben – ein anderer Teil muss von außen kommen, zum Beispiel von der Führungskraft. Erst im Dialog mit einem Gegenüber klären wir unsere Identität. Identität gibt es nie ohne andere, sondern stets nur in Relation zu diesen; und sei es – im Falle von Eremiten – Gott. Die Führungskraft als Person, mit der der Mensch den Großteil seiner Wachzeit verbringt, fungiert also obendrein quasi als Identitätsstifter. Das gilt auch für den Fall, dass Vorgesetzte und Mitarbeitende sich nur sehr selten live sehen, weil sie räumlich getrennt arbeiten.

In den Gedanken der Mitarbeitenden ist die Führungskraft immer anwesend, auch wenn sie in Australien arbeitet.

Die Gedanken kreisen (auch) um die Fragen: „mag der mich?", „ist das gut, was ich hier mache?" und „gefällt dem das?". Die meisten Menschen warten erst einmal ab, ob ihnen das Gegenüber wertschätzend begegnet, ehe sie selbst sich wertschätzend öffnen. Für die Führungsbeziehung sollte aber gelten: Die Führungskraft gibt einen Vorschuss. Sie macht den ersten Schritt. Selbstreflektierte Führungskräfte wissen, dass sie bei der Erreichung ihrer eigenen Ziele von den Mitarbeitern abhängig sind. Daher lohnt sich ein Wertschätzungsvorschuss – ohne jetzt einer Instrumentalisierung den Weg ebnen zu wollen – auch für die Führungskraft.

Notwendigkeit von Wertschätzungsvorschuss

Wertschätzung sollte nicht das Ergebnis einer Entwicklung sein („er hat einen guten Job gemacht, also kann ich ihn von nun an wertschätzen"), sondern sie sollte als Vorschuss gewährt werden, genau wie Reinhard Sprenger es für Vertrauen fordert (Sprenger,

2007). Der Wertschätzungsvorschuss äußert sich in Einstellungen wie „ich unterstelle ihm, dass er hier einen guten Job machen will, und nun ist es meine Aufgabe, dass er sich dabei optimal einbringen kann".

Wer sich nicht wertgeschätzt fühlt, revanchiert sich (siehe unten: Kränkungs-Rache-Dynamik) durch fehlende Überstundenbereitschaft, Dienst nach Vorschrift, rein körperliche Anwesenheit. Susanne Reinker schreibt in „Rache am Chef" (2007, S. 36): „Menschen brauchen Anerkennung. In der Kindererziehung ist diese Erkenntnis fast ein Allgemeinplatz; weit weniger bekannt ist, dass er auch für Mitarbeiter gilt. Wer ständig kritisiert wird, bei dem sinken Selbstbewusstsein und Leistungsfähigkeit in den Keller. Fast noch schlimmer wirkt es sich aus, wenn es weder Lob gibt noch Kritik, sondern schlicht und ergreifend gar kein Feedback."

TIPP FÜR SIE

Ihr wichtigster Mitarbeiter /Kollege ist der,
an den Sie heute noch nicht gedacht haben.

die beste Strategie zur Mitarbeiterbindung

Das beste Retention-Programm, gerade in Zeiten des demographischen Wandels, sind nicht Prämien oder aufregende Events als Belohnung für tolle Vertriebsergebnisse, sondern warme Worte schon VOR der Kündigung. Wann hören Menschen, dass sie einen guten Job gemacht haben und dass man gern mit ihnen zusammen gearbeitet hat? Häufig erst dann, wenn sie bereits gekündigt haben. Und dann ist es zu spät. Viele äußern auf ihrer Abschiedsfeier leise zu Kollegen: „Hätte er das mal früher schon gesagt, dann hätte ich auch nicht gekündigt."

Prämien sind kein Ersatz

Manche glauben, mit Prämien könnten sie ihre Defizite in Sachen Wertschätzung kaschieren oder kompensieren. Martin Wehrle meint dazu (2005, S. 213): „Wer Spaß an seiner Arbeit hat, dem muss man nicht achtmal am Tag auf die Schulter klopfen (obgleich ein gelegentliches Lob sicher ein Ansporn sein kann). Der braucht keine Motivationsspritzen. Der will nur, dass seine Leistung erkannt und anerkannt wird." Jede zusätzliche Gabe suggeriert: Du bist nicht motiviert, du musst erst motiviert werden, ansonsten leistest du nicht genug. Dass Prämien intrinsische Motivation wirkungsvoll untergraben, hat Sprenger (2010) ausführlich dargelegt.

Geld ist kein Garant für eine gute Unternehmenskultur.

Es ist auch kein Allheilmittel, mit dem sich Missachtung und Wertschätzungsdefizite kompensieren ließen. Man kann sich nicht freikaufen von der Befriedigung grundlegender Mitarbeiterbedürfnisse. Geld ist auch kein Bindemittel – krasse Unterbezahlung einmal ausgenommen: Wenn ein branchenübliches Gehalt gezahlt wird, ist der Kündigungsgrund eines Mitarbeiters vermutlich im Unternehmen zu suchen. Die Frage „Wie viel wollen Sie?“ läuft daher ins Leere.

Interesse am Menschen versus Stillhalte-Gehalt

Sinnvoller und angemessener wäre – etwa wenn ein Mitarbeiter kündigen möchte – die Frage: „Was wollen Sie?“ (statt „wie viel wollen Sie?“ oder Beleidigt-Sein). Ein Stillhalte-Gehalt erfüllt seine Funktion nur vorübergehend. Langfristig zählt die Unternehmenskultur mehr. Mitarbeitende als interne Berater zu betrachten – das wirkt auf Beschäftigte motivierender als jede Prämie. Die Leute merken, dass die Führungskraft sich für sie und ihre Einschätzung interessiert. Das sorgt für ein Gefühl von Zufriedenheit, Aufgehobensein und Sinnhaftigkeit.

Nachholbedarf bei der Fehlerkultur

Auch die Fehlerkultur wird maßgeblich durch die Führungskraft gestaltet. Natürlich wünscht sich jeder Arbeitgeber fehlerfreies Arbeiten. Fakt ist aber, dass menschliches Handeln grundsätzlich fehlerbehaftet sein kann. „Es irrt der Mensch, solang er lebt“, so ein altes Sprichwort. Also stellt sich die Frage, wie eine Führungskraft auf Fehler reagiert. Manche Mitarbeiter fürchten, schon nach einem einmaligen Fehler ihren Arbeitsplatz zu verlieren. Diese Furcht verunsichert. Verunsicherung führt zu Verspannung. Die raubt Energie und erhöht die Fehlerwahrscheinlichkeit. Sie nützt niemandem. Mitarbeitende brauchen die Sicherheit, dass sie nach einem Fehler nicht vor anderen bloß gestellt werden.

Wer als Mensch nicht überzeugt, überzeugt gar nicht.

Nicht wenige Menschen im Betrieb meinen: „Mein Ego ist mein Heiligstes, also verstecke ich meine Fehler“ – schöner wär's, wenn man Anerkennung ernten würde, sobald man sich mit einem Fehler outet. Wenn man behandelt würde wie jemand, der gerade einen Verbesserungsvorschlag macht. Für Führungskräfte empfiehlt sich die Einstellung: „Wenn ich Fehler eingestehe, fassen sie Vertrauen zu mir, und wir lernen alle daraus.“ Zu einer guten Fehlerkultur trägt die Führungskraft auch bei, wenn sie gut mit Kritik umgehen kann. In der Praxis zeigt sich: So etwas ist selten.

Martin Wehrle (2005, S. 27) meint: „Chefs machen aus ihrem Herzen keine Mördergrube – Mitarbeiter wohl.“ Und (S. 45): „Wenn der Mitarbeiter einen Vorschlag macht, was in der Firma besser laufen könnte, wertet der Chef das vor allem als Kritik am Bestehenden (also an ihm!) – während der Mitarbeiter seine Idee als Anregung für Zukünftiges verstanden wissen will." Die Empfehlung an Personalverantwortliche lautet daher: Bewahren Sie sich offene Ohren für Kritik. Die meisten Führungskräfte machen zu, sobald sie Kritik hören. Aber auch wenn gejammert oder gemotzt wird, ist häufig etwas dran an dem, was die Leute sagen. Zumindest scheint sie ja irgendwo der Schuh zu drücken.

Den Beziehungsaspekt der Führungsaufgabe kann man „psychotoxisch" gestalten – also so, dass er krank macht – oder eben salutogen, sprich gesundheitsförderlich. Die SHAPE-Studie (Kromm & Frank, 2009, S. 47; SHAPE steht für „Studie mit hoch ambitionierten Persönlichkeiten") ergab, dass „bereits eine minimale ‚Gabe' von Wertschätzung und Achtung" zu einer deutlichen Verbesserung der Gesundheit führt. Die Autoren bezeichnen Wertschätzung als „wichtigsten Hebel zur Gesundheitsförderung von und durch Manager" (S. 48).

Wertschätzung macht gesünder

Nur wer sich wertgeschätzt fühlt,
kann sein volles Potenzial abrufen und entfalten.

Laut der SHAPE-Studie erlaubt die Antwort auf das Item „Obwohl ich mein Bestes gebe, wird meine Arbeit nicht gewürdigt" eine aussagekräftige Prognose über die Gesundheit des Antwortenden. Der Soziologe Siegrist würde sagen, wer dieses Item bejaht, leidet unter einer Gratifikationskrise, die unter anderem mit erhöhten Risiken fürs Herzkreislaufsystem assoziiert ist. Der psychologische Arbeitsvertrag ist aus Sicht der Betroffenen nicht erfüllt.

Die Mitarbeitenden bringen schon Erfahrungen aus früheren Führungsbeziehungen mit. Und wenn diese primär von Angst geprägt waren, reagiert das Gehirn dieser Menschen beim Anblick der jetzigen Führungskraft ebenfalls mit dem Signal „Alarm". Die Folge: Das Großhirn schaltet ab, und aktiviert werden stattdessen die archaischen Reaktionsmuster Angriff, Totstellen und Flucht. Die Leute fragen sich hinterher selber, warum sie mit rotem Kopf dummes Zeug reden oder aggressiv reagiert haben.

Alarm
=
das Großhirn schaltet ab

Bei Angst, Stress und Anspannung feuern die Spiegelneurone weniger stark – mit der Folge, dass die Fähigkeit zum Einfühlen ins Gegenüber eingeschränkt ist. Wichtig ist, dass die negativen Emotionen nicht unterdrückt werden, denn dadurch wird Beruhigung verhindert. Chronischer Stress ist die Folge, der zu Schlafstörungen, erhöhtem Cholesterin, Kopfschmerzen und Bluthochdruck führen kann (Worliczek & Zechmeister, 2009). Dieses Schema muss erst verändert werden hin zum Großhirn-Regiment, das sagt „erst denken dann handeln; hör' dir erst an, was er von dir will".

simpelster Tipp: Zeit nehmen!

Hierzu sind viele positive Erfahrungen mit der aktuellen Führungskraft erforderlich – beispielsweise anerkennende oder bestätigende Worte, die den Stresspegel reduzieren. Das erfordert Zeit, die die Führungskraft sich nehmen muss. Genau daran mangelt es aber häufig, vor allem zu Beginn einer Arbeitsbeziehung, wo sie besonders vonnöten wäre. Mitarbeitende wissen es sehr zu schätzen, wenn die Führungskraft sich Zeit für ein Gespräch nimmt. Die ist kostbar und als solche schon eine große Anerkennung, die in ihrer Wirkung oft unterschätzt wird.

Zeit ist das knappste Gut der Führungskraft.

Was das Spenden anerkennender Worte angeht, höre ich von vielen Führungskräften Befürchtungen, wie: „wenn ich den lobe, dann will der mehr Geld; legt der die Hände in den Schoß; fühlen sich alle anderen ungleich behandelt; grinst der doch bloß". Lauter Ursachen für Anerkennungsgeiz. Manche sagen auch entrüstet: „Ich bin doch nicht der Papa! Jetzt soll ich den Leuten auch noch die Seele streicheln für etwas, wofür die ohnehin bezahlt werden?!" Ich würde antworten: grundsätzlich ja ...

Schließlich hätte die Führungskraft ja auch etwas davon (ohne dass dies ein Plädoyer für die Instrumentalisierung von Anerkennung verstanden werden darf): freigesetzte Energiereserven, mehr Einsatzbereitschaft, weniger Reibungsverluste, mehr Innovation, mehr echte Anwesenheit, größere Loyalität und besseres Klima. Aber bei dieser eher abwertenden Haltung würde ich raten: besser nicht! Die Anerkennung wäre rein taktischer Natur, nicht echt.

den Anerkennungshaushalt checken

Ein Grund für die abwertende Haltung und für generellen Anerkennungsgeiz liegt darin, dass die Führungskraft ihrerseits das Gefühl hat, zu kurz zu kommen. Ihr Bedürfnis nach Wertschätzung sieht sie nicht befriedigt. Und nach dem Motto „wer hungrig ist, verschenkt kein Brot" will sie auch die Bedürfnisse anderer nicht stillen. Um den Mitarbeitenden mit dem erforderlichen Wertschätzungsvorschuss zu begegnen, sollte jede Führungskraft zunächst einmal checken, wie es um ihren eigenen Anerkennungshaushalt bestellt ist und ob sie sich selbst genug wertschätzt (vgl. Kap. 4).

Eine Führungskraft, die sich wertschätzt, tut sich leichter mit der Mitarbeiterführung als jemand mit geringer Selbstwertschätzung, der umso anfälliger für Kränkungen ist. Manchmal ist ein „Nachreifen" möglich. Eine reife Persönlichkeit zeichnet sich dadurch aus, dass sie zu Selbstreflexion in der Lage ist, auf ihre Lebensbalance achtet, Einfühlungsvermögen hat, Fehlattributionen („das macht der nur, um mich zu ärgern") vermeidet, Kritik annehmen kann und Verallgemeinerungen („alle sind faul") vermeidet.

7.2 Das Versager-Syndrom und die Kränkungs-Rache-Dynamik

Die Franzosen Manzoni und Barsoux (2003) haben ein Buch geschrieben mit dem Titel „Das Versager-Syndrom. Wie Chefs ihre Mitarbeiter ausbremsen und wie es besser geht". Die Kernthese des Buches lautet: Wenn eine Führungskraft an ihr Team denkt, denkt sie im Grunde an zwei Teams: Das Drinnen- und das Draußen-Team (In-Group und Out-Group). Je nach dem, welcher Gruppe ein Mitarbeiter angehört, wird er von der Führungskraft auf eine bestimmte Weise bewertet und behandelt.

2 Teams in jedem Team: In-Group und Out-Group

Die Führungskraft denkt über die Leute, die dem Drinnen-Team angehören: „Die sind super, auf die kann ich mich verlassen, die machen alles in guter Qualität, sind immer da, sind selbständig, denen kann ich vertrauen, denen kann ich auch entsprechende Aufgaben übertragen. Bei denen sieht man, was für eine Führungskraft ich eigentlich bin. Die mögen mich, die mag ich auch." Und über die im Draußen-Team: „Die muss ich kontrollieren, die machen oft blau, da muss man dahinter stehen, die sind sonst faul. Die mag ich nicht."

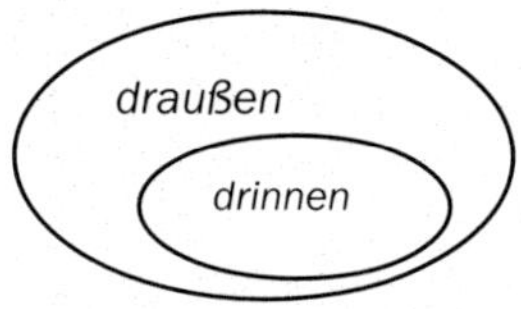

Spannend ist: Was denken die Mitarbeitenden? Die drinnen denken: „Wir haben Glück mit unserer Führungskraft, die traut uns was zu, wir können uns entfalten, die hat keinen Kontrollzwang, die lässt uns machen, wir haben einen Super-Chef; den mögen wir!" Die im Draußen-Team denken: „Das ist ein Kleinkrämer; nichts darf man machen, ohne kontrolliert zu werden; ständig ist er auf der Fehlersuche, das macht keinen Spaß; den mag ich nicht!"

Daraus ergeben sich ganz schnell Kreisläufe: Jemand aus dem Draußen-Team zieht sich zurück; er weiß ja, er wird eh kontrolliert. Die Führungskraft denkt: „Der zieht sich zurück, den muss ich kontrollieren! Wie, der zieht sich noch mehr zurück? Den muss ich ...!" Sie kennen das vielleicht auch selber: Engmaschige Kontrollen lassen Menschen mit Rückzug reagieren. Das trägt nicht zur Selbstentfaltung bei. Noch mehr Kontrolle führt zu noch mehr Rückzug. Man geht sich aus dem Weg, auch körperlich: Beide Seiten wahren einen größeren Abstand als gegenüber anderen.

Falls Sie Führungskraft sind, testen Sie mal, ob das bei Ihnen auch so ist. Malen Sie mal zwei Kreise ineinander und notieren Sie in den Kreisen die Namen der Mitarbeitenden, die zu Ihrem Drinnen- und die zu Ihrem Draußen-Team gehören. Und dann überlegen Sie: Welche Konsequenzen hat die Gruppenzugehörigkeit auf Ihre Kontrollfrequenz oder das Übertragen wichtiger Aufgaben? Mit wem lachen Sie öfter? Mit wem reden Sie mehr? Mit wem reden Sie lieber? Bei wem fühlen Sie sich im Gesprächskontakt wohler?

Zu diesem Thema gibt es übrigens auch einen Podcast. Sie finden ihn unter www.gesund-führen-podcast.de (ja, tatsächlich mit „ü").

Sie wollen das Versager-Syndrom vermeiden? Wichtig ist, den Menschen im Draußen-Team (mehrere! mindestens drei!) Chancen zu geben, nach drinnen zu kommen – eben indem Sie Ihnen etwas zutrauen und einen Vertrauensvorschuss gewähren. Gelinggarantien kann es dabei nicht geben. Natürlich kann es sein, dass Ihr Vertrauen mehrfach enttäuscht wird. Aber wenn Sie es nicht ausprobieren, bleibt vielleicht viel Potenzial der Mitarbeitenden im Draußen-Team unentdeckt.

sind Sie im Draußen-Team?

Und angenommen, Sie selber befinden sich im Draußen-Team und würden gern ins Drinnen-Team wechseln? Die Wahrscheinlichkeit, dass Sie das wollen, ist umso größer, je kürzer Sie dabei sind. Nach ein paar Monaten im falschen Team finden Sie Ihre Führungskraft vermutlich fürchterlich, mögen sie nicht mehr und tendieren zu Rückzugsverhalten. Und das Bild, das ihre Führungskraft von Ihnen hat, ist genauso festgefahren. Aber angenommen, Sie sind noch ganz frisch dabei.

Dann lauten die Empfehlungen wie folgt: Versuchen Sie zunächst, statt mit Resignation zu reagieren, Ihren Job so gut wie möglich zu machen. Melden Sie sich für unangenehme Aufgaben. Zeigen Sie, dass Sie sich ins Zeug legen. Versuchen Sie, an Ihrer Führungskraft positive Seiten zu entdecken. Wenn es Ihnen nicht anbiedernd vorkommt: Suchen Sie den Kontakt zu Kollegen aus der Drinnen-Gruppe. Sprechen Sie positiv über Vorschläge von Leuten aus der Drinnen-Gruppe. Kontrolle ist ja grundsätzlich „normal"!

Und wenn Sie merken, es ändert sich nichts, sollten Sie das Gespräch unter vier Augen suchen. Die Autoren empfehlen dazu folgende Formulierungen (S. 200): „Für Sie ebenso wie für mich ist klar, dass meine Leistungen nicht Ihren Erwartungen entsprechen. Offen gesagt, ich bin damit auch nicht zufrieden. Ich komme am Morgen bestimmt nicht mit der Absicht zur Arbeit, Sie zu verärgern oder meinen Job schlecht zu erledigen. Ich möchte daher mit Ihnen ein Gespräch führen, um herauszufinden, was ich tun kann, um meine Leistungen zu steigern und vielleicht auch unsere Beziehung zu verbessern, damit dieses Unbehagen verschwindet und wir wieder besser zusammenarbeiten können."

In dem Gespräch können Sie auch Ihre Enttäuschung über das geringe Vertrauen, dass Ihre Führungskraft Ihnen entgegenbringt, äußern. Das kostet sehr viel Mut, keine Frage. Aber es bringt Sie in die Rolle des aktiv Agierenden – und diese Rolle ist sehr gut fürs Selbstwertgefühl. Und wenn die Alternative darin besteht, sich monate- oder jahrelang am Arbeitsplatz nicht richtig wahrgenommen zu fühlen (bzw. „ins falsche Team gesteckt"), dann dürfte dies den Preis allemal wert sein.

Viele Menschen, die andere entwerten, leiden im Grunde an einem Mangel an Selbstwertschätzung (auch wenn's anders aussieht!). Und wenn man nun diesen Menschen das gibt, was sie brauchen, kann es sein, dass sie sich verändern. Wenn jemand eine positive Resonanz spürt, wenn er sich wahrgenommen und geachtet fühlt, hat das Folgen und setzt Kräfte zur Veränderung frei. So wie jede entwertende Haltung und Verhaltensweise weiter wirkt, wirkt auch jeder Akt von Wertschätzung weiter. Und weiter. Und noch weiter. Genau die gleiche Dynamik – nur eben in negative Richtung – kennen wir alle von Kränkungs-Rache-Spiralen:

Resonanz spüren setzt Kräfte frei

Wenn ich mich beleidigt fühle, sage ich mir „na warte!" und schlage zurück. Ich denke beispielsweise „Den lasse ich den Hof kehren oder die Ablage machen, bis er schwarz wird". Und der andere fühlt sich beleidigt und rächt sich und so weiter. Warum rüsten beide Seiten so auf, bis sie schließlich gar nicht mehr miteinander reden können? Weil man sich entweder in seiner Rolle und Funktion als Führungskraft oder aber als Mensch angegriffen fühlt und nun glaubt, sein Selbstwertgefühl verteidigen zu können, indem man den anderen klein macht. Sinnvoll ist, gerade bei Kränkungen zu fragen: Wozu (nicht „warum", vgl. Kapitel 6.1) macht der das? Man sollte dem anderen zumindest zunächst immer die beste Absicht unterstellen und sich klar machen: der tut das nicht primär gegen mich, sondern primär für sich.

Sehr schnell entwickeln sich Draußen-Gruppen-Zugehörigkeiten in Abhängigkeit von Fehlzeiten und von Leistungsvermögen. Durch leistungsschwächere Mitarbeitende fühlt die Führungskraft sich bedroht. Die Leute gefährden ja die Zielerreichung des Vorgesetzten. Er merkt, dass er sich eigentlich lieber anders verhielte, nämlich so wie gegenüber den Leistungsstärkeren. Mein Tipp: Genau das sollte er versuchen. Die Leute so zu behandeln wie die Leistungsträger. Getreu dem oben schon erwähnten Goethe-Zitat: Wer die Menschen behandelt wie sie sind, macht sie schlechter; wer sie aber behandelt wie sie sein könnten, macht sie besser.

Gehen Sie davon aus: Der, den Sie gut finden, der findet auch Sie gut. Und umgekehrt. Die Haltung manifestiert sich im Verhalten. Versuchen Sie als Mitarbeiter, wenn Sie sich „draußen" fühlen, Ihrer Führungskraft so zu begegnen, als würde sie sie mögen. Und versuchen Sie als Führungskraft, ausnahmsweise entgegen Ihrer Haltung zu handeln, indem Sie einen Vertrauensvorschuss geben, der sich auf der Verhaltensebene niederschlägt, beispielsweise durch das Übertragen wichtiger Aufgaben. Viele Leute können überhaupt nur dann eine gute Leistung abliefern, wenn sie sich wertgeschätzt fühlen. Die Wertschätzung ist für sie Betriebsflüssigkeit und Doping zugleich.

Wertschätzung = Doping

Übermäßige (!) Kontrolle hingegen untergräbt Selbstvertrauen.

Lieblinge behandeln wie alle anderen!

Für alle Führungskräfte unter den Lesern sollte gelten: Bitte behandeln Sie Ihre Lieblinge nicht anders als die anderen, sondern möglichst jeden individuell und andernfalls alle gleich (zweitbeste Lösung). Geißler et al. (2003) empfehlen Führungskräften die japanische Methode für vorurteilsfreie Kommunikation. Sie beinhaltet, sich vor einem Mitarbeitergespräch mit folgenden Fragen auseinander zu setzen, um wertschätzend ins Gespräch zu gehen: „Was habe ich dem Mitarbeiter Gutes getan? Was habe ich ihm Negatives angetan? Was hat der Mitarbeiter mir Gutes getan?" Die Frage, was der Mitarbeiter der Führungskraft Negatives angetan hat, lässt man bewusst weg. Ich halte das für einen guten Ansatz.

Erforderlich ist ein bedingungsloser Wertschätzungsvorschuss insbesondere, wenn ein neuer Mitarbeiter ins Team kommt, dem nicht der beste Ruf vorauseilt. Man sollte sich sagen: „Er ist ein wichtiger Mensch, und er wird einen wichtigen Beitrag fürs Team leisten". Es geht darum, dass dieser Mensch im neuen Team wirklich bei Null neu anfangen darf – das sollte man auch den anderen im Team so kommunizieren, vor allem wenn diese schon vorab lästernde Bemerkungen fallen lassen. Vermutlich stimmte in der Vergangenheit einfach die Passung nicht: die zwischen dem Mitarbeiter und seiner Führungskraft oder dem Team oder der Tätigkeit.

„Blaumacher mag ich nicht: die mögen mich nicht"

Die zweite große Ursache für Draußen-Gruppen-Zugehörigkeit liegt in der Praxis in häufigen Fehlzeiten: Wer oft fehlt, ist selten „drin" – es sei denn, die Führungskraft kennt ihn schon von früher. Kürzlich sagte eine Führungskraft im Seminar: „Wieso soll ich dem, der oft fehlt, denn mit Wertschätzung begegnen?! Dann würde ich den doch noch belohnen!" Der Mann hat nicht verstanden, worum es bei Wertschätzung geht. Er instrumentalisiert sie. Entsprechend unserer Definition aus Kapitel 1 lässt sich Wertschätzung grundsätzlich nicht instrumentalisieren. Sie ist nie Mittel zum Zweck (unabhängig davon, dass sie viele wünschenswerte Effekte hat).

Wertschätzung hat keinen Belohnungscharakter.

Wenn der oben erwähnte Vorgesetzte sich schwer tut, Wertschätzung für den häufig fehlenden Mitarbeiter zu empfinden, lässt sich als Ursache vermuten: Er selbst fühlt sich von diesem Mitarbeiter nicht wertgeschätzt. Für ihn stellt die Abwesenheit des Mitarbeiters eine Kränkung dar. Vielleicht fühlt er sich sogar in seiner Rolle angegriffen. Wertschätzung sollte zweckfrei sein. Ihr einziger Zweck sollte darin liegen, dem anderen zu größtmöglicher Entfaltung zu verhelfen. Es ist fraglich, ob dieser Zweck beispielsweise erreicht werden kann, wenn der Betrieb Krankenrückkehrgespräche für verbindlich erklärt oder gar ein Unterlassen sanktioniert.

Ulich und Wülser (2009) berichten über eine Studie, derzufolge Krankenrückkehrgespräche als solche weder per se eine krankmachende noch eine gesundmachende Wirkung haben. Vielmehr scheint die Wirkung davon abzuhängen, ob das Gespräch vom Mitarbeitenden als Belastung oder als Unterstützung empfunden wird. Das Fazit: Wenn in einem Unternehmen Kultur, Klima und Führung gesundheitsförderlich sind, kann auf die systematische Einführung von Krankenrückkehrgesprächen verzichtet werden.

(fehlender) Wert von Krankenrückkehrgesprächen

Wenn man Menschen per Betriebsvereinbarung zwingen muss, miteinander zu reden, dann läuft etwas schief. Gerade kürzlich hörte ich von einer leitenden Führungskraft, dass sie es in die Zielvereinbarungen ihrer untergebenen Führungskräfte aufgenommen hatte, dass diese tatsächlich Krankenrückkehrgespräche führten. Sie hatten dies durch Vorlage schriftlicher Gesprächsnotizen zu belegen und erhielten in Abhängigkeit von der Zielerreichung entsprechende Tantiemen. Da packt man sich doch an den Kopf, oder? Angenommen, im Team dieser Führungskräfte gab es gar keine Krankheitsfälle im Beobachtungszeitraum, was ist dann?!

Fehlzeitengespräche wird es immer geben. Aber oft gilt auch hier: „Den Fehlzeitengesprächen fehlt jedes wohlbefindensförderliche Potenzial, wenn es nicht überhaupt gegenteilige Wirkung auf die Unternehmenskultur (Stichwort: Misstrauenskultur) und die Betroffenen hat. Auch die Führungskräfte selbst verlieren an diesen vorwiegend problemorientierten Mitarbeitergesprächen ihre Freude“ (Gruber & Frevel, 2010, S. 14). Es ist defizitorientiert. Der Fokus aufs Positive fehlt. Wo soll da die Wertschätzung herkommen, die dazu führt, dass Anwesenheit erstrebenswert ist?! Das Motto für Willkommensgespräche auch nach Erkrankung sollte eigentlich lauten: Rücken stärken statt Schwächen suchen. Eben wertschätzend führen, aber ohne dass Wertschätzung Mittel zum Zweck ist.

Rücken stärken statt Schwächen suchen

Warum heißt eigentlich das Buch nicht „Führen durch Wertschätzung“? Oder schicker: „Leading by Appreciation“? Sie ahnen es schon: Weil sie nicht Mittel zum Zweck sein sollte. Eine Instrumentalisierung, also ein bewusster Einsatz, um mehr Motivation und besseres Commitment zu erzielen, würde der Grundthese widersprechen, die da lautet: „Wertschätzung ist eine Haltung.“ Eine Haltung kann nützliche Effekte haben, aber sie ist nie Instrument. Noch einmal: Wertschätzung ist nicht zweckgebunden. Sie ist nicht umso größer, je größer der Wert des Menschen für das Unternehmen oder für die Führungskraft ist. Normalerweise mögen Vorgesetzte diejenigen lieber, die einen guten Job machen und damit für ihr Team wertvoll sind. Das ist aber etwas anderes als die Wertschätzung, die die Führungskraft jedem einzelnen Mitarbeiter entgegenbringen sollte, unabhängig von seinem Leistungsvermögen.

7.3 Besprechungen positiv gestalten

Meetings rauben Energie

Abgesehen davon, dass viele Menschen finden, die Zahl ihrer Meetings könnte man problemlos dezimieren: Die meisten Besprechungen ersticken Energie. Sie laugen aus und verschlechtern die Stimmung. In der Regel wird nämlich nur aufs Negative geschaut: was warum wieder mal schief gelaufen ist, und welche Idioten schon zum tausendsten Mal nicht geliefert haben, und welche Flasche im Vorstand welchen Müll von sich gegeben hat. Und falls doch einmal etwas Positives passiert sein sollte, heißt es: „Da kannste echt nicht meckern“ – ja, wieso will man das denn?! Wo soll da Energie herkommen? Beflügelt verlässt man den Besprechungsraum nach einem solchen Meeting ganz sicher nicht.

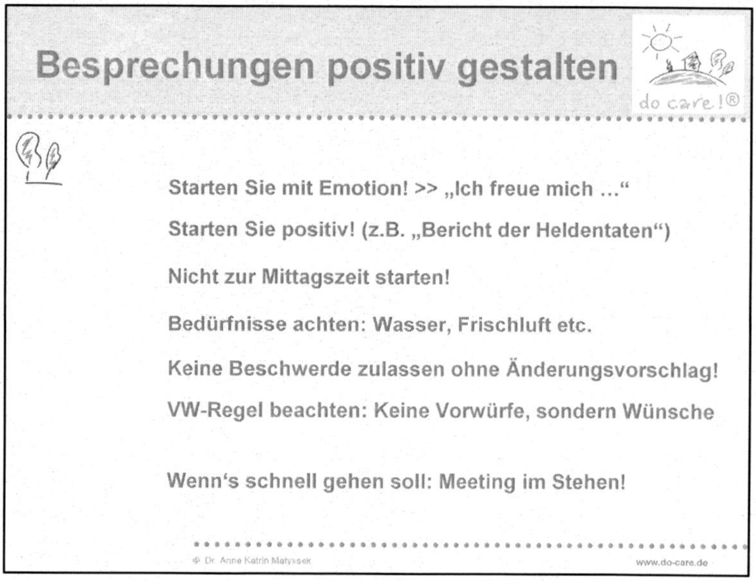

Abbildung 19: Besprechungen positiv gestalten.

jede 4. Besprechung positiv gestalten!

Probieren Sie doch mal aus, eine von vier Teamsitzungen ausnahmslos positiv zu gestalten. Negative Kritik ist nur indirekt erlaubt in Form von Wünschen oder Verbesserungsvorschlägen. Mitarbeitende, die jammern, klagen oder Ideen miesmachen wollen, werden an das Negativ-Verbot für diese Sitzung erinnert. Versuchen Sie, es als Experiment und vielleicht sogar scherzhaft zu verkaufen. Vielleicht möchte auch jemand die Rolle des Positiv-Wächters übernehmen und andere durch das Heben einer gelben Smiley-Karte auf ihren Regelverstoß hinweisen. Oder wem doch ein Jammer-Ausdruck über die Lippen kommt, der muss ein Stück aus seinem vorher verteilten Schokoladen-Vorrat abgeben.

Grundsätzlich sollte man in jedes Meeting mit einem positiven Programmpunkt starten. Einige Teams haben unter TOP1 standardmäßig stehen: „Bericht der Heldentaten". Damit ist gemeint, dass man sich wie in Form eines Rituals am Anfang austauscht über Dinge, die gut (für Anfänger: „nicht völlig schlecht") gelaufen sind. Die Stimmung verbessert sich, die Kreativität wächst, der Kopf wird freier, das Wohlbefinden größer.

Fragen für Meetings, um den Blick aufs Positive zu lenken:

- „Was hat in der letzten Woche gut geklappt?"
- „Was läuft gut?" (Zusammenarbeit, Prozesse, Kantine, Betriebssport)
- „Wer hat sich über etwas gefreut?"
- „Was könnte noch verstärkt werden?"
- „Wer kann über eine/n andere/n etwas Positives berichten?"

Meckerdiät

Manche Teams haben auch das sogenannte Meckerfasten eingeführt: bewusster Verzicht auf negative Äußerungen. Für Anfängergruppen empfiehlt es sich, zusätzliche Subgruppen von Äußerungen einzurichten, also zum Beispiel die Regel zu erlassen „in dieser Woche nichts Schlechtes über die Kantine sagen", „in der nächsten Woche nichts Negatives über die Leute vom Vertrieb" etc. Schöner wäre natürlich – statt auf Negativ-Fokussierungen zu verzichten – Positiv-Fokussierungen zu intensivieren.

Um andere mitzureißen und ansteckende Vitalität zu versprühen, muss man bei der eigenen Stimmung beginnen. Das weiß auch Peter Cohrs, geschäftsführender Gesellschafter des Modehauses C.J. Schmidt in Husum als Chef von 350 Mitarbeitern. In der Zeitschrift impulse verriet er (März 2011, S. 78) einen Trick. Er ist der Meinung, dass man seine Tagesstimmung selber wählen kann – manch einer wird sich erinnert fühlen an die „Fish!"-Motivationsbücher aus den 90ern, in denen einer der Leitsätze hieß „Wähle deine Einstellung". Im Haus von Herrn Cohrs kann man das ganz bewusst am Morgen tun.

Murmeln als Symbole

Cohrs weiß, dass Menschen nicht an jedem Tag gleich gut drauf sind. Er hat darum im Treppenhaus und in den Verkaufsabteilungen Gläser mit roten und grünen Murmeln aufgestellt. Jeder Beschäftigte kann sich morgens eine Murmel nehmen und in die Hosentasche stecken, bevor er in den Verkauf geht. Grün steht für: „das wird ein guter Tag". Rot steht für: „heute bin ich nicht so gut drauf und muss auf mich aufpassen". Kontrolliert wird das natürlich nicht. Aber nonverbal kann man so auf unkomplizierte Weise seinen Kollegen klar machen „heute bitte mit Samthandschuhen anfassen". Und sich selber macht man damit klar: Ich kann Einfluss nehmen auf meine Stimmung.

7.4 Ans Beste glauben: Wie man wertschätzend führt

Wertschätzend Führen – das bedeutet weder wesentlich viel Mehrarbeit oder Zeitaufwand, noch ist es ein Geheimnis. Voraussetzung sind lediglich eine menschenfreundliche wertschätzende Haltung sowie die Bereitschaft zur Reflexion des Führungsverhaltens und Lust auf neue Erfahrungen. Gruber und Frevel (2010, S. 12) bezeichnen Führungskräfte auch als „Co-Produzenten von Wohlbefinden". Dieser Aufgabe werden sie gerecht, indem sie ihren Mitarbeitenden zum Beispiel das Signal geben: „Mir ist wichtig, dass es Ihnen hier so gut geht wie möglich! Sie verbringen hier immerhin acht Stunden am Tag an fünf Tagen in der Woche!"

Führungskräfte = Co-Produzenten von Wohlbefinden

Das gilt auch für den Umgang mit den angeblichen Minderleistern. Die wenigsten sogenannten Low Performer sind wirklich hoffnungslose Fälle. In der Regel ist eher die falsche Person am falschen Ort. Die Passung stimmt nicht. Vielleicht braucht der Mensch eine Schulung, eine Job-Rotation, eine andere Abteilung, andere Arbeitszeiten. Manchmal wirkt schon die Frage „was brauchst du, um dich hier wohler zu fühlen?" Wunder! Der Mensch fühlt sich gesehen und Ernst genommen. Er weiß auch, dass seine Führungskraft nicht einfach den Traumarbeitsplatz herbeischnipsen kann. Aber die Frage danach überrascht und freut die meisten.

Vielen Führungskräften käme so eine Frage trotzdem nicht über die Lippen. Im Gegenteil ernte ich in Seminaren bei diesem Vorschlag oft Empörung: „Den soll ich auch noch wertschätzen?! Der macht mir doch das Leben schwer! Mit so einer Frage belohne ich den noch für seine Faulheit!" Eine Führungskraft, die so argumentiert, betrachtet ihre Aufmerksamkeit als Belohnung für gute Leistungen. In dem Moment instrumentalisiert sie diese Form der Anerkennung.

bedingungslose Wertschätzung, nicht: bedingte

Echte Wertschätzung hingegen basiert auf der These „du bist gut, weil du bist" statt „du bist gut, weil du tust". Die bedingungslose Wertschätzung der Person ohne Ansehen ihrer Leistungen stellt ohne Zweifel hohe Anforderungen an die psychische Reife der Führungskraft; aber wenn man im Betrieb etwas in diese Richtung bewegen möchte, sollte man wissen, was das Ideal wäre – auch wenn die wenigsten von uns dem je gerecht werden können. Das Ideal wäre: Den Menschen als solchen sehen und schätzen; und erst im zweiten Schritt den Leistungserbringer. Zum dritten (und letzten ...) Mal in diesem Buch lautet eine Grundempfehlung zur guten Führung: Man muss Menschen mögen.

Man muss Menschen mögen.

Hilfreich ist die Unterscheidung zwischen transaktionaler und transformationaler Führung (klingt ein bisschen meschugge, aber der Ansatz ist sinnvoll; er stammt von Bass und Avolio, 1997). Beim transaktionalen Führungskonzept, dem ein instrumentelles Menschenbild – homo oeconomicus –zugrunde liegt, versteht man die Führungskraft als Organisatorin der Rahmenbedingungen, die lobt und tadelt, während der Mitarbeiter dann am selben Strang ziehen wird, wenn er seine persönlichen Ziele dadurch erreicht sieht. Beide sind also nur auf ihren Vorteil bedacht.

Demgegenüber liegt dem transformationalen Führungskonzept – wie diesem Buch – ein humanistisch geprägtes Menschenbild zugrunde, demzufolge jeder Mensch nach Selbstentfaltung strebt. Jeder Mensch hat ein Interesse an wertschätzenden sozialen Beziehungen und möchte ein wertvolles Mitglied sozialer Gruppen sein, weil diese ihm „positive selbstrelevante Informationen" rückmelden, die er zur Aufrechterhaltung seines positiven Selbstbildes braucht (Streicher & Frey, 2010, S. 130).

transformationale Führung
=
dem Mitarbeiter zur Entfaltung verhelfen

Bei diesem Führungsstil inspiriert die Führungskraft die Mitarbeitenden durch ihr Charisma. Sie soll auf die emotionalen Bedürfnisse der einzelnen Mitarbeiter eingehen, das Individuum wertschätzen und intellektuell anregen. In der Praxis bedeutet dies, dass die Führungskraft Handlungsspielräume gewährt und Selbstverantwortung ermöglicht. Wie die Autoren schildern, gibt es mittlerweile mehrere Studien, die belegen, dass transformationale Führung einen signifikant größeren Beitrag zum Unternehmenserfolg leistet als transaktionale Führung.

„Einbezogen-Werden ist wichtiger als ständig zu hören ‚Sie sind wichtig'; Taten zählen mehr als Worte" sagte kürzlich ein Seminarteilnehmer. Dass darüber hinaus auch anerkennende Worte gut tun können, bejahte er, meinte jedoch, dass Worte ohne Taten nicht wirklich Ausdruck von Wertschätzung wären und zu der Reaktion Anlass gäben „da hat wieder einer was auf einem Seminar gelernt". Sprich: Das Verhalten wäre künstlich, weil die Haltung nicht stimmt. Wie aber entwickelt man als Führungskraft eine wertschätzende Haltung?

bin ich wichtig?
– Taten zählen mehr als Worte

Fragen zur Entwicklung einer wertschätzenden Haltung:

- Was bin ich ohne mein Team?
- Woran merken meine Leute, dass sie mir wichtig sind?
- Wo liegen wessen Stärken?
- Was wäre, wenn sich meine Mitarbeitenden gegen mich verschwören würden? (worst case scenario)

Pflegen Sie Ihre positive Erwartungshaltung. Der Rosenthal-Effekt besagt, dass damit die Wahrscheinlichkeit steigt, dass sich Ihr Mitarbeiter genau in die von Ihnen gewünschte Richtung verbessern wird!

keine Mitarbeitenden – keine Führungskraft

Man muss sich klar machen, dass man ohne seine Mitarbeitenden keine Führungskraft wäre. Und falls die Mitarbeitenden keine Lust haben, bei dieser Führungskraft mitzuarbeiten – dann war's das mit der Führungsaufgabe, dann fehlt nämlich genau die Führungskraft (i.S. von „Kraft zum Führen"). Man sollte aus sich eine Führungskraft machen, für die die Leute gern arbeiten. Dazu gehört, dass man die Person wertschätzt. Mitarbeitende stellen ständig (nonverbal, zum Teil auch unbewusst) die Frage: „Bin ich wichtig für dich?" Und sie wollen eine positive Antwort (nonverbal oder verbal) hören. Dazu gehören auch anerkennende Worte.

auch den Einsatz anerkennen

Wofür soll man denn Anerkennung geben: Fürs „Bemühen" oder für den Erfolg einer Leistung? Wenn es im Arbeitszeugnis heißt „er war stets bemüht", ist das gleichzusetzen mit „er hat nichts auf die Reihe bekommen", kommt also einer Abwertung gleich. Meines Erachtens sollte Dank für den Einsatz selbstverständlich geäußert werden, auch wenn das Bemühen nicht von Erfolg gekrönt war. Auch in der Kindererziehung gehen die Empfehlungen ja mittlerweile in die Richtung, das Engagement des Kindes zu würdigen („du hast dein Bestes gegeben"). Nach Misserfolgen in einer Casting-Show oder in einem Fußball-Spiel kann man diesen Satz inzwischen schon nicht mehr hören, er ist zur Floskel verkommen, dient aber nach wie vor dem Schutz vor Abwertung.

Wo mit Zielvereinbarungen und Beurteilungen geführt wird oder Prämien ausgelobt werden für besondere Leistungen, da entsteht bei den Mitarbeitenden der Eindruck, dass sie nur dann Beachtung erhalten, wenn sie bewundernswürdige Taten erbringen; dass das „Normale" zu wenig ist und sie dafür keine Aufmerksamkeit erfahren; und dass sie als Person nicht zählen. Dass sie also stets schneller, höher, weiter springen müssten. Das kränkt. Im Folgenden werden mehrere Facetten wertschätzender Führung beleuchtet. Die Grundempfehlung dabei lautet: Machen Sie Ihre Leute stärker!

TIPP FÜR SIE

Stärken Sie das Selbstwertgefühl Ihrer Mitarbeitenden.

Anerkennung schenken. Natürlich gehört das Äußern anerkennender Worte zur wertschätzenden Führung dazu – sofern sie nicht als Mittel zum Zweck missbraucht werden. Es geht weniger um Belohnung durch Lob als darum, die Freude am Gelingen zu teilen. LOB – die Abkürzung steht nicht nur für Leistungsorientierte Bezahlung, was man an sich schon ironisch finden kann; ein Mitarbeiter einer öffentlichen Verwaltung meinte neulich: „LOB, das heißt bei meinem Chef ‚Labern ohne Bedeutung'!" Offenbar empfand er die Anerkennungsversuche seiner Führungskraft manipulativ. Reinhard Sprenger (2010) weist darauf hin, dass Lob in den meisten Unternehmen manipulativ gehandhabt wird, weshalb man sich nach einem Lob eher schlechter, bedrückter fühlt als besser. Er beschreibt Selbstachtung als die wahre Quelle der Motivation (S. 262). Da hat er sicher Recht. Nur: Selbstachtung erwächst genau aus dem Kontakt mit anderen. Zur Frage, ob Lob klein oder groß macht, konnten Sie schon in Kapitel 1.2 einige Ausführungen lesen. So oder so wäre auch ein Reinhard Sprenger enttäuscht, wenn nach einem seiner Vorträge niemand applaudieren würde. Menschen brauchen Anerkennung, wenigstens im Sinne von Bestätigung. Sie fühlen sich dann sicherer und werden - lerntheoretisch betrachtet – ihr bisheriges Verhalten beibehalten.

wenigstens Bestätigung geben

Wer nicht sagt, was ihm gefällt, läuft Gefahr,
dass es bald anders wird.

„Ihre Mitarbeiter sind darauf angewiesen, von Ihnen höchstpersönlich gelobt zu werden (...) Es ist wissenschaftlich erwiesen, dass Mitarbeiter viel stärker auf das Lob ihres direkten Vorgesetzten reagieren als auf das eines Vorstands, den sie mit viel Glück vielleicht zwei oder drei Mal im Monat sehen" (Gostick u. Elton, 2006, S. 33). Die Autoren sind typische Amerikaner; sie vertreten in ihrem Buch „Führen mit Möhren" einen krass manipulativen Einsatz von Anerkennung, aber ein paar ihrer Vorschläge fand ich trotzdem ganz nett als gedankliche Anregungen – sofern man sie mit einer wertschätzenden Grundhaltung verknüpft und nicht als Mittel zum Zweck betrachtet. Sie empfehlen zum Beispiel: dem Lebenspartner des Mitarbeiters einen Lobesbrief schicken, freiwillig die unbeliebteste Aufgabe des Mitarbeiters übernehmen, dem Mitarbeiter zu Ehren eine Pause für die ganze Abteilung einberufen, Standing Ovations oder Ständchen bringen mit „We are the Champions" oder „You light up my life", das Auto des Mitarbeiters waschen, ihm Opernkarten schenken, ihn eine Woche auf dem eigenen Parkplatz parken lassen, Geschenkgutschein für den Baumarkt oder Golfstunden überreichen. – Die Punkte passen nicht unbedingt zu unserer Kultur bzw. unseren Firmenkulturen, aber vielleicht können Sie ja trotzdem etwas damit anfangen.

amerikanische Varianten

Interesse zeigen. In der morgendlichen Begrüßungsrunde sehen Sie, was los ist. Wer Gesprächsbedarf hat. Wer vielleicht nur zu 50% belastbar ist. Und wenn jemand erkältet ist, freut er sich vielleicht, wenn Sie ihm eine Tasse Tee an den Schreibtisch bringen – falls das zu Ihnen passt. Alle Tipps in diesem Buch sollten Sie darauf hin überprüfen, ob das Verhalten zu Ihnen passt oder Sie Lust hätten, etwas Neues zu probieren (was ruhig ein bisschen Herzklopfen bedeuten darf); und wenn Sie etwas für unpassend halten, dann lassen Sie es einfach. Das Wichtigste ist, dass Sie nicht unauthentisch daherkommen und sich auch selbst „echt" fühlen, wenn Sie mit Mitarbeitenden ins Gespräch gehen oder anders zeigen, dass er Ihnen wichtig ist. Interesse zeigen, das bedeutet auch, Mitarbeiter mit Namen anzusprechen. In der Frankfurter Allgemeinen Zeitung war am 29.01.2009 zu lesen: „Kühe mit Namen geben mehr Milch." Die Kühe der 516 Milchbauern gaben im Durchschnitt 258 Liter mehr Milch als die Kühe ohne Namen. Studienleiterin Catherine Douglas kommentierte das so: „Genauso wie Menschen stärker auf persönlichen Kontakt reagieren, fühlen sich auch Kühe wohler und entspannter, wenn man ihnen ein bisschen mehr Aufmerksamkeit schenkt." Wenn das kein Beweis ist ... Zum psychologischen Arbeitsvertrag gehört auch – und der Trend wird zunehmen – dass der Beschäftigte vom Arbeitgeber erwartet, dass dieser Rücksicht nimmt auf körperliche oder psychische Einschränkungen. Im Grunde ist kein Mensch an 200 Arbeitstagen pro Jahr zu 100 Prozent leistungsfähig. Die meisten von uns können es lediglich gut kaschieren, wenn es uns mal nicht so gut geht. Fredmund Malik empfiehlt, mindestens einmal jährlich eine „Sitzung ohne Tagesordnung". Führungskraft und Mitarbeiter gehen ins Gespräch, etwa zu der Frage, was der Mitarbeiter am Unternehmen besonders schätzt, wo er Veränderungsbedarf sieht etc.

mit Namen ansprechen

Menschen wollen gesehen werden, nicht überwacht.

Ausdruck von Interesse und Fürsorglichkeit ist auch das Willkommensgespräch. Das bedeutet: Nach jeder Abwesenheit (Urlaub, Fortbildung, Krankheit) mit jedem Beschäftigten (nicht nur mit den Lieblingen, nicht nur mit den Blaumacher-Kandidaten) ein Gespräch führen, etwa in der Form: „Schön, dass Sie wieder da sind! Das und das ist in der Zwischenzeit passiert ...". Und bei Krankheit als Ausfallgrund würde man zusätzlich fragen: „Hatte es etwas mit der Arbeit zu tun?" und „Ist noch Schonung nötig?" Als kleine Erinnerungshilfe für die Westentasche oder den Blaumann gibt es die hier abgedruckte CareCard (im Original bei 30 Grad waschbar, Bezugsquelle: www.mehr-wohlbefinden-im-job.de).

Willkommensgespräche führen!

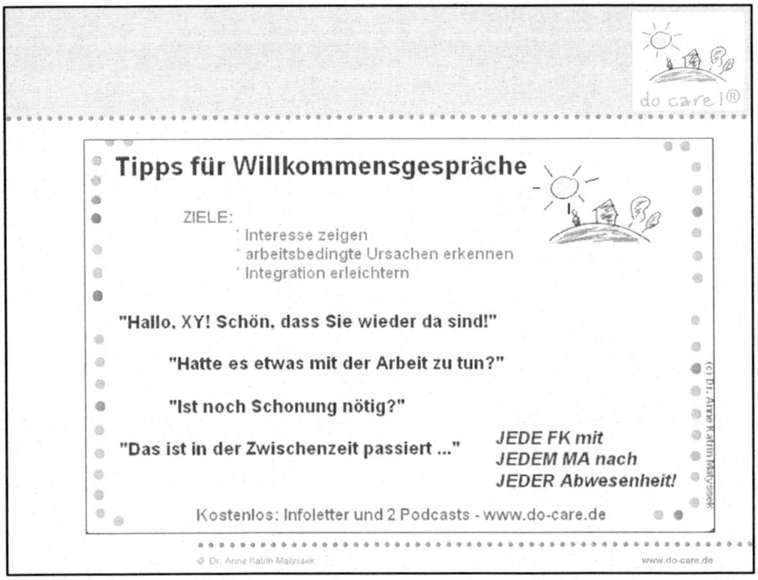

Abbildung 20: Tipps für Willkommensgespräche

kein Anrecht auf die Diagnose

Für den Umgang mit Häufig-Fehlenden (vgl. dazu auch Kapitel 6.2) sollte gelten (Matyssek, 2010e: „Gesund Führen", S. 35): „Und haben Sie im Hinterkopf, dass man aus den verschiedensten Gründen dem Arbeitsplatz fernbleiben kann. Menschen fehlen z.B. häufig, wenn es eh niemandem aufzufallen scheint, ob sie da sind oder nicht; die Arbeit überlastend/-fordernd ist; sie keine Anerkennung erfahren (Lob, Dank, Zuspruch); sie tatsächlich an Kurzerkrankungen leiden, die sie arbeitsunfähig machen, über die sie aber nicht sprechen möchten. Letzteres kommt häufiger vor, als Sie glauben, z.B. Frauenleiden oder Hodenkrebs. Sowas behält man für sich. Ein Anrecht auf die Nennung der Diagnose haben Sie als Führungskraft ja eh nicht – bitte seien Sie auch nicht beleidigt, wenn ein Mitarbeiter diese mal für sich behält." Und noch ein Zitat aus dem Buch „Gesund führen" (S. 38): „Die 98% der anwesenden Mitarbeiter haben es verdient, dass die Führungskraft 98% ihrer Energie in sie steckt – und nicht in das Magengeschwür, das sich entwickelt aus Ärger über die 2% abwesenden Mitarbeiter". Einer Führungskraft, die Ernst macht mit dem Blick aufs Positive, wird das sowieso nicht passieren ... Willkommensgespräche nach Urlaub oder Kurzerkrankungen nehmen weit weniger Zeit in Anspruch, als viele befürchten. Auch falls es in Ihrem Betrieb noch kein Betriebliches Eingliederungsmanagement (BEM) geben sollte: Bei längerer Erkrankung muss man sich natürlich mehr Zeit nehmen. Man sollte Freude über die Rückkehr äußern, Interesse an seinem Wohlbefinden zeigen, den Mitarbeiter Ernst nehmen.

die Anwesenden hegen und pflegen

den Psychologischen Arbeitsvertrag berücksichtigen

Versprechen einhalten. Mitarbeitende bringen etliche – auch unausgesprochene – Erwartungen mit an den Arbeitsplatz, beispielsweise hinsichtlich Fortbildungen, Tätigkeitsinhalten, zugestandener Kompetenzen, Beförderungen, Gehaltserhöhungen, aber eben auch verbale Formen der Anerkennung etc. Sie erwarten vom Unternehmen und letztlich von der Führungskraft, dass diese Erwartungen erfüllt werden. Geißler (2009) zeigt auf, wie sich ein Bruch dieses sogenannten Psychologischen Arbeitsvertrags auswirkt: Der Mitarbeiter fühlt sich dem Unternehmen nicht mehr verpflichtet oder glaubt gar, sich rächen zum müssen im Sinne ausgleichender Gerechtigkeit. Viele gehen auch in innere Kündigung. Brinkmann und Stapf (2005, S. 37) konnten als Ursache beobachten: „Die Befragten gaben unter anderem an, dass sie eine Position ausfüllen, die ihnen nicht liegt, dass es seitens ihres oder ihrer Vorgesetzten an Anerkennung und Lob für gute Arbeit mangelt, die Führungskraft sich nicht für sie als Mensch interessiert, es niemanden im Unternehmen gibt, der die persönliche Entwicklung fördert, sowie die persönliche Meinung und das persönliche Urteil kaum ins Gewicht fallen."

‚Willkommen' als (Selbst-)Führungs- und Lebensprinzip

Willkommen heißen. Händeschütteln wirkt aggressionsreduzierend. Es mindert Widerstände und hemmt verbale Attacken. Das zeigt ein Projekt an einer norwegischen Schule, an der es in der Vergangenheit zu zahlreichen aggressiven Handlungen gekommen war. Die Lehrer beschlossen, jeden Schüler morgens per Handschlag und namentlicher Anrede zu begrüßen – und schon war Gewalt an dieser Schule kein Thema mehr. Worliczek und Zechmeister (2009, S. 143) plädieren dafür „Willkommen" zum Lebensprinzip zu erklären: „'Willkommen' ist nicht bloß ein neuer Trick (...), um ein paar Schwierigkeiten besser zu bewältigen. Das authentische ‚Willkommen' in seinen vielfältigen Formen ist Ausdruck von Liebe zu mir selbst, zu anderen Menschen und zum Leben (...) ‚Willkommen' ist eine Einstellung, die das Leben des Menschen völlig verändert. Sie hilft, ein Potenzial an Energie und Glück in sich zu aktivieren, das im Verborgenen tatsächlich schon immer vorhanden war." Ein Unternehmen der Unterhaltungselektronik führte die Regel ein, dass die Mitarbeitenden alle Kunden mit „Willkommen" begrüßten – und der Umsatz stieg innerhalb eines Jahres um 16% gegenüber den Vorjahreswerten ... Die Basis – wie immer – ist das „Willkommen" zu sich selbst. Ein Klebezettel mit dem Wort am Badezimmerspiegel sorgt dafür, dass man gut gelaunt in den Tag geht. Es bedeutet, sich und den anderen anzunehmen mitsamt allen Fehlern. Es heißt auch, widrige Situationen oder Ereignisse anzunehmen – statt sich damit abzufinden – und sich zu fragen „was kann ich daraus lernen, wozu ist das gut?"

Aufs Positive blicken. Ein wertschätzender Führungsstil beinhaltet eine Positivfokussierung. Statt – wie üblich – Probleme und Barrieren in den Aufmerksamkeitsfokus zu rücken und dabei die Rolle des passiven, zur Hilflosigkeit verdammten Zuschauers einzunehmen, der glaubt, „ja doch nichts ändern" zu können, sollte die Blickrichtung auf Veränderbares gelenkt werden. Das gibt Energie und setzt Kräfte frei (Streicher & Frey, 2010). Laden Sie Team-Mitglieder dazu ein, den anderen zu berichten, was ihnen bei der Arbeit Freude bereitet und was sie ihrer Meinung nach gut machen, wo ihre Stärken und Talente liegen. Lassen Sie die Kollegen auch rückmelden, was der einzelne am besten kann und welchen Beitrag er für das Unternehmen leistet. Falls für solche Gespräche in der Teamrunde die Offenheit fehlt, ermöglichen Sie doch anonyme Aussagen, zum Beispiel indem jeder eine Pappe bekommt, die an seinem Hemd auf dem Rücken befestigt wird; nun schreibt jeder allen anderen (bis maximal 15) auf die Pappe, was er an ihm besonders schätzt. Oder Sie lassen zusammenarbeitende Kollegen (vielleicht sogar die Patenschaften zwischen je einem älteren und einem jüngeren Kollegen) berichten, was an ihrer Zusammenarbeit sie besonders schätzen. Fragen Sie nach den Erfolgserlebnissen und nach den Bedingungen oder Ursachen dieses Erfolgs. Auch hierzu können Feedbacks von den anderen eingeholt werden. Das Teamklima wird sich verbessern, das Miteinander wird gesünder. „Wenn Individuen wertgeschätzt werden, neigen sie eher dazu, sensibel gegenüber den Bedürfnissen und Wünschen derjenigen zu sein, mit denen sie zusammenarbeiten" (Anderson, Cooperrider, Gergen, Gergen, McNamee u. Whitney, 2004, S. 49). Mitarbeitende müssen stolz sein können auf sich und ihren Arbeitsplatz. Führungskräfte sollten ihren Mitarbeitenden immer die beste Absicht unterstellen und das Vertrauen haben, dass diese einen guten Job machen wollen.

etwas Veränderbares ins Visier nehmen

praktische Team-Übung

Mitarbeitende müssen stolz sein dürfen

Verschiedenheit als Ressource sehen. Menschen sind nicht alle gleich. Das gilt es als Führungskraft zu berücksichtigen. Es gibt mittlerweile etliche Typologien, die Vorgesetzten helfen sollen, ihre Mitarbeitenden einzuschätzen. Für einige muss man hohe Lizenzgebühren entrichten, wenn man sie verwenden möchte. Ein gut nachvollziehbarer pragmatischer (kostenloser) Ansatz findet sich bei den Motivationspsychologen Krug und Kuhl (2006). Sie unterscheiden zwischen Leistungs-, Macht- und Freundschafts-Orientierten, die von Führungskräften dementsprechend unterschiedlich behandelt werden sollten. Da aber in der Praxis (wie immer) jeder Mensch alle drei Facetten bei sich findet – nur eben im individuellen Mischverhältnis – gilt meines Erachtens für diesen Ansatz wie für alle Typologien: Man darf es sich als Führungskraft nicht zu einfach machen, indem man Menschen in Schubladen verteilt und

statt Schubladen: Paradeplätze für jeden einzelnen

sich für jede Schublade ein passendes Verhaltensrepertoire zulegt. Letztlich verdient jeder Mitarbeitende als Individuum wahrgenommen und gewürdigt zu werden. Eine nachvollziehbare Typisierung liefern in meine Augen die Autoren von „Arbeitsleben“ (www.arbeitsleben.com) mit ihren „Wertschätzenden Dialogen“. Beim sogenannten Anerkennenden Erfahrungsaustausch beispielsweise teilen sie Mitarbeitende in vier Gruppen, und zwar in Abhängigkeit von deren An- bzw. Abwesenheitszeiten und -häufigkeiten (vgl. Anhang). Für jede der 4 Gruppen gibt es unterschiedliche wertschätzende Gesprächsansätze. Gabriele Lindemann und Vera Heim – beide Anhängerinnen der Gewaltfreien Kommunikation (GfK) – beschreiben den von ihnen propagierten Führungsstil als ein „Zusammenspiel zwischen kooperativem und situativem Führen. Manche Mitarbeitende brauchen mehr Orientierung, andere eher selbstbestimmte Freiräume. Entscheidend ist, die Bedürfnisse des Einzelnen besser zu erkennen. Dadurch unterstützen Sie Ihre Mitarbeitenden, ihre Arbeit gerne zu erfüllen und ihre Potenziale auszuschöpfen“ (2010, S. 45). Diesem Ansatz der wertschätzenden Kommunikation kann ich mir nur anschließen, auch wenn ich persönlich die GfK als etwas zu anspruchsvoll empfinde. Aber als Ideal ist der Ansatz ideal ...

soziale Unterstützung als Belastungspuffer

Soziale Unterstützung geben. Eine wichtige Facette zwischenmenschlicher Wertschätzung ist das Gewähren von sozialer Unterstützung. Hierzu gehören Verhaltensweisen wie diese:

- ansprechbar sein („ich bin für Sie da und habe ein offenes Ohr – nicht immer, aber zu bestimmten fest definierten Zeiten“)
- Rücken stärken („ich steh zu Ihnen, auch gegenüber der Geschäftsleitung; ich verteidige Sie auch vor dem Kunden“)
- Fehler erlauben („ich reiße niemandem den Kopf ab; Sie brauchen einen Fehler nicht vor mir zu verstecken“)
- an Erfolge erinnern („Sie haben doch schon ganz andere Sachen hinbekommen, zum Beispiel damals, als ...“)
- Empathie ausdrücken („das sind harte Zeiten im Moment“)

Dass Führungskräfte durch soziale Unterstützung sogar zur Burnout-Prävention beitragen können, zeigt eine Studie der Bertelsmann-Stiftung. Ein Tipp für die Führungskräfte unter den Lesern: Stehen Sie zu und hinter Ihren Leuten. Verteidigen Sie sie nach oben und nach außen. Es sind Ihre Leute (auch wenn Sie sie nicht selbst ausgesucht haben).

kaum einer weiß, was von ihm verlangt wird

Für Transparenz sorgen. Troger-Bumann (2005, S. 59) schreibt in seinem Buch „Wertschätzende Führung“: „Transparenz und Klarheit sind nötig, denn: Nur jeder zweite Schweizer Arbeitnehmer weiß, was sein Vorgesetzter von ihm verlangt.“ Ich kenne keine

Zahlen, aber ich vermute, bei den österreichischen oder deutschen Beschäftigten verhält es sich ähnlich. Menschen brauchen aber die Sicherheit, dass sie auf dem rechten Weg sind. Geben Sie nicht Lob, sondern schenken Sie Bestätigung! Damit ist schon viel gewonnen. Auch Feedback schafft Transparenz. Bei negativem Feedback sollte man insbesondere auf eine ressourcenorientierte Sprache achten. Beispielsweise signalisieren Formulierungen wie „da hakt es jetzt gerade" (statt „Sie begehen immer wieder diesen Fehler") oder „an dieser Stelle kommen wir im Moment noch nicht weiter", dass die Störung vorübergehender Natur ist und dass kein Schuldiger gesucht wird, sondern Lösungen, die gemeinsam gestaltet werden. Das mindert den Druck. Zur Transparenz gehört ebenso, sich als Mensch mit Fehlern und Schwächen zu zeigen. Man kann Führungskräften nur empfehlen: Zeigen Sie, worauf Sie stolz sind; zeigen Sie, wenn Sie sich freuen, und ruhig auch mal, wenn Sie sich ärgern. Alles ist besser als ein Pokerface. Ein Pokerface verunsichert und erhöht die Anspannung. Wenn Sie mutig sind: Bitten Sie doch mal Ihre Mitarbeitenden um Feedback, selbst wenn es bei Ihnen noch kein 360-Grad-Feedback gibt.

Probleme?! immer nur „jetzt gerade im Moment noch"

Fürsorglichkeit zeigen. Dass das Wohlbefinden der Mitarbeitenden der Führungskraft ein Herzensanliegen ist, erkennt man auch an ihrem Bemühen um komfortable Persönliche Schutzausrüstungen, gutes Arbeitsmaterial und ergonomisch korrekt ausgestattete Arbeitsplätze (beispielsweise höhenverstellbare Schreibtische) und an allem, was über das gesetzlich Vorgeschriebene hinausgeht. Der Tipp für Führungskräfte an dieser Stelle lautet: Stellen Sie etwas hin. Auch dies aber nur, wenn es zu Ihnen passt. Denken Sie zum Beispiel an Schokolade, Keksteller, Obstkörbe, Nikoläuse, Sprüche, die Wertschätzung ausdrücken oder von Wertschätzung handeln (Vorsicht, dass das nicht als Kritik verstanden wird!). Auch bei folgenden Aktionen spüren die Mitarbeitenden, dass sie Ihnen nicht egal sind: Aufstellen von Wasserspendern, Zeit und Geld für Fortbildungen, Einführen von Teamfrühstück, Einrichtung von Patensystemen (Alte + Neue; Junge + Alte); Bestellen eines Masseurs (manche haben sogar einen speziell für die Mitarbeitenden angestellt, so beispielsweise Marcel Ballas, der Leiter der Altenpflegeheime Sankt Josef im Selfkant).

etwas hinstellen!

Auf Machtgehabe und Rechthaberei verzichten. Wer als Mensch nicht überzeugt, überzeugt gar nicht, sagt man. Das gilt bei Führungskräften in besonderem Maße. „Keiner führt, wenn keiner folgt" lautet eine andere Redensart, die hier gut passt. Wenn ich zur Durchsetzung meiner Anweisungen auf meine Sanktionsmacht verweisen muss („... oder Ihrer Zeit in unserem Unternehmen wird ein Ende gesetzt"), ist das einfach erbärmlich. Wahre Kompetenz

Wollen Sie Recht haben oder glücklich sein?

und Autorität sehen anders aus. Wollen Sie lieber Recht haben oder lieber glücklich sein? Diese Frage von Mashall Rosenberg (2007) lässt sich nicht mit „beides" beantworten. Eine Führungskraft, die es nötig hat, auf ihrer Meinung herumzureiten, wirkt nicht souverän. Man denkt, die könne es sich nicht leisten, andere Meinungen als gleichberechtigt zu akzeptieren. Natürlich gibt es im Führungsalltag immer mal wieder Situationen, in denen die Führungskraft klar sagen muss, was nun getan wird und wo keine Zeit für Diskussionen bleibt – aber wenn die Führungskraft in der Vergangenheit als Mensch überzeugt hat und die Mitarbeitenden Ernst genommen hat, werden diese in akuten Stresssituationen auch ihrer Führungskraft folgen.

Poster mit Gesichtern von allen

Wir-Gefühl fördern. Ein Musterbeispiel wertschätzender Führung ist für mich der oben erwähnte Marcel Ballas. Der Leiter der Alten- und Pflegeheime St. Josef im Selfkant bei Aachen kann von sich behaupten: Er gehört zu Deutschlands Besten Arbeitgebern. Er hat sein Büro unten, mittendrin in seinem Alten- und Pflegeheim, in dem die Bewohner sogar selbst entscheiden dürfen, um wie viel Uhr die Raumpflegerinnen kommen sollen. Direkt im Eingangsbereich findet sich eine riesige Wand mit Fotos von sämtlichen Beschäftigten sowie persönlichen Infos. Ähnliches kennt man auch von Niederlassungen der Deutschen Post, wo das Konterfei jedes Mitarbeiters in einer riesigen Collage verewigt ist. Das symbolisiert: „ich gehöre dazu, ich bin ein Teil vom großen Ganzen". Ein Jahrbuch mit Bildern und Geschichten über Team-Erfolge des vergangenen Jahres zu erstellen, kann ebenfalls das Wir-Gefühl stärken. Gleiches gilt für ein Schwarzes Brett mit Dankschreiben von Kunden, intern wie extern. Darauf dürfen und sollen die Mitarbeitenden stolz sein, und zwar alle. Was übrigens das Wir-Gefühl stark steigern kann: Gemeinsame Putzaktionen! Einige Städte und Kommunen haben ja schon ganze Tage unter solchen Überschriften gestaltet („Winkelsbach räumt auf", „Die Neuburger putzen ihre Stadt" etc.). Im kleineren Stil kann die gemeinsame Verschönerung der Büroräumlichkeiten den Team-Zusammenhalt fördern. Es geht darum, alle einzubeziehen und allen gegenüber, auch dem Pförtner und der Frau in der Kantine und dem Mann aus dem Reinigungsteam, Wertschätzung zu zeigen. Denn das Wir-Gefühl sollte sich auf sämtliche Betriebsangehörigen erstrecken.

Gemeinschaftsaktionen schärfen Gemeinschaftsgeist

Wertschätzung erstreckt sich nicht auf bestimmte Hierarchiestufen, sondern auf alle. Sonst ist sie keine.

Danke sagen. Menschen und Leistungen würdigen. Menschen wollen am Arbeitsplatz als Person gesehen werden. Sie wollen aber auch ihre Leistungen gewürdigt wissen. Im einfachsten geht das durch Danken. Es klingt ja erstaunlich, aber in der Praxis fällt das vielen Führungskräften schwer. Sie betrachten das Erbringen einer Leistung als selbstverständlich, weil der Mitarbeiter ja schließlich dafür bezahlt wird (obwohl die allermeisten von ihnen selber gern öfter anerkennende Worte hören würden, paradoxerweise). Und vielen ist es auch peinlich. Sie fürchten, dass ihr „danke" nach Schleimerei aussehen könnte. Mit Begründungen wirken Würdigungen gleich viel weniger anbiedernd. Und eigentlich ist es so einfach, Formulierungen zu finden, die den besonderen Wert einer Leistung oder Eigenschaft betonen.

keine Angst vor Schleimerei!

Beispielsätze:

- „Ihre Leistungen kommen beim Kunden gut an. Besonders auffällig ist, dass ..."
- „Mit Ihrer guten Stimmung heben Sie die Stimmung im gesamten Team. Mir gefällt besonders, wie Sie ..."
- „Alle Achtung für Ihr großes Durchhaltevermögen! Vor allem neulich, als Sie ..."
- „Ich danke Ihnen für Ihr Engagement in diesem Projekt. Sie haben es geschafft, dass ..."
- „Ich freue mich, dass dank Ihres Einsatzes der Abschluss so gut gelungen ist! Ohne Sie ..."

Vielleicht schaffen Sie es auch, dass Ihre Mitarbeitenden sich gegenseitig loben. Dann sind Sie erst recht frei von Schleimverdacht. Würdigen Sie Erwerbsbiographien älterer Beschäftigter. Vor allem jüngere Führungskräfte scheuen sich davor, weil sie befürchten, die älteren würden ihnen mangelnde Urteilfähigkeit aufgrund fehlender Erfahrung vorwerfen. In der Regel ist aber das Gegenteil der Fall: Wenn die Älteren merken, dass Sie als junge Führungskraft Respekt haben vor der Lebensleistung und Erfahrung der Älteren, wird Ihnen das wiederum mit Wertschätzung gezollt. Machen Sie immer wieder deutlich, welchen wertvollen Beitrag welches Team zum Abteilungs- oder Unternehmenserfolg leistet.

Und bitte verlassen Sie sich nicht darauf, dass Ihr Mitarbeiter schon von selber weiß, wie sehr Sie ihn schätzen. Wie leicht man sich da als Führungskraft vertut, können Sie nachlesen in meinem Infobrief 015 unter „Schmidtke hat den Blues – der wahre Fallbericht" (den kostenlosen Infobrief kann ich Ihnen überhaupt nur wärmstens empfehlen ☺ Er erscheint alle 2 Monate, also sehr selten, und ist ganz unaufdringlich und voll gespickt mit Tipps zum Thema dieses Buches; schauen Sie einfach unter www.do-care.de).

Link: http://www.do-care.de/infobrief_015-nicht-gemotzt-ist-genug-gelobt/

TIPP FÜR SIE

Werden Sie zum Fan Ihrer Mitarbeiter!

Anerkennung fördert das Denken (aber nicht nur das)

Und vermitteln Sie dieses Fan-Gefühl auch! Die Hirnforschung ist übrigens auf Ihrer Seite, wenn Sie Ihre Anerkennung in würdigende Worte fassen: Angst und Stress aktivieren das limbische System. Das setzt die Alarmreaktion in Gang und setzt das Denkhirn außer Kraft. Wertschätzung hingegen aktiviert den Frontallappen im Großhirn – und schon ist die Voraussetzung gegeben für intellektuelle und soziale Bestleistung und klares Denken. Führungskräfte sollten den Ehrgeiz haben, jeden ihrer Mitarbeitenden ein bisschen weiterzubringen. Dazu brauchen sie eine positive Einstellung gegenüber jedem einzelnen in ihrem Team. Manche schaffen das!

Eine Führungskraft ist nichts ohne ihre Mitarbeiterinnen und Mitarbeiter

Sogar die besten Führungskräfte vergessen im Stress schon einmal:
Sie sind nichts ohne ihre Leute.

Ein Betrieb ist immer nur so gut wie seine Beschäftigten.

Und andererseits braucht jedes Team und jede Gruppe einen,
der den Hut auf hat. – Auch wenn der nicht immer der Beste ist.

Wir alle sollten uns immer wieder klar machen:
Ein Betrieb, das sind alle zusammen.
Starke und Schwache.

Lauter Menschen, die gemeinsam dieselben Ziele anstreben.

Danke, dass Sie dabei sind!

Ohne Sie und die Kolleginnen und Kollegen stünde Ihre
Führungskraft ganz schön dumm da …

Wenn Sie finden, dass wir das manchmal vergessen:

Machen Sie uns doch einfach darauf aufmerksam!
Wir versprechen auch, nicht böse zu sein … ☺

Übrigens: Auch fürs Danke-Sagen gibt es schöne Bücher ☺ Dieser Vorschlag stammt aus dem Buch „Danke! Mensch, sind wir froh, dass Sie bei uns arbeiten!“ (Matyssek, 2010b). So ein Buch kostet weniger, als wenn Sie eine Pizza ausgeben als Dankeschön für einen erfolgreich abgeschlossenen Auftrag oder „einfach so“. Und weniger als ein Erdbeer-Joghurt-Eisbecher im Sommer, mit dem Sie Ihrem Team natürlich auch eine große Freude machen können.

Führungskraft = Wettermacher

Bei sich beginnen. Die Führungskraft bestimmt die Wetterlage ihres Teams: stürmt's, hagelt's oder scheint die Sonne? Die Frage ist stark abhängig von der Stimmung der Führungskraft. Wenn sie mies gelaunt ins Team kommt, kann sie sicher sein, damit ihre Mitarbeitenden anzustecken. Gleiches gilt zum Glück auch für positive Stimmung. In dem oben erwähnten Buch heißt es (S. 14f): „Jedes Lächeln zeigt den anderen: Ich arbeite hier gerne! Und es zeigt: Ich arbeite gern mit dir zusammen!“ Und (S. 27): „Menschen, die morgens gut gelaunt zur Arbeit kommen, sind ein Geschenk für jeden Betrieb.“ Wie Sie Ihre Stimmung verbessern können, wissen Sie ja schon aus Kapitel 5.1. Das Gute daran: Ein Pünktchen reicht! Wenn Sie Ihrer Stimmung statt 1011 Punkten (heute früh beim Aufstehen) jetzt 1012 geben, haben Sie schon ein bisschen was geschafft in Ihrer Eigenschaft als Klimaverbesserer ☺

TIPP FÜR SIE

Fragen Sie sich mehrfach am Tag: wie geht es mir gerade? wie ist meine Haltung gerade? welche Bedürfnisse nehme ich wahr?

Gut auf Ihre eigenen Bedürfnisse zu achten, das würden Ihnen auch die Vertreter der Gewaltfreien Kommunikation empfehlen, von denen Sie in diesem Buch ja nun schon öfter gehört haben.

Dont's – das sollte man sein lassen

Besser nicht. Zum Schluss dieses Kapitels noch ein paar „Dont's“: Was man auf jeden Fall unterlassen sollte. Kastner (2010, S. 128f) gibt „Empfehlungen zur Führung im Kontext eines ganzheitlichen Leistungs- und Gesundheitsmanagements“. Folgendes sollte man sich besser verkneifen: Mitarbeitern auf dem Weg zu einem Stressbewältigungsseminar einen „Schönen Urlaub!“ wünschen; Stress oder das Ruinieren der Gesundheit als Anzeichen von Leistungsbereitschaft bewerten; gute Leistung durch „noch mehr draufpacken“ belohnen; die Leute mit „Sie machen das schon“ allein lassen; mit Arbeitsplatzverlust drohen; Handlungsspielräume beschneiden; keine Erwartungen formulieren; Ungleichbehandlung; Hierarchie-Gehabe statt partnerschaftlicher Führung. Jemand (ich weiß leider nicht mehr, wer das war) prägte mal den ironischen Satz: „Die motivationsfördernde Kränkung gilt als oberstes Führungsprinzip“. Auch davon sollte man Abstand nehmen.

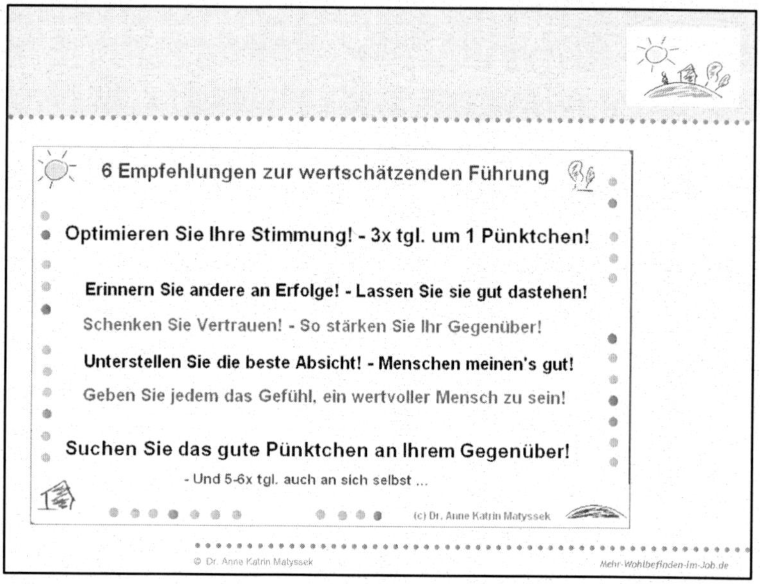

Abbildung 21: 6 Empfehlungen zur wertschätzenden Führung

Checkliste „Wertschätzendes Führungsverhalten"

- Beziehen Sie Ihre Mitarbeiter ein; fragen Sie sie nach ihrer Meinung.
- Delegieren Sie wichtige Aufgaben. Übertragen Sie Verantwortung.
- Stärken Sie das Selbstwertgefühl in jedem Gespräch.
- Bringen Sie Ihre Mitarbeitenden dazu, sich selber zu loben.
- Nehmen Sie Anliegen Ernst und kümmern Sie sich zeitnah darum.
- Seien Sie höflich, respektvoll und freundlich.
- Interessieren Sie sich auch für Persönliches, falls gewünscht.
- Schätzen Sie Außenseiter und ihre Besonderheiten.
- Betrachten Sie Ihre Mitarbeitenden als interne Unternehmensberater.
- Führen Sie Willkommensgespräche nach jeder Abwesenheit.
- Pflegen Sie positiven Kontakt auch zu Nicht-Lieblingen.
- Halten Sie Verabredungen ein. Seien Sie pünktlich.
- Pflegen Sie individuelle Stärken, verzichten Sie auf Gleichmacherei.
- Begrüßen Sie Ihre Mitarbeitenden freundlich und mit Namen.
- Gratulieren Sie zu persönlichen Feiertagen.
- Seien Sie höflich: Halten Sie die Tür auf, schenken Sie Kaffee ein.
- Geben Sie einem Mitarbeitenden frei, wenn er darum bittet und Sie es irgendwie verantworten können.
- Wecken Sie Verständnis für die Vielfalt im Betrieb.
- Feiern Sie, und teilen Sie Ihre Emotionen.
- Verzichten Sie auf Rechthaberei.
- Vermeiden Sie die Bevorzugung von Lieblingen. Handeln Sie gerecht.
- Sich Zeit nehmen, sich Zeit nehmen, sich Zeit nehmen.

7.5 Wie Sie Führungskräfte zu mehr Wertschätzung verführen

Im nachfolgenden EXTRA erfahren Sie ja, wie Sie -Veranstaltungen zum Thema Wertschätzung für Führungskräfte durchführen können. Das Grundprinzip wird dabei dasselbe sein wie in Kapitel 5 beim Multiplikatoren-Konzept: Man gewinnt Menschen für das Thema nicht über den Kopf sondern nur über deren eigenes Empfinden, sprich über Selbsterkenntnis. Man muss die Führungskraft spüren lassen, dass Wertschätzung ihr gut tut. Eine große Herausforderung ... Aber Sie schaffen das!

- Führen Sie sich vor Augen, dass Ihre Führungskraft im Grunde sehr wertschätzend ist, dass sie es nur im Moment noch nicht so zeigen kann. Sie braucht noch Entfaltungshilfe ...
- Machen Sie es der Führungskraft leicht, anerkennende Worte über einzelne Team-Mitglieder oder die gesamte Gruppe zu finden, indem Sie selbst ein Feedback formulieren und dann die Führungskraft um ihre Einschätzung dazu bitten.
- Natürlich können Sie auch offen fragen „Und? Wie haben wir das gemacht?“ oder (augenzwinkernd, wenn es zu Ihnen passt) „Sind Sie nicht stolz, unser Chef zu sein?“
- Weisen Sie darauf hin, wenn Ihnen eine Ungleichbehandlung der Team-Mitglieder auffällt. Ergreifen Sie Partei für die Schwachen. Keine Führungskraft möchte sich dem Vorwurf der Ungerechtigkeit ausgesetzt sehen.
- Erzählen Sie von Teams oder Abteilungen, die einen wertschätzenden Umgangston oder besondere Aktionen dazu geplant haben – aber nicht um zu zeigen „so schlecht sind wir“, sondern „einfach so“ (den Transfer auf Ihr Team muss und wird Ihre Führungskraft selber hinbekommen).
- Finden Sie anlassbezogen (!) anerkennende Worte für Ihre Führungskraft. Signalisieren Sie Verständnis für ihre schwierige Situation; nehmen Sie sie bildlich gesprochen mütterlich in den Arm („Sie hatten auch schon mal stressfreiere Zeiten, was?“).
- Weisen Sie die Führungskraft darauf hin, wenn ein Teammitglied sich in besonderem Maße für sie eingesetzt hat. Die positive Wirkung erfolgt in beide Richtungen: Die Loyalität wächst mit der empfundenen Wertschätzung. Und umgekehrt.
- Schenken Sie Ihr das Buch „Chef, Sie haben ein Super-Team!“ Dann muss sie garantiert grinsen und die Stimmung ist schon ein Pünktchen besser als vorher.

Der Weg kann dauern ... Und eine Gelinggarantie gibt es auch nicht. Letztlich ist auch jede Führungskraft bisweilen gefangen in der Kultur des Unternehmens. Aber den Versuch ist es wert.

!!!!! EXTRA: Wie Sie Führungskräfte-Workshops durchführen

Im Anhang finden Sie unter anderem die Agenden für einen Vortrag (nicht nur für Führungskräfte) sowie je eine für einen halbtägigen Führungskräfte-Workshop und für ein zweitägiges Führungskräfte-Seminar. Die Abfolge der Themen ist bei allen drei Veranstaltungen im Wesentlichen dieselbe, aber der Vertiefungsgrad ist natürlich unterschiedlich. Die Foliendateien zu allen drei Veranstaltungen (sowie zum oben beschriebenen Multiplikatoren-Workshop) finden Sie im Internet unter www.wertschaetzung-im-betrieb.de.

Law of Attraction statt der Weisheit letzter Schluss

Unter uns gesagt: Wie beim Multiplikatoren-Workshop liegt der Wert auch beim Vortrag oder beim Führungskräfte-Konzept nicht darin, dass mir so geniale Dinge eingefallen wären. Der Wert liegt darin, dass die Leute sich dank der Materialien und der strukturierten Herangehensweise überhaupt mit dem Thema auseinandersetzen. Gemäß dem Law of attraction geht ja die Energie dahin, wo die Aufmerksamkeit hingeht. Und das spürt man bei diesen Veranstaltungen regelmäßig. Wer sich intensiv mit Wertschätzung beschäftigt, der zeigt auch welche. Das werden Sie garantiert auch erleben, wenn Sie solche Veranstaltungen durchführen.

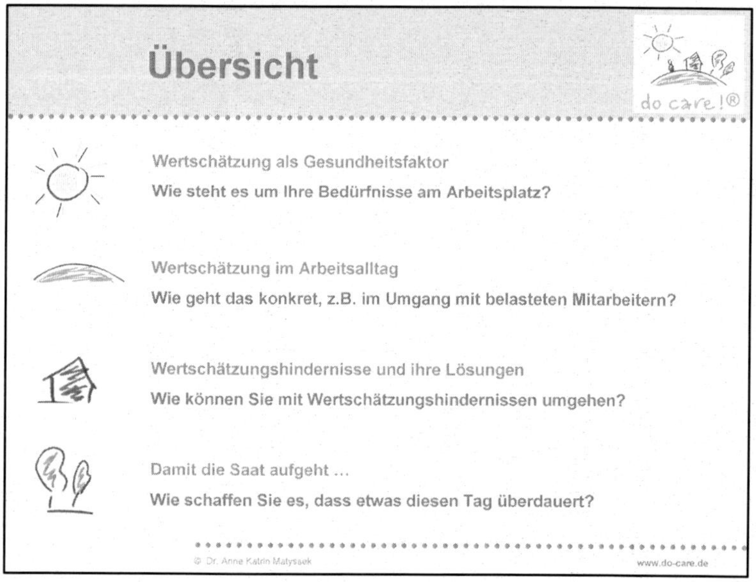

Abb. 22: Übersicht – prototypischer Veranstaltungsablauf

Damit die teilnehmenden Führungskräfte etwas haben zum „In-die-Hand-Nehmen", empfiehlt sich die Anschaffung des zugehörigen Begleithefts für jede/n: Das Arbeitsheft zu diesem Buch trägt den Titel „Gut, dass Sie da sind!" und enthält auf 52 Seiten Arbeitsmaterialien, Platz für Notizen zur Veranstaltung sowie mehrere Transferhilfen. Es kostet 5,00 € und ist im Buchhandel erhältlich, bzw. ab 20 Exemplaren auch unter www.mehr-wohlbefinden-im-job.de – darüber freue ich mich dann besonders ☺. Die ISBN-Nummer lautet: 978-3-8423-5961-1. Die Nachhaltigkeit wird durch solche Materialien maßgeblich erhöht. Bei der nun folgenden Konzeptvorstellung sehen Hinweise auf Heftnotizen so aus: *Notiz!*

Begleitheft zur Transfersicherung

Hintergrund für das Organisieren(-Lassen) einer solchen Veranstaltung ist häufig eine Mitarbeiterbefragung oder Gefährdungsanalyse oder vermehrte Klagen bei Sozialberatung oder Betriebsarzt. Den jeweiligen Hintergrund sollten Sie natürlich in Ihre Veranstaltung einfließen lassen und ihn vielleicht sogar bereits in der Einladung nennen (auch für die Einladung finden Sie ein Muster im Anhang). Dabei sollte – im Sinne der Ressourcenorientierung – der Tenor nicht lauten „wir haben unzählige Wertschätzungsdefizite zu beklagen", sondern vielmehr „wir alle haben etwas davon, wenn wir uns am Arbeitsplatz wohlfühlen – beim Thema Kultur sind wir alle gefordert" und vielleicht auch „es sind die kleinen Dinge, auf die es ankommt", damit die Leute keine Wunder erwarten.

Es gibt keinen geheimen Schalter, mit dem eine Führungskraft umschalten kann in einen „Wertschätzungsmodus". Und auch nach dem Besuch eines Führungskräfte-Workshops wird es weiterhin abwertendes Verhalten geben und keine rundherum gewandelten Vorgesetzten. Keine Führungskraft ändert ihre Einstellung von jetzt auf gleich, nur weil sie im Seminar gelernt hat, dass sie dadurch die soziale Motivation steigern kann und aus neurobiologischer Sicht menschliche Grundbedürfnisse befriedigt. Der Verhaltensänderung muss eine Änderung der Haltung vorausgehen. Bescheidene Ansätze zu einer diesbezüglichen Selbstreflexion: Die erhält die Führungskraft in dem Workshop oder Seminar.

Für die Führungskräfte-Veranstaltung gilt genau wie für die Multiplikatoren-Schulung: Erleben-Lassen ist wichtiger als Belehren. Man muss die emotionalen Anteile ebenso aktivieren wie die kognitiven, wenn das Lernen erfolgreich sein soll und die Führungskräfte danach einen etwas veränderten Umgang mit ihren Mitarbeitenden pflegen sollen (Hüther, 2010, S. 29): „Ob ein Vorgesetzter aber in der Lage ist, seine Mitarbeiter einzuladen, zu ermutigen und zu inspirieren, noch einmal eine neue, bessere, also angenehmere Erfahrung machen zu wollen, hängt davon ab, ob es diesem Vorgesetzten selbst einigermaßen gut geht, ob er sich ‚in seiner Haut' wohlfühlt."

Erleben-Lassen

wohlfühlen von Anfang an

Das fängt im Seminar schon an: Auch hier soll die Führungskraft sich von Anfang an wohlfühlen. Einige Ideen zur Gestaltung eines wertschätzenden Ambientes finden Sie im Anhang unter „Ergänzungsideen“. Vielleicht möchten Sie den Raum ansprechend gestalten durch Poster mit Sprüchen, durch Blumen oder die hinten beschriebene „Schatzinsel“. Begrüßen Sie jeden Ankömmling per Handschlag. Achten Sie in jedem Fall auf pünktlichen Beginn. Unter Führungskräften ist häufig die Einstellung verbreitet „nur wer zu spät kommt, ist wichtig“ – Wertschätzung beinhaltet aber auch den Respekt vor der Lebenszeit der anderen.

Abb. 23: Begrüßungsfolie Führungskräfte-Workshop

Die Marschrichtung lautet bei allen Veranstaltungen: „Sie als Mensch – Sie als Führungskraft!“ Statt also die Führungskräfte als Anerkennungsverweigerer an den Pranger zu stellen, werden sie als Mensch mit eigenen Bedürfnissen nach Wertschätzung betrachtet und so sensibilisiert für die Bedeutung von Wertschätzung auch für ihr Führungsverhalten – und zwar ohne sie zu Manipulationszwecken zu missbrauchen. Sie richten ihren Aufmerksamkeitsfokus auf positive Ereignisse und Verhaltensweisen – bei sich und den Mitarbeitenden. Selbstwertschätzung gilt dabei als Basis für wertschätzendes Führungsverhalten. Im Folgenden wird die 2-Tages-Variante vorgestellt, da der Halbtagsworkshop gleichsam ein Teil dieser Veranstaltung ist. Sie können leicht ermitteln, welche der präsentierten Bausteine bei der kürzeren Fassung wegfallen.

Signal „Sie können das!"

Starten Sie – noch vor der Vorstellung Ihrer Person oder des Ablaufs – mit der ressourcenorientierten Einstiegsfrage: „Wer von Ihnen hat sich heute schon wertschätzend verhalten?" Sammeln Sie dazu einige Antworten und bescheinigen Sie dann den Teilnehmenden, dass sie sich ausnahmslos alle schon wertschätzend verhalten hätten: Sie haben nämlich alle schon gelächelt ... Lächeln ist elementarer Bestandteil wertschätzender Führung: Es entspannt die Führungskraft, und es entspannt die Mitarbeitenden, die das Lächeln als Signal deuten können „er / sie tut mir nichts". Es verbreitet Wohlbefinden. Umso schöner, wenn es nach dieser Erläuterung auf den Gesichtern einiger Teilnehmer verbleibt. Sie können dieses Verhalten positiv verstärken, indem Sie genau darauf hinweisen: Die Teilnehmenden erleichtern Ihnen damit Ihren Job, und obendrein zeigen sie, dass sie diese Basiskompetenz bereits beherrschen.

Stimmung skalieren

Wenn Sie mögen, können Sie danach vorstellen, von wem das Seminar konzipiert wurde ... Aber natürlich können Sie diese Folie auch überspringen und stattdessen sich selber vorstellen ☺ Es folgt die Übersichtsfolie mit den 4 großen Themenbereichen, die in allen Veranstaltungen identisch sind. Da man heutzutage ja alles evaluieren muss, können Sie die Teilnehmenden zu einer Evaluation im Mini-Format einladen: Angenommen, sie könnten ihre Stimmung messen, und zwar auf einer Skala von 0 bis 1.052 (Null heißt: „mir ging's nie mieser", und 1.052 heißt: „mir ging's nie besser"), wie viele Punkte würden die Teilnehmenden dann ihrer aktuellen Stimmung geben? Sie bräuchten das nicht laut zu sagen, sollten sich aber die Zahl merken (<u>*Notiz!*</u>). Und am Ende der Veranstaltung würden sie noch einmal gefragt, und dann würde man ja sehen, ob sich nicht bei dem einen oder anderen die Stimmung um ein Pünktchen nach rechts verbessert hat ... Was das mit Wertschätzung zu tun hat?! Viel! Gut gelaunte Menschen erhalten erfahrungsgemäß mehr Wertschätzung als Griesgrame oder Menschen mit Pokerface, und zweitens sind sie ihrerseits großzügiger mit wertschätzenden Äußerungen.

Schoko-Lose auch für Führungskräfte ...

Nun folgt der einzige Unterschied in der Folienreihenfolge zwischen Halbtages- und Zweitages-Veranstaltung: In der Langfassung würden Sie nun von Reinhard Sprenger, dem Autor des Buchs „Mythos Motivation" (2007) berichten und darauf aufbauend je 2 Teilnehmende einander zuordnen oder – charmanter und auflockernder – zulosen (zum Beispiel, indem Sie je 2 Stückchen merci-Schokolade an je 1 Geschenkband von ca. 80cm Länge knoten und dann jeden Teilnehmer ein Stück in die Hand nehmen lassen, während Sie sämtliche Losbänder in der Mitte festhalten; wenn jeder ein Schokoteil in der Hand hat, lassen Sie los, und jeder sieht, wer am anderen Ende seines Bandes mit ihm verbunden ist).

Wenn sich die Paare gefunden haben, sollen sie sich austauschen über folgende Fragen: 1. Was war eine große Anerkennung in Ihrem Berufsleben, und wie hat die auf Sie gewirkt? (*Notiz!*) und 2. Was würden Sie über sich selbst sagen, wenn Sie sich anerkennend über sich selbst äußern sollten? (*Notiz!*) Insbesondere Letzteres fällt vielen schwer, die von Natur aus bescheiden sind. Dadurch, dass sie zunächst nur unter 4 Augen darüber reden, wird es leichter, die Antworten später in der Großgruppe zu wiederholen. Ob dabei (nach ca. 20') jeder den anderen oder sich selber vorstellt, bleibt Ihnen überlassen. Wichtig ist, dass jeder Teilnehmer am Ende der Vorstellungsrunde, innerhalb derer diese Antworten nun vorgestellt werden sollen, etwas Persönliches über den anderen gehört hat. Natürlich können Sie auch dazu einladen, dass die Teilnehmen noch mehr, auch Persönliches, über sich erzählen.

Aufstellungen (harmlose!)

Sehr gut zur Auflockerung am Anfang eignen sich auch Aufstellungen an einer Linie oder an einem Seil, das in „Normalverteilungskurven-Form" am Boden liegt. Die Teilnehmenden sollen sich so positionieren, dass zum Beispiel ganz links die alten Hasen stehen mit der langen Betriebszugehörigkeit und recht die Neulinge. In einer zweiten Runde können sie sich geordnet nach der Zahl ihrer Mitarbeitenden sortieren – so sehen Sie als Referent schnell, wie die hierarchische Struktur in der Gruppe ist. Interviewen Sie die einzelnen Teilnehmer/innen und achten Sie dabei auf einen lockeren Plauderton. Dass Sie dabei lächeln, ist eh klar ...

Für diese Warm-Werde-Runde (die in der Kurzfassung, also beim Halbtages-Workshop, entfällt) sind insgesamt 90' zu veranschlagen. Danach ist Zeit für eine Pause; diese können Sie einleiten, indem Sie ein kleines Quiz veranstalten nach dem Schema „wer hier in der Runde hat 40 Mitarbeitende? wer ist schon 30 Jahre hier im Betrieb? wer sagt über sich selbst, dass sie eine treue Person ist?" etc., wobei selbstredend keiner „ich" schreien soll, sondern alle anderen sollen gleichzeitig den Namen der betreffenden Person rufen und auf sie zeigen, um sich die Namen einzuprägen.

der Fall „Schmidtke"

In beiden Fassungen geht es nun weiter mit dem Block „Wertschätzung als Gesundheits- und Produktivitätsfaktor". Ausgangspunkt für solche Veranstaltungen ist ja häufig eine Klage über Wertschätzungsdefizite bei Mitarbeiterbefragungen, Gefährdungsanalysen oder der Sozialberaterin. In der Langfassung fragen Sie nun „Was fehlt Menschen, die in einer Mitarbeiterbefragung ankreuzen, sie bekämen zu wenig Anerkennung?" Sammeln Sie Antworten, aber Sie brauchen Sie nicht zu kommentieren. Stellen Sie die Fallgeschichte von Herrn Schmidtke vor und fragen Sie dann zusammenfassend „Und was sind IHRE Bedürfnisse am Arbeitsplatz?" (wie auch in der Kurzfassung „ohne Schmidtke"). (*Notiz!*)

Die ersten Nennungen werden in Richtung „Geld“, „Kohle“ etc. gehen, aber dann kommen erfahrungsgemäß auch Äußerungen wie „Selbstverwirklichung“, „netter Kontakt zu Kollegen“ und eben „Anerkennung“ oder „Wertschätzung“. Angemessene Bezahlung – das ist die Basis, aber noch lange nicht alles, was Menschen von ihrem Arbeitsplatz erwarten. Die letztgenannten beiden Äußerungen greifen Sie auf und stellen die INQA-Studie „was ist gute Arbeit“ vor: Von den 5.000 Befragten bescheinigte nur jeder Zweite seiner Führungskraft einen wertschätzenden Führungsstil. Fragen Sie die Teilnehmenden, was das ihrer Meinung nach für Folgen hat, bevor Sie die Verbildlichung präsentieren (oder den Text dazu raten lassen): „Der Mensch geht ein wie eine Primel“.

Weniger bildlich gesprochen: Wertschätzungsdefizite haben körperliche Auswirkungen. Wer sich beispielsweise ignoriert fühlt, reagiert entweder hilflos, setzt verstärkt Cortisol frei, was sein Immunsystem schwächt, ihn erkältungsanfälliger macht und sein Depressionsrisiko erhöht. Oder er regt sich auf, schüttet vermehrt Stresshormone aus, was auf Dauer nicht gut ist für sein Herz-Kreislauf-System. Wertschätzungsmangel schadet folglich der Gesundheit des einzelnen. Aber er schadet auch dem Unternehmen, wie die Folie mit der Motivationsschere zeigt. Bei dieser ist wichtig, dass es anfangs nicht um negative Kritik geht, sondern um das Ausbleiben einer erwarteten Anerkennung. Dieses Ausbleiben führt zu nachlassender Leistung, und erst dafür erntet der Mitarbeiter negative Kritik, was einen Teufelskreis in Gang setzt. Zum Glück geht es ja aber auch andersrum: Positivspiralen lassen sich ebenfalls in Gang setzen, und zwar durch Anerkennung.

An dieser Stelle würde ich noch nicht von Wertschätzung als Haltung reden. Jetzt am Anfang werden viele Führungskräfte noch „verkopft“ im Raum sitzen und logische Ursache-Wirkungs-Zusammenhänge sowie Zahlen, Daten und Fakten suchen. Diesen sollten wir ein Ankommen ermöglichen, auch wenn an dieser Stelle die Anerkennung manipulierenden Charakter haben kann. Aber wenn anhand dessen die Führungskräfte verstehen, was Anerkennung bzw. Wertschätzung alles bewirken kann und welche Auswirkungen sie haben kann, wird sie das öffnen auch für die schwierigere Betrachtung von Wertschätzung als zweckfreier Haltung.

noch nicht von „Haltung“ reden an dieser Stelle!

In der Halbtagsfassung würden Sie jetzt die oben für die Langfassung bereits beschriebene Partner-Interview-Übung einbauen (auch hier spricht nichts gegen Schoko-Lose ...): „Was war die größte – oder eine große – Anerkennung in Ihrem Berufsleben? Wie hat die auf Sie gewirkt?“ (*Notiz!*) In beiden Fassungen sollten Sie die Antworten am Flipchart notieren.

Es schließt sich mit Blick auf das Flipchart die Frage an: „Glauben Sie, dass Anerkennung ein Gesundheitsfaktor ist?“ Lassen Sie das heftige Nicken, das meist folgt, mit Worten ausführen, bevor sie die zugehörige Folie präsentieren (vgl. auch Seite 28; dort finden Sie weitere Informationen zu dieser Folie). Stellen Sie dann einige Studien vor (Infos dazu auch auf Seite 21).

„focus on the good stuff“ privat und beruflich

In der 2tägigen Veranstaltung folgt nun ein Erfahrungsaustausch zum „focus on the good stuff“. Schließlich muss man die Segnungen, die einem widerfahren, ja in einem ersten Schritt überhaupt als solche erkennen, bevor der Gesundheitsfaktor Wertschätzung seine Wirkung entfalten kann. Man muss also das Gute auch sehen (wollen). Die „Stellenbesetzungsfolie“ zeigt: Jeder hat seine Stärken. Sie ist ein Plädoyer für Diversity. Falls es nicht zu intim ist, können die Führungskräfte in Stillarbeit auch die Fragen zu ihrer Partnerschaft beantworten (*Notiz!*). Verlassen Sie sich auf Ihr Bauchgefühl, ob Sie damit nicht zu viel von den Leuten verlangen. Falls Sie sich dafür entscheiden, kann am Ende der Stillarbeit jeder seine Formulierung auf einer gelben Metaplankarte („Goldenes Blatt“) notieren und gefaltet als Erinnerungshilfe in die Hosentasche stecken (*Notiz!*).

Es folgt natürlich der Schwenk zu den Mitarbeitenden. Auch hierzu sollen schriftliche Notizen gemacht werden, es braucht also jeder eine Metaplankarte (in einer anderen Farbe als gelb). Falls den Teilnehmenden dabei Wertschätzungshindernisse einfallen („der mag mich nicht“, „die ist eine Blaumacherin“ etc.), sollen sie diese als Vorarbeit für morgen auf einem separaten Blatt notieren, damit sie nicht vergessen werden (*Notiz!*).

An dieser Stelle folgt bei beiden Fassungen der Schwenk auf die Bedürfnislage der Teilnehmenden. Leiten Sie diesen Part beispielsweise folgendermaßen ein: „Ich stelle Ihnen jetzt zwei Fragen. Antworten Sie beide Male spontan aus dem Bauch heraus durch Handheben, wenn Sie finden, die Frage trifft auf Sie zu.“ Das Ergebnis ist (fast) immer dasselbe: nämlich ein Ungleichgewicht zwischen Anerkennung geben und empfangen. Aus Sicht der Anerkennungsempfänger scheinen die Anerkennungsgeber (wer auch immer das ist, beruflich oder privat, sei dahingestellt) anerkennungsgeizig zu sein. Aber das soll ja nicht so bleiben. Daher geht's im nächsten Block um Wertschätzung im Arbeitsalltag.

der Chef vom Chef

In der zweitägigen Variante können Sie an dieser Stelle einen kleinen Exkurs einfügen zur Führungskraft der teilnehmenden Führungskräfte. Diese sollen lernen, auch diesem Menschen mit Verständnis zu begegnen. Die Folien tragen die Überschrift „Ihr Chef – auch nur ein Mensch“, „Klarkommen mit dem Nie-Lober-Chef“ und „Ihr Chef und Sie“. Die Folien sind selbst-erklärend. (*Notiz!*)

Bei der Langfassung folgt an dieser Stelle eine Zusammenfassung „Anerkennung – was man davon hat".

vereinfachte Definition

Zu Beginn des Blocks „Wertschätzung bzw. Anerkennung im Arbeitsalltag" als zweitem großen Kapitel aller Veranstaltungen wird zunächst eine einfache Definition vorgenommen. Gezeigt wird eine starke Vereinfachung von Abbildung 1 (Definition): Anerkennung als Oberbegriff für leistungsbezogenes Lob und personbezogene Wertschätzung. Nach meiner Erfahrung reicht diese extrem simple Darstellung für die meisten Veranstaltungen aus; natürlich können Sie bei einem anspruchsvolleren Teilnehmerkreis auch die ausführliche Definition verwenden, wie sie im ersten Buchkapitel vorgestellt wird (die Folie gibt es separat im Web). Wenn Sie die Leute fragen, was ihnen wichtiger ist – Lob für ihre Leistung oder Wertschätzung für ihre Person – werden Sie in der Regel immer dieselbe Antwort hören: Wertschätzung ist wichtiger, aber Lob im Sinne von Feedback (wo stehe ich? was muss ich ändern?) brauchen wir auch, genauso wie wir übrigens auch negative Kritik brauchen.

Da beides wichtig zu sein scheint, sollten nun auch beide Aspekte mit Inhalt gefüllt werden. Bewährt hat sich, für jede Antwort auf die Frage „Woran macht sich denn wertschätzende Führung fest?" oder „Was wünschen sich denn Beschäftigte in puncto Wertschätzung von ihrer Führungskraft?" ein kleines Danke (z.B. in Form verpackter Mini-Schoko-Stücke) zu verteilen, damit möglichst viele Punkte zusammenkommen, bevor Sie die Folie zeigen. (*Notiz!*)

kein Lob-Missbrauch

Auch auf die Frage, woran man denn ein richtig gutes Lob erkennt, sollten Sie zunächst einmal Antworten sammeln und dann erst die Folie (bildlich oder in Textform) „Richtig loben" präsentieren. Zur Erläuterung: Die Anerkennungsfaustregel 3:1 besagt, dass man grob gerechnet mindestens dreimal mehr positives wie negatives Feedback geben sollte, denn Mitarbeitende machen mindestens dreimal mehr Dinge richtig als falsch. So wird verhindert, dass das Lob ausschließlich als Einleitung für nachfolgendes negatives Feedback („haben Sie gut gemacht, aber ...") oder als Einleitung für einen neuen Auftrag missbraucht wird („haben Sie gut gemacht, und jetzt bitte noch mal dasselbe in der Hälfte der Zeit"). Es folgt eine Folie mit dem Spruch „Ihr wichtigster Mitarbeiter ist der, an den Sie heute noch nicht gedacht haben" – die meisten Führungskräfte haben immer dieselben Mitarbeitenden im Visier, bei positivem genauso wie bei negativem Feedback.

Dr. Antje Ducki, Professorin für Arbeits- und Organisationspsychologie sowie Personalmanagement an der Technischen Fachhochschule in Berlin, sagt (Management und Qualität 4/2009, S. 5): „Führungskräfte bemerken oft erst dann, dass ein Mitarbeiter krank ist, wenn er ausfällt und vermutet werden kann, dass es nicht der Grippevirus ist, der die Fehlzeit verursacht hat. Frühindikatoren wie dauerhafte Gereiztheit, schlechte Laune, abwehrendes Verhalten, ein unfreundlicher Ton oder auch ein innerer Rückzug, Schweigsamkeit, Desinteresse oder Zynismus werden oft nicht bewusst wahrgenommen."

Erforderlich ist, das Augenmerk auf solche Frühindikatoren zu richten und das Gespräch mit dem Mitarbeitenden zu suchen. Vielleicht ist eine vorübergehende Entlastung möglich, mit der beiden Seiten geholfen wäre: Der Mitarbeiter hätte weniger Stress, die Führungskraft könnte umplanen und damit Ausfallzeiten oder Fehlerhäufungen vermeiden. Um dies zu ermöglichen, soll nun (in beiden Veranstaltungsvarianten) am Flipchart eine Sammlung von Überlastungssignalen erfolgen. Damit viele Nennungen notiert werden können, kann auch hier wieder an den Jagdinstinkt appelliert werden durch Verteilung von Schokoteilen (vielleicht fällt Ihnen ja auch etwas anderes ein ... etwa ein Punktesystem oder ähnliches; was auch immer: es muss zu Ihnen passen).

Überlastungssignale erkennen

Die Teilnehmenden sollen also Antworten auf die Frage liefern „Woran erkennen Sie, ob ein Mitarbeiter oder eine Mitarbeiterin überlastet ist? Was sind das für Signale, bei denen Sie aufmerksam werden?" Tragen Sie alle Antworten in einen Männchenumriss am Flipchart ein und stellen Sie dann den Kurzleitfaden vor: 1. Symptome im Sinne von wahrgenommenen Veränderungen wertfrei beschreiben, 2. offen fragen „was ist los", 3. ausdrücken, dass man sich Sorgen macht und den anderen unterstützen möchte („helfen" impliziert passive Hilflosigkeit und sollte vermieden werden), 4. offen fragen, was der Mitarbeiter braucht, 5. gesprächsbereit bleiben. Dabei ist nicht das Rad neu erfunden, aber dieser simple Leitfaden liefert offenbar vielen Führungskräften eine brauchbare Unterstützung, um sich in solche Gespräche zu wagen. Das erste sollte dabei rein unter Überschrift „Fürsorglichkeit" stehen, Sanktionen erst im zweiten Gespräch angekündigt werden.

Um Gespräche auch mit schwierigen Mitarbeitenden wertschätzend führen zu können, braucht man eine wertschätzende Haltung. Der Satz „Was fährt der Idiot so dicht vor mir her?", der im wahren Leben gefallen ist (ich war dabei, ich saß daneben) offenbart: Manchmal wählen wir unsere Sicht auf die Dinge zu egoistisch. Ebenso in dem Fallbeispiel: Ein Mitarbeiter kommt zu spät zu einer Präsentation (*Notiz!*). Es soll deutlich werden: Es gibt kein richtig oder falsch, aber die Führungskraft, die mit einer positiven Haltung an den Mitarbeiter herangeht, ist vermutlich zufriedener, schläft besser, schaltet besser ab und ist kreativer als diejenige, die sich schwarz ärgert und in ihre Unterstellungen hineinsteigert.

In der zweitägigen Fassung folgt dann ein Block „Kritikgespräche wertschätzend führen". Der anschließende Erfahrungsaustausch mit den drei Leitfragen auf der Folie sollte in Partnerarbeit erfolgen. Anschließend können Sie das Fallbeispiel zum Thema „Blaumacher" in 3er-Gruppen bearbeiten lassen (*Notiz!*).

Wertschätzungshindernisse und ihre Lösungen – so heißt der dritte große Baustein aller Veranstaltungen. Sammeln Sie am Flip Antworten auf die Frage „was hindert Menschen, anderen Wertschätzung zu geben?" Ergänzend zu dem, was die Teilnehmenden nennen, können Sie weitere Antworten anbieten. Die Folie mit den Rechnungen lässt sich so vorstellen: „Was sehen Sie?" 98% aller Leute sagen „eine ist falsch", nur wenige sagen „drei sind richtig". Der Fokus liegt eben oft auf den Fehlern, auf dem Negativen. Auch die Sprache ist oft verräterisch negativ („das war nicht gaaanz schlecht", „nicht übel", „da kann man nicht meckern").

Viele Führungskräfte tun sich leicht damit, ihre Leistungsträger wertzuschätzen und ihre Leistungen zu loben. Sie knüpfen ihre Wertschätzung an das Leistungsvermögen des Mitarbeiters. In dem Moment ist die Wertschätzung Mittel zum Zweck. Das kann an der Stelle zu spannenden Diskussionen führen, falls Sie das möchten („ist es möglich / nötig / wünschenswert, wirklich allen Menschen mit bedingungsloser Wertschätzung zu begegnen?"). Oft stimmt einfach die Chemie nicht – und schon ist es Essig mit der Wertschätzung. Und manche Mitarbeiter reagieren auch empört oder abweisend, wenn sie positives Feedback erhalten. Dies können Sie auf den folgenden Folien sehen.

Wertschätzungshindernisse bearbeiten

Zusammenfassen lassen sich die häufigsten Nennungen erfahrungsgemäß in 4 Gruppen von Wertschätzungshindernissen: eigener Stress, gute Leistungen für selbstverständlich halten, Sympathie-Defizite und Bedingungen, die in der Führungskraft selbst zu suchen sind, wie Selbstwertschätzungsdefizite oder schlechte Laune. Diese vier Haupt-Hindernisse sollen die Teilnehmenden nun in vier Gruppen bearbeiten. Die Aufgabenstellung finden Sie auf den Folien. Es empfiehlt sich, vier Pinwände mit den Aufgabenstellungen zu versehen, so dass die 4 Gruppen räumlich getrennt von einander je ihren Fall bearbeiten können. Nach 20 Minuten lassen Sie alle Pinwände neben einander aufstellen, alle Führungskräfte sollen ihre Gläser mit Wasser oder Saft füllen, und so wandern Sie alle zusammen wie auf einer Vernissage von Pinwand zu Pinwand. Nach der Vorstellung der Ergebnisse wird natürlich auf das Wohl der jeweiligen Künstler angestoßen ...

Falls Sie in der Halbtagsfassung jetzt noch Zeit haben sollten, können Sie nun die Fallgeschichte „Blaumacher" diskutieren lassen.

„Je mehr Sie in Ihre Frau investieren ...“ – lassen Sie die Führungskräfte raten, wie der Satz weitergeht, bevor Sie die Folie zeigen (*Notiz!*). Es sollte deutlich werden: Auch mein Mitarbeiter wird für mich „wertvoller“ (im Sinne von „ich werde ihn umso mehr schätzen“, nicht im Sinne von „wert sein“), wenn ich viel in ihn investiere: mich mit ihm beschäftige, ihn fortbilden lasse etc.

Voraussetzung dafür, anderen überhaupt mit Wertschätzung zu begegnen, ist Selbstwertschätzung. Lassen Sie die Führungskräfte auch hier den Satz „Weil ich es mir wert bin ...“ selber beenden (bei der zweitägigen Variante zu zweit), bevor Sie die Folie mit den Antworten zeigen. (*Notiz!*) Als Erinnerungsstütze für mehr Selbstwertschätzung können Sie die Vorderseite der CareCard zeigen.

Planspiel als eine Transfervariante

Es folgt der vierte und letzte große Inhaltsblock der Veranstaltungen: Der Transfer, bildlich gesprochen „Damit die Saat aufgeht“. Bei der zweitägigen Variante (statt 1,5 Tage) werden nun die Führungskräfte in drei Gruppen eingeteilt. Sie sollen im Rahmen eines Planspiels ein Konzept für eine Unternehmensberatung entwickeln. Die Aufgabenstellung finden Sie in wörtlicher Form auf der Folie. Jede Gruppe erhält eine Pinwand oder ein Flipchart sowie Stifte in mehreren Farben und eine Stunde Zeit. Diese Arbeit hat den Teilnehmenden in der Vergangenheit meist sehr viel Vergnügen bereitet. Sie haben für diese Aufgabe noch einmal alle Seminarinhalte Revue passieren lassen und sehr kreative Lösungen entwickelt. Auch hier schließt sich eine Vernissage an.

Ebenso optional (je nach dem, ob die Veranstaltung 1,5 oder 2 Tage dauern soll) ist der Block „Kulturveränderung“, bei dem für 90’ bis 120’ in drei Gruppen die Fragen auf der zugehörigen Folie bearbeitet werden. Es folgt nach der Vorstellung der Gruppenergebnisse eine Diskussion in der Großgruppe. Gegebenenfalls kann auch eine Gesamtgruppenvereinbarung am Flipchart notiert und von allen unterschrieben werden.

Die letzte Empfehlung an die Führungskräfte lautet: „Geben Sie jedem Menschen das Gefühl, ein wertvoller Mensch zu sein!“

Abschluss-Geschenk

Zum Abschluss erhalten alle Teilnehmenden eine CareCard und sehen noch einmal in der Zusammenfassung „Was Wertschätzung bewirkt“. Dementsprechend hoffentlich gut gelaunt erscheint noch einmal die Frage „Wie ist Ihre Stimmung jetzt?“ Die allermeisten Teilnehmenden berichten (der Seminarleitung zuliebe?), dass ihre Stimmung sich seit dem ersten Messzeitpunkt verbessert habe.

Die Veranstaltungen schließen mit einem Selbstvertrag (aus Zeitgründen primär bei der 2-Tages-Variante) und mit der Feedbackrunde. Freuen Sie sich drauf und genießen Sie sie ☺

Grundsätzlich kann man sagen: Wie im Umgang mit der Geschäftsleitung (vgl. Kap. 8), so sollten Sie auch im Umgang mit den Führungskräften eher locken und verführen, statt zu drohen oder zu drängen. Die Führungskräfte dürfen sich nicht am Pranger fühlen nach dem Motto „wir müssen jetzt so eine Veranstaltung machen, weil ihr ja nicht wertschätzend führt, wie 1093 Mitarbeitende in der Mitarbeiterbefragung angegeben haben". Da gehen reflexartig die Ohren zu. Stattdessen sollten sie merken, dass Ihnen ihr Wohlergehen am Herzen liegt und dass Sie Verständnis für ihre Situation aufbringen. Lassen Sie sie als „good guys" da stehen!

kein Pranger!

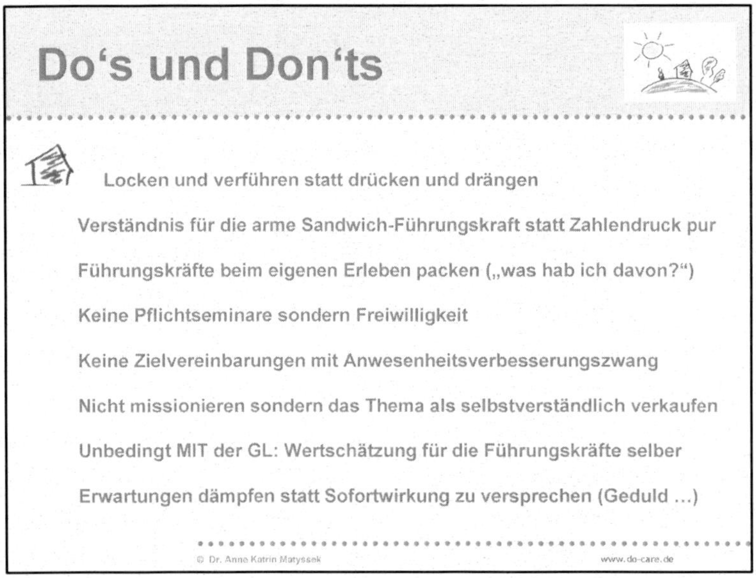

Abb.24: Do's und Dont's im Umgang mit Führungskräften

Wenn es sich um eine Veranstaltung handelt, an der die Führungskräfte freiwillig teilnehmen, brauchen Sie sich dabei ja auch nicht zu verbiegen: Die, die nicht-wertschätzend führen, würden sich gar nicht erst zu so etwas anmelden. Und die, die sich anmelden, zählen ohnehin schon zu den „guten" Führungskräften. Erfahrungsgemäß ist das tatsächlich so. Von Pflichtveranstaltungen (Seminare, Workshops) würde ich Ihnen ohnehin abraten. Die Offenheit und Bereitschaft, etwas aus einer Veranstaltung mitzunehmen, ist bei freiwilliger Teilnahme signifikant größer. Bei Vorträgen sehe ich das etwas entspannter. Um Befürchtungen gegenüber dem „soften" Thema Wertschätzung abzubauen, kann die Teilnahme daran in meinen Augen verpflichtend sein. Vielleicht mit dem Hinweis „Die Referentin war sooo teuer, das muss sich jetzt auch lohnen".

keine Pflichtseminare!

es muss „chic" sein, dabei zu sein

Beziehen Sie möglichst viele Führungskräfte mit ein. Sorgen Sie dafür, dass möglichst alle im Betrieb schon in Vorfeld von dieser Veranstaltung erfahren. Es muss „chic" sein, „drin" zu sein. Das schaffen Sie beispielsweise, indem Sie nur ein bestimmtes Kontingent an Eintrittskarten verteilen oder verlosen. Oder indem Sie für ein besonders wertiges Ambiente sorgen (der Ausdruck „wertig" findet sich immer häufiger im Sprachgebrauch, ist Ihnen das auch schon aufgefallen? eigentlich müsste es doch „hochwertig" heißen, meine ich, aber man hört „wertig" sooo oft). Jedenfalls sollte auch der Rahmen ausstrahlen: „Das hier ist etwas ganz Besonderes für ganz besondere Menschen".

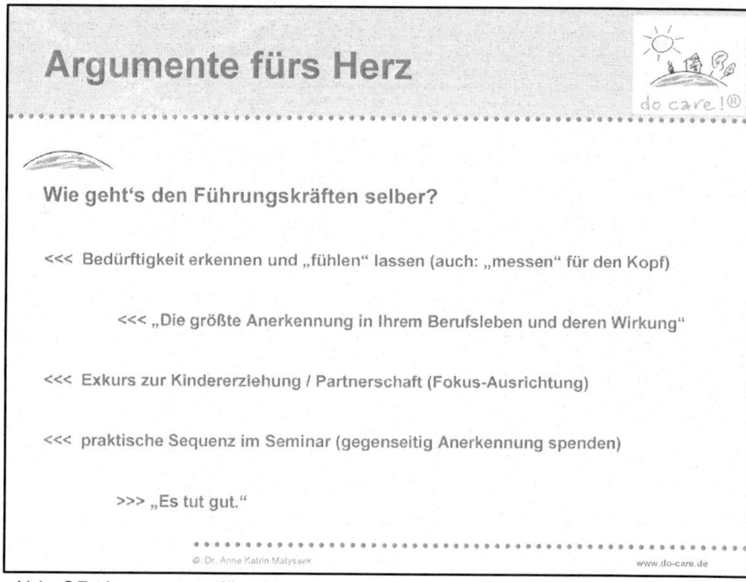

Abb. 25: Argumente fürs Herz

Und in der Veranstaltung selber signalisieren Sie dann, dass Sie sich auch dafür interessieren, wie es den Führungskräften selber geht (Kopf und Herz ansprechen). Sie lassen sie ihre Bedürftigkeit in Sachen Wertschätzung erkennen bzw. fühlen, vielleicht sogar mit einem Exkurs ins Privatleben (Partnerschaft, Kindererziehung). Für ganz Mutige gestalten Sie vielleicht sogar eine praktische Sequenz, in der die Teilnehmenden einander in der Veranstaltung Anerkennung spenden. Egal wie, aber die Führungskräfte sollen merken: „Es tut mir gut." Das Motto der ganzen Veranstaltung sollte lauten:

Behandeln Sie die Führungskräfte so,
wie die ihre Mitarbeitenden behandeln sollen ...

Die Geschäftsleitung für das Thema gewinnen

8

8 Die Geschäftsleitung für das Thema gewinnen

8.1 Was das Unternehmen tun kann

mitreißen
von unten nach oben

„Mein Chef sollte hier sitzen“ oder „wir wären schon viel weiter, wenn unsere Geschäftsleitung mitziehen würde“ – das sind Sätze, die sehr häufig auf Impulsveranstaltungen zum Thema Wertschätzung fallen. Natürlich ist es leichter, Maßnahmen und Strukturen für ein wertschätzenderes Miteinander zu implementieren, wenn die Leitung am selben Strang zieht. Aber das ist oft erst das Ende eines Prozesses. Man sollte sich nicht ausruhen und denken „unter dem Chef wird das eh nichts“. Auch der umgekehrte Weg muss möglich sein: von unten nach oben „mitzureißen“ bei diesem Vorgehen. Mühsam, aber möglich.

Im Folgenden werden Ideen präsentiert, die sich in Betrieben bewährt haben (und über faire Bezahlung hinausgehen). Nicht alles passt auf jedes Unternehmen. Aber bei der Auswahl ist hoffentlich für jeden etwas dabei. Schließlich beginnt jeder Weg mit einem ersten Schritt, und sei er noch so klein. Auf den ersten Blick wirken viele der Vorschläge unspektakulär, aber mittlerweile kann ich sagen: Sie wirken offenbar trotzdem – zumindest sofern die Leitung voll hinter der Sache steht. Zur kleinen Ermutigung für Sie möchte ich dieses Kapitel mit einem Erfahrungsbericht eröffnen.

es wirkt!
mein schönstes Erfolgserlebnis

Ich durfte mal mit der Leitungsebene einer Finanzbehörde zu diesem Thema arbeiten. Das war ein sehr ungewöhnliches Erfolgserlebnis für mich, über das ich mich noch heute riesig freuen kann. Und ohne dieses Erlebnis würde es vermutlich auch dieses Buch nicht geben, weil ich immer noch denken würde „ach, das ist Kinderkram, was mir zu dem Thema einfällt, das bewirkt doch eh nichts“. Von wegen! Diese Finanzmenschen belehrten mich zum Glück eines Besseren.

Die Führungskräfte dort haben mich wirklich schwerst beeindruckt, allen voran der oberste Chef. Sie hatten eine Mitarbeiterbefragung durchgeführt, und das Ergebnis war wie in den meisten Mitarbeiterbefragungen, die ich kenne: Die Mitarbeitenden fühlten sich zu wenig wertgeschätzt. Daraufhin beauftragte der Leiter zwei seiner untergebenen Führungskräfte, mit ihm und allen anderen Führungskräften einen Mini-Workshop zum Thema „Wertschätzung“ durchzuführen. Sie klärten die Fragen: was ist das, wie wirkt das, wie können wir mehr davon in unsere Behörde bringen? Folien zur Unterstützung hatten sie dazu aus einem meiner Vorträge aus dem Internet gezogen.

Eines der Fazits aus diesem Mini-Workshop war: Sie wollten gern ein Seminar mit mir durchführen. Teilnehmende waren genau diese Führungskräfte und der Leiter der Behörde. Wir gestalteten gemeinsam einen Tag. Unter anderem erarbeiteten die Teilnehmenden Ideen für ein Leitbild, das sie nach der Veranstaltung erstellen wollten. Und sie überlegten, was sie ihren Mitarbeitenden über die Veranstaltung erzählten wollten. Zudem spendeten die Führungskräfte einem Kollegen aus ihrem Kreis Anerkennung: Der Mann hatte den Eindruck, seine Abteilung käme in der öffentlichen wie der innerbehördlichen Wahrnehmung sehr schlecht weg; der Aufgabenbereich hatte ein schlechtes Image, und die Beschäftigten dort fühlten sich als „Loser“ (nach meiner Beobachtung gibt es so eine Abteilung in jeder Organisation – aufgrund der Tätigkeit, die nicht sehr geschätzt wird, oder aus anderen Gründen).

„Loser-Abteilungen“ gibt's überall (oft haben sie die besten Führungskräfte!)

In der Veranstaltung nun machten die anderen Kollegen ihm deutlich, worin sie den Wert seiner Abteilung für die Behörde als Ganzes sahen, was das im positiven Sinne Besondere seiner Abteilung war, und sie gaben ihm Tipps mit auf dem Weg, wie er das Image seines Bereichs verbessern könnte; zusätzlich versprachen sie ihm, ihrerseits selber den Ruf seines Bereichs auch vor anderen zu verteidigen bzw. dafür Werbung zu machen, damit seine Leute und er sich nicht mehr als schwächstes Glied der Kette fühlten. Das sorgte bereits in der Veranstaltung für gute Gefühle. Alle waren am Ende beschwingt, jeder nahm etwas für sich mit, und ich war auch zufrieden mit dem Tag. Aber man weiß ja nie, wie nachhaltig solche Effekte sind.

In diesem Fall erhielt ich mehrere Monate nach der Veranstaltung ein bombastisches Feedback: Der Leiter der Behörde schrieb, dass seine Führungskräfte tatsächlich das Leitbild erarbeitet hatten und die Mitarbeitenden sehr offen über unsere Veranstaltung informiert hatten (zu meiner Information fügte er sogar die entsprechenden Dateien an). Und dann kam das Schönste: Er berichtete, dass ein externer Unternehmensberater, der von unserem Seminar und dem ganzen Vorlauf nichts wusste (!), spontan gemeint hatte, sie hätten plötzlich einen viel wertschätzenderen Umgang in der Behörde. Sogar den Ausdruck „Wertschätzung“ nahm er wörtlich in den Mund. Da war der Leiter platt. Und ich auch.

ein Externer hat's gespürt!

Wie Sie selber einen Workshop mit Führungskräften veranstalten können, haben Sie ja schon im Extra zu Kapitel 7 gelesen. Vieles hängt vom konkreten Verhalten der Führungskraft in einzelnen Situationen im Umgang mit einzelnen Mitarbeitenden ab. Aber daneben gibt es natürlich auch Ansätze auf organisationaler Ebene, die Ausdruck von Wertschätzung sind. Je mehr solcher Angebote es in einem Unternehmen gibt, desto leichter fällt es den Führungskräften, sich im Einzelkontakt wertschätzend zu verhalten.

Subgruppen ins Licht holen

Kulturwochen. Eine sogenannte Afrikanische Woche war Teil des Projekts NAGU (Nachhaltige Arbeits- und Gesundheitspolitik in Unternehmen). In einem Produktionsbetrieb war aufgefallen: Insbesondere die Fehlzeitenquote der afrikanischen Beschäftigten war enorm hoch. Man beschloss, dass sich diese Gruppe im Rahmen einer Kulturwoche den anderen Unternehmensmitgliedern vorstellen sollte. Die Veranstaltung wurde sehr groß aufgezogen, sogar die regionale Presse wurde eingeladen und berichtete umfangreich über die Aktionen: afrikanische Musik, Tänze, Textilien, Küche. Die Mitarbeitenden und ihre Partner, die ebenfalls teilnahmen, waren sehr stolz auf ihre Kultur. Die Auswirkungen auf die Anwesenheitsquote waren entsprechend positiv.

von den Gesunde(te)n lernen

Der Anerkennende Erfahrungsaustausch. Diesen Ansatz habe ich schon öfter erwähnt, weil ich ihn so klasse finde. Im Anhang finden Sie weitere Infos. Diese Gesprächsstrategie zielt darauf ab, mit allen Beschäftigten auf wertschätzende Weise ins Gespräch zu gehen, also auch mit den Gesunden und denen, die nur höchstens zwei Tage pro Jahr fehlen. Diese Gruppen kann man – ganz im Sinne der Salutogenese – fragen, wie der Betrieb die Gesundheit aller noch besser fördern könnte. Die Selten-Fehlenden werden quasi nach ihren Erfolgsrezepten gefragt, was ihnen gut tut. Unter anderem bei der Pinneberger Verkehrsgesellschaft konnte durch diese Maßnahme die Anwesenheitsquote gesteigert werden.

ein Masseur – extra für die Angestellten

Partizipation intensiv. Aktive Beteiligung an der Unternehmensführung gibt es beispielsweise bei Deutschlands Bestem Arbeitgeber im Sozialbereich 2006: Marcel Ballas, der Leiter der Alten- und Pflegeheime St. Josef im Selfkant, ist ein Musterbeispiel für wertschätzendes Führungsverhalten und die Gestaltung einer wertschätzenden Organisation. Er beschäftigt beispielsweise einen Masseur für alle seine Angestellten. Seine Reinigungschefin geht mit ihm auf die Messe, wo sie für 100.000 Euro Putzmittel einkaufen darf. Sein Motto ist: „Die Reinigungskräfte sind meine Schätzchen. Die machen einen harten Job." Sowohl Fehlzeiten als auch Fluktuation sind sehr gering, die Einsatzbereitschaft ist sehr hoch.

Weiterbildung auch für 55jährige. Und sogar für Ungelernte. Damit hat man in der Metallindustrie (Gießereitechnik) im Rahmen des Projekts GussTAV („Gusstechnik arbeitsorientiert vermittelt“) gute Erfahrungen gemacht. Die Mitarbeitenden wollten lernen – freiwillig. Und das, obwohl sie sogar Freizeit opfern mussten. Das war eine Investition, die sich für das Unternehmen gelohnt hat. In vielen Betrieben werden mittlerweile Fort- und Weiterbildung nur noch für unter 50jährige angeboten – kein Wunder, wenn die älteren Beschäftigten sich ausrangiert vorkommen und wenig wertgeschätzt fühlen.

auch Ältere wollen lernen ...

Wissenstransfer. Bei der Salzgitter AG wollte man das umfangreiche Wissen der Älteren im Betrieb halten und verhindern, dass es dem Unternehmen gleichzeitig mit dem Wissensträger abhanden kam, sobald dieser in Rente ging. Zu diesem Zweck wurde das sogenannte TransferWerk entwickelt. Es handelt sich dabei um einen strukturierten Wissenstransfer unter Zuhilfenahme einer MindMap. Der Wissensgeber wird auf sehr wertschätzende Weise von einer Moderatorin und seinem Nachfolger interviewt, so dass in mehrstündigen Gesprächen eine Art Landkarte seines Wissens entsteht, die sogenannte Jobmap. Es geht dabei nicht um reine Arbeitsplatzbeschreibungen, sondern um das durch Erfahrung gewachsene KnowHow des ausscheidenden Beschäftigten (Ansprechpartner beim Kunden inclusive deren Vorlieben, zum Beispiel für französische Weine; Notfall-Rufnummern; Tipps zum Umgang mit bestimmten Software-Problemen oder Kollegen aus Partner-Gesellschaften etc.). Von diesem Vorgehen profitieren erfahrungsgemäß alle: Der Betrieb, weil das Wissen erhalten bleibt; der Nachfolger, weil er nicht mühsam bei Null beginnen muss (was unter normalen Umständen schon einmal vorkommt – der Ausscheidende will schließlich, dass die Firma merkt, was sie an ihm hatte); und der Ausscheidende selber, weil er sich wertgeschätzt fühlt und auf solche Spielchen verzichten kann. Er kann sicher sein, die anderen wünschen ihm aufrichtig nur das Beste für den Ruhestand.

... und andere können von den Älteren lernen

Generationennetzwerke. Zum Beispiel wie bei der in vielerlei Hinsicht vorbildlichen Firma Weleda in Schwäbisch Gmünd. Hierbei hüten ehemalige Werksangehörige die Kinder der heutigen Mitarbeiter, kümmern sich um die Haustiere, wenn die Besitzer im Urlaub sind, oder geben Hausaufgabenhilfe. Alle Seiten profitieren davon: Die älteren fühlen sich gebraucht und wertgeschätzt, die jüngeren erfahren handfeste Unterstützung, das Image des Unternehmens wird noch besser. Alle Beschäftigten und Ehemaligen identifizieren sich einfach stärker, wenn sie merken, dass sie dem Betrieb „von der Wiege bis zur Bahre“ am Herzen liegen.

die Betriebszugehörigkeit verbindet – auch in der Rente

strukturierte Problemlösung mindert Belastungsdruck und fördert Offenheit

Kollegiale Beratung. Darunter versteht man ein strukturiertes Problemlöseverfahren für Führungskräfte, das äußerst kostengünstig ist (es kostet quasi nur Zeit) und einen wichtigen Beitrag leistet zur Professionalisierung des Führungsverhaltens und zum Belastungsabbau. Jeweils drei bis sechs Führungskräfte – ideal: vier – setzen sich für 60 bis 90 Minuten ungestört zusammen und bekennen sich zur Schweigepflicht: Was in dieser Zeit besprochen wird, bleibt in der Gruppe. Einer berichtet dann von einer zwischenmenschlichen Situation, die ihn belastet, zu der die anderen ihn beraten sollen; beispielsweise: ein Mitarbeiter spaltet das Team; jemand macht ständig Ärger bei der Erstellung der Dienstpläne; eine Mitarbeiterin lästert und ruiniert damit das Betriebsklima; ein Teamleiterkollege auf gleicher Hierarchiestufe versucht, ihn gegenüber der Geschäftsleitung auszubooten; jemand hat ein Gespräch mit dem Vorstand vor der Brust, in dem es darum gehen wird, dass das Team keine weiteren Aufgaben mehr übernehmen kann, da es bereits an der Belastungsgrenze arbeitet. Die Führungskraft berichtet, was ihr Sorgen macht an der jetzigen Situation; und sie sagt deutlich, was sie sich von der Beratung erhofft (Rückenstärkung, Bestätigung, Ideen, Tipps, Gesprächsleitfaden o.ä.). Die anderen Führungskräfte, von denen einer die Moderatorenrolle übernehmen kann, fragen in ihrer Eigenschaft als Berater intensiv, was auch immer sie wissen möchten. Diese Fragephase sollte zeitlich die umfassendste sein und mindestens eine Viertelstunde in Anspruch nehmen. Denn nach der Fragephase dürfen die Berater keine Fragen mehr stellen; ihr Klient versinkt nämlich in Schweigen, während er dem Austausch der Berater lauscht, die beispielsweise Antworten suchen auf folgende Fragen: wie wirkt das auf uns? welche Ursachen vermuten wir? welche ähnlichen Situationen haben wir schon einmal gelöst? welche Tipps haben wir für unseren Klienten? Diese Tipps werden auf Karten notiert – nicht diskutiert! – und schließlich dem Klienten überreicht, der in Form einer Positivauswahl nur zu den ein oder Tipps Stellung nimmt, die er ausprobieren möchte oder die für ihn aus anderem Grund am wertvollsten waren. – Das Verfahren klingt sehr unspektakulär, setzt aber innerhalb der Gruppe intensive Prozesse in Gang, die sich auf das gesamte Miteinander im Betrieb positiv auswirken können. Das Vertrauen wächst. Helferendorphine werden freigesetzt. Die Führungskräfte merken, dass es gut tut, sich anderen zu öffnen; und dass sie selbst schon viel an Erfahrungswissen gesammelt haben, von dem die anderen nun profitieren können. Zudem stellen sie fest, dass es ein professionelles Verhalten ist, sich Unterstützung zu holen – und eben nicht Ausdruck von Schwäche. Sie erleben eine Entlastung („es sich von der Seele reden“) und erfahren praktische Unterstützung. Das Verfahren verbessert sehr häufig die Offenheit im gesamten Betrieb. In der Praxis werden entweder alle sechs Wochen offene Termine angeboten, an denen jede Führungskraft teilnehmen kann; oder es werden Termine auf Wunsch und nach Bedarf der Führungskräfte angesetzt. Wenigstens am Anfang ist aber eine Organisation – ggf. auch zur Einführung eine Form der Begleitung – durch die Personalabteilung oder Personalentwicklung sinnvoll. Die Führungskräfte erhalten das Signal: „Wir lassen euch nicht allein, sondern bieten euch einen Rahmen für solche Veranstaltungen, die eurer Entlastung dienen." Und die Mitarbeitenden erhalten en passant das Signal: „Denen ist wichtig, dass wir gescheit geführt werden."

Sozialberatung. Das Angebot einer Sozialberatung – intern oder extern – wird als Ausdruck von Wertschätzung seitens der Unternehmensleitung angesehen. Sie unterstützt Mitarbeitende und Führungskräfte bei psychosozialen Fragen wie Verschuldung, Eheproblemen, Burnout, Sucht. Sie gibt Führungskräften Tipps zur Gesprächsführung im Umgang mit überlasteten Beschäftigten – sie versteht sich in der Regel wirklich auch als Dienstleister oder Berater für die Führungskräfte. Die Sozialberatung kostet Geld, und das wissen die Leute zu schätzen. In meinen Augen ist die Sozialberatung eine der am meisten unterschätzten Wertschätzungsquellen eines Betriebs. Da die dort Tätigen bei ihrer Arbeit der Schweigepflicht unterliegen, dürfen sie mit ihren Erfolgen nicht nach außen treten; sie können eben nicht damit protzen „ohne uns würde der Vorstand X unter der Brücke leben". Und innerbetrieblich wird höchstens in Form anonymisierter Fallzahlenberichte die Existenzberechtigung der Sozialberatung nachgewiesen. Die sind schwer überprüfbar und haben daher kein besonders hohes Ansehen. Im Gegensatz beispielsweise zu Vertriebszahlen. Ich persönlich glaube, dass die Sozialberatung häufig genau so viel zum Überleben des Betriebs beiträgt wie der Vertrieb. Nur leider muss sie es bescheiden im Verborgenen tun, um die Schweigepflicht ihrer Klienten zu wahren. Auf die ist sie aber zwingend angewiesen, denn ohne diese Voraussetzung würden die Leute sich nicht trauen, das Angebot anzunehmen. Sie trägt in erheblichem Maße dazu bei, dass belastete Kollegen arbeitsfähig bleiben. Und sie ermöglicht es den Beschäftigten, sich mit dem Unternehmen stärker zu identifizieren. Sie verkörpert nämlich die wertschätzende Seite des Betriebs.

die guten Seelen des Betriebs – unbezahlbar und zur Unsichtbarkeit verdammt

Employees Assistance Programs. Externe Mitarbeiterberatungsangebote sind quasi die externe Variante der Sozialberatung. Der Betrieb schließt einen Vertrag mit einer externen Beratungsfirma, in dem beispielsweise festgelegt wird, dass jeder Beschäftigte bis zu fünf Stunden Beratung pro Jahr in Anspruch nehmen kann.

die externe Lösung

Häufig ist auch die Regelung anzutreffen, dass sogar nahe Angehörige die Beratung in Anspruch nehmen können. Der Gedanke dahinter ist: Wenn die Ehefrau depressiv ist, kann der Mann sich im Job nicht gut konzentrieren. Kontrolliert wird die Inanspruchnahme – ebenfalls unter Wahrung der Anonymität – durch eine Vertrauensperson, zum Beispiel einen Betriebsrat. Wichtig ist die Niederschwelligkeit des Angebots. Es muss leicht sein, mit den Beratern Kontakt aufzunehmen. Exklusiv eingerichtete Räumlichkeiten des Beraterteams können mit dazu beitragen, die Mitarbeiterberatung aus der Tabuzone herauszuholen. Es besteht – logisch betrachtet – keiner direkter Zusammenhang zur Qualität der Beratung, aber wenn das Ambiente „chic" aussieht, sehen die Ratsuchenden sich nicht als Sozialfall, der Hilfe braucht, sondern als wichtiger Teil eines Unternehmens, das ihn hegt und pflegt, damit es noch lange etwas von ihm hat. Der Betrieb signalisiert durch hochwertig(wirkend)e Beratungsangebote: „Du bist wichtig für uns, du bist es uns wert." Inhaltlich geht es bei der externen Mitarbeiterberatung um dasselbe wie bei der internen Sozialberatung: Schulden, Sucht, Überlastung, Eheprobleme, psychische Erkrankungen u.v.m. Dabei steht nicht die Therapie im Vordergrund, sondern eine lösungsorientierte Kurzzeitberatung beziehungsweise bei schwerwiegenderen Problemen die Vermittlung von externen Hilfsangeboten.

Sabbatjahr, Pflegezeit, Kinderbetreuung

Angebote zur Erleichterung der Lebensbalance. Flexible Arbeitszeiten, Lebensarbeitszeitkonten, Erleichterungen nach der Rückkehr aus der Elternzeit oder Pflegezeit (wenn pflegebedürftige Angehörige versorgt werden), Möglichkeiten zum Sabbatical (ein Jahr Auszeit), Kinderbetreuungsangebote im Betrieb – all das trägt mit dazu bei, dass Führungskräfte und Mitarbeitende langfristig arbeitsfähig bleiben. Das Signal ist bei all diesen Angeboten: „wir wollen, dass es euch hier gut geht und ihr uns bis zur Rente gesund und mit eurer Arbeitskraft erhalten bleibt".

Betriebliches Gesundheitsmanagement. Auch BGM wird als Ausdruck von Wertschätzung verstanden – sofern die Beschäftigten sich ohnehin schon von der Unternehmensleitung wertgeschätzt fühlen. Die Leitung sendet damit das Signal „wir kümmern uns". Um nur ein Beispiel von unzähligen zu nennen: Die Firma Wurst Stahlbau im niedersächsischen Bersenbrück mit 170 Mitarbeitern hat neben vielen weiteren Maßnahmen zur Verbesserung des Wohlbefindens das sogenannte „Cheffrühstück" eingeführt (impulse März, 2011, S. 75; sowie personalmagazin 01/11, S. 42). Alle drei bis vier Monate treffen sich die fünf Geschäftsführer mit fünf zufällig ausgewählten Beschäftigten zum Kaffee mit Marmeladenbrötchen. Dabei geht es ums Reden und Zuhören, einfach mit

ROI von 1 zu 4,25

einander ins Gespräch kommen. Beide Seiten fühlen sich auf diese Weise besser informiert. Man diskutiert auf Augenhöhe. Außerdem gibt es altersgemischte Teams mit Patensystem – jeder junge Mitarbeiter hat einen „Fels in der Brandung“ an seiner Seite –, Betriebsausflüge, Feste, Mitarbeitergespräche, Drachenbootfahren, Orchideen in jeder Ecke der Firma. Der Krankenstand ist gesunken, die Fluktuation bei Null, auch die Arbeitsunfälle und die Forderungen nach mehr Gehalt sind zurückgegangen. Der Return on Invest beträgt bei der Firma Wurst 1:4,25; die Firma ermittelte, dass sie durch 40.000 €, die sie eingesetzt hat (235 € je Mitarbeiter), ca. 170.000 € gespart hat aufgrund von geringerer Unfallhäufigkeit, niedrigerem Krankenstand und geringerer Fluktuation, wodurch das Akquirieren und Einarbeiten neuer Mitarbeiter wegfiel. Das ist nur ein Beispiel von vielen. Ich denke aber, mit Argumenten, Studien und Beispielen kann man Hardliner-Chefs nicht überzeugen. Die müssen selber entsprechende Erfahrungen machen, um ihre Einstellung zu verändern. Ein paar Tipps zum Umgang mit ebensolchen finden Sie in den Kapiteln 8.2 und 8.4.

Kultur-Café. „Lass dich loben!“ – Das war das Motto eines Kultur-Cafés in einem Pharmakonzern. In Anwesenheit der Geschäftsführung gab es eine Impuls-Veranstaltung mit einem Vortrag durch eine externe Referentin. Bei Wasser, Säften, Kaffee, Obstsalat mit Quark, Teilchen und Croissants (letzteres, weil man die weniger gesundheitsbewussten Mitarbeitenden nicht verschrecken wollte ...) tauschten die Teilnehmenden sich über ihren eigenen Anerkennungshaushalt aus (wie viel gebe ich, wie viel bekomme ich); sie beschrifteten Litfass-Säulen mit Erfahrungen von erlebter Wertschätzung in ihrem Betrieb und formulierten Sätze, mit denen sie ihrerseits Wertschätzung anderen gegenüber zum Ausdruck brachten. Die Stimmung war prima. Dank der CareCard als Erinnerungshilfe, die alle Teilnehmenden am Ende der Veranstaltung erhielten, wirkte dieser Vormittag nach Aussage der Verantwortlichen lange nach. Wichtig ist, dass es sich bei solchen Events nicht um Einmalaktionen handelt, sondern dass wieder und wieder Wertschätzung oder der Umgang mit einander zum Thema gemacht wird.

Einladung zur gemeinsamen Reflexion

Feiern. Anlässe zum Feiern gibt es genug: Erfolge, Projektabschlüsse, Vertragsabschlüsse, Jubiläen, Geburtstage, Teamtage, Sommerbetriebsfest, Weihnachten, Expansionen, gestiegene Aktienkurse, hohe Kundenzufriedenheit, bessere Werte in der Mitarbeiterbefragung, Verabschiedung in den Ruhestand und und und. Feiern Sie während der Arbeitszeit (sofern Sie nicht zu 100% im Kundenkontakt tätig sind). Firmenveranstaltungen nach Feierabend oder gar am Wochenende sind nicht Ausdruck von Wertschätzung – vor allem, wenn die Teilnahme explizit erwartet wird.

feiern Sie, was Sie können!

Beteiligung aller Gruppen. Die Zusammenarbeit zwischen einzelnen Abteilungen lässt sich durch gegenseitige Wertschätzung verbessern. Das beinhaltet beispielsweise, den Betriebsrat von Anfang an ins Boot zu holen – beim Thema Wertschätzung rennt man bei ihm ohnehin offene Türen ein – und einzubinden; die Arbeitsschützer hinzuzunehmen und gemeinsam arbeitsbedingten psychosozialen Gesundheitsgefahren den Garaus zu machen; die Personaler inclusive der Personal- und Organisationsentwicklung einzubeziehen, sofern die nicht ohnehin mit der Flagge vorangehen. Und natürlich den Gesundheitsmanager und die Sozialberatung, falls vorhanden. Und dann noch ein paar Beschäftigte und einige Führungskräfte. Warum sollen nicht reihum immer wieder andere Leute den jährlichen Gesundheitstag vorbereiten? In der Praxis sind es häufig immer dieselben, die aktiv sind. Ein Betrieb ist aber umso lebendiger, je mehr Mitglieder bei solchen Aktionen beteiligt sind.

je mehr Beteiligte, desto besser

Betriebliches Eingliederungsmanagement. Ein gut eingeführtes BEM ist ebenfalls Ausdruck von Wertschätzung – auch wenn der Betrieb dazu ja eigentlich gesetzlich verpflichtet ist. Realität ist es darum noch lange nicht. Wo es gut läuft, verstehen alle Beteiligten (Betriebsrat, Beschäftigter, Führungskraft oder Personaler) es als ein Angebot an den Rückkehrer, das ihm den Wiedereinstieg erleichtern soll. Auch vorher schon ist wichtig, den Kontakt zum Erkrankten zu bewahren – er soll sich nicht vergessen fühlen. Allerdings sollten Besuchsangebote mit Obstkorb oder ähnlichem auf Freiwilligkeit basieren.

BEM erleichtert Wiedereinstieg

Dem Einzelnen Raum geben. Vorsicht ist angesagt bei Belohnungssystemen wie dem „Mitarbeiter des Monats", solange dieser Status abhängig ist vom Erreichen bestimmter Ziele (die meisten Abschlüsse, die wenigsten Reklamationen o.ä.). Neid der Kollegen ist die zwangsläufige Folge. Dies leuchtet jedem ein, der sich an seine Kindheit erinnert. Wenn die Eltern den Klassenprimus als lobendes Vorbild präsentiert haben, hat dies nie den Ehrgeiz entfacht oder den Klassenprimus beliebter gemacht. Im Gegenteil ist normalerweise eine Abwertung dieser Person die Folge („der ist blöd und im Fußball eine Null") – ein ganz sinnvolles Manöver der Psyche zur Rettung des Selbstwerts. Wenn hingegen ohne Ansehen des Status abwechselnd einzelne Mitarbeiter sich und ihre Arbeit im Intranet oder in der Mitarbeiterzeitschrift vorstellen dürfen, dient dies dem besseren Kennenlernen und einer leichteren Vernetzung der Beschäftigten. Ein Foto vom Arbeitsbereich des vorgestellten Kollegen – neben dem Konterfei – sorgt dafür, dass sich die Leser ein Bild von ihm machen können. In einem kleinen Kasten daneben kann eine Kurzbiographie des Mitarbeiters seit

Namen mit Gesichtern verbinden

„Mitarbeiter des Monats" unabhängig von Status oder Leistungen

seinem Eintritt ins Unternehmen diesen näher vorstellen. Wenn der obendrein bereit ist, etwas Persönliches von sich zu erzählen oder beispielsweise sein Lebensmotto bekannt zu geben, wird er für den Leser noch transparenter. Man erkennt diesen Kollegen in der Kantine. Man fühlt sich ihm verbunden und tut sich leichter, ihn anzusprechen. Die große anonyme Masse „Belegschaft“ ist ein bisschen vertrauter geworden. Je persönlicher der Bericht (zum Beispiel durch Fotos der Kaffeetasse oder des Fahrradhelms), desto niedriger die gefühlte Distanz. Zu diesem Tipp gehört auch das schon erwähnte Riesen-Foto aus den Konterfeis der Beschäftigten – im Eingangsbereich der Alten- und Pflegeheime St. Josef im Selfkant genauso wie in den Niederlassungen der Deutschen Post AG.

Dank-Aktionen. Elementarer Ausdruck von Wertschätzung in Betrieben ist das Danke-Sagen. Im Grunde sollte es selbstverständlich sein, dass die Geschäftsleitung sich bei der Belegschaft für deren Einsatz bedankt – mit persönlichen gesprochenen Worten und nicht (nur) mit einem Standard-Brief mit digitalisierter Unterschrift. Ohne die Beschäftigten und deren Arbeit gäb's die Unternehmensleitung nicht, zumindest nicht mehr lange. Beide Seiten sind aufeinander angewiesen. Natürlich könnte auch die Belegschaft sich bei der Leitung bedanken und damit den ersten Schritt tun (ich empfehle dazu das Buch „Chef, Sie haben ein Super-Team!“ ...), aber meines Erachtens sollte auch beim Danke-Sagen die Leitung ihre Vorbildfunktion wahrnehmen. Wer seine Dankbarkeit durch ein kleines Präsent ausdrücken möchte, der kann auf Materialien zurückgreifen wie „CareCards mit Tipps zum wertschätzenden Umgang“ oder das Buch „Danke! Mensch, sind wir froh, dass Sie bei uns arbeiten!“ ☺ Solche kleinen Gesten verbinden. Sie stärken erfahrungsgemäß nicht nur das Zusammengehörigkeitsgefühl der Leute, sondern erhöhen auch das Gefühl von Zugehörigkeit zum Unternehmen.

wechselseitiger Dank: ohne Leitung keine Belegschaft und ohne Belegschaft keine Leitung

Gestaltung von Sozialräumen und sanitären Einrichtungen. Auf dem WC erkennt man, wie die Stimmung wirklich ist. Das sagte einmal eine Trainer-Kollegin, und ich kann ihr da nur zustimmen. Wenn die sanitären Einrichtungen zugig, dreckig und seit Jahren unrenoviert sind, trägt dies nicht dazu bei, dass Beschäftigte sich wertgeschätzt fühlen. Ich erinnere mich noch, wie in Zeiten des „Cost-Cutting“ (so hieß das in dem Unternehmen) vor vielen Jahren das bis dato weiche Klopapier durch graues, hartes Toilettenpapier, das aus dem vorletzten Jahrtausend zu stammen schien, ersetzt wurde. Kein Witz! Ich war sicher, in der Vorstandsetage sähe das anders aus, konnte diese These damals aber nicht überprüfen. Auch die Gestaltung der Kantine oder der Teeküchen kann

das WC zeigt das wahre Gesicht des Unternehmens (naja, etwas übertrieben, aber nicht viel ...)

das Signal geben „ihr sollte euch hier wohlfühlen; ihr seid es uns wert, dass wir das Geld in eine ansprechende Gestaltung stecken“. Falls das Geld fehlt, spricht übrigens nichts gegen eine Gemeinschaftsaktion „wir streichen die Kantine“. Menschen in Anzügen in Großunternehmen schlagen bei dem Gedanken vielleicht (leider) entsetzt die Hände überm Kopf zusammen, aber in KMU sind solche unorthodoxen kostensparenden Lösungen probate Mittel, um den Zusammenhalt zu fördern, das Zugehörigkeitsgefühl zum Unternehmen zu stärken und zugleich die Sozialräume aufzuwerten. Die Inanspruchnahme der Räumlichkeiten wird ebenfalls gefördert. Hier wie überall ist der Erfolg der Aktion größer, wenn die Chefetage sich tatkräftig (mit dem Pinsel statt der Geldbörse in der Hand) beteiligt. Ich kann allerdings, ehrlich gesagt, auch verstehen, wenn Führungskräfte sagen „das ist mir zu privat; ich will nicht, dass meine Leute mich in so einer Aufmachung wie einem Maleranzug sehen; für mich sollen Arbeit und Freizeit getrennt bleiben“. Nachvollziehbar ist diese Einstellung ganz sicher; aber denen, die trotzdem über ihren Schatten springen, gebührt Respekt, finde ich.

Pausengestaltungsmöglichkeiten. Die Pause gehört zur Arbeit wie die Nacht zum Tag. Es gibt das eine nicht ohne das andere. Daher verwundert es etwas, wenn die Arbeitsausrüstung perfekt durchgestylt und hochwertig ist (10 Schutzbrillenmodelle zur Auswahl: das ist nett, aber doch nicht das einzige) – während auf der anderen Seite aus Gründen der Kostenersparnis die Pausenräume nur noch alle zwei Monate vom Putzdienst gereinigt werden sollen und voll gestellt sind mit Möbeln, die in den 60er Jahren ihre beste Zeit bereits hinter sich hatten. Oder wo der Fußbodenbelag Brandflecken aus den wilden 70ern aufweist. Auch die röchelnde Kaffeemaschine mit Warmhalteplatte und Glaskanne für zehn Euro aus dem Baumarkt gilt heute nicht mehr als zeitgemäß. Wenn die Finanzlage des Betriebs das Geld für einen Kaffeevollautomaten wirklich nicht hergibt – macht nichts, es geht auch kostengünstiger. Apfelecken (Obstkörbe auf Stehtischen) und Wasserspender sorgen auf unkomplizierte Weise dafür, dass die Beschäftigten das Signal erhalten: „wir wollen, dass ihr Pausen macht (statt pausenlos durchzuarbeiten); und wie wollen, dass ihr die Pausen gesund gestaltet und dabei miteinander ins Gespräch kommt“. Eine schöne Ergänzung sind Angebote, die zu Bewegung verführen. Tischtennisplatten samt Zubehör, Balance-Boards zur Verbesserung des Gleichgewichtssinns, Basketballkörbe und -bälle, Jonglier-Tücher, Massage-Igel oder Soft-Bälle – Angebote mit Spielcharakter, die auf den ersten Blick in Wirtschaftsunternehmen bizarr anmuten, werden über kurz oder lang sehr wohl benutzt, und zwar nach meiner Beobachtung insbesondere von Männern. Die Atmosphäre wird

will die Leitung wirklich, dass wir Pause machen?

und will sie auch, dass wir uns dabei erholen?

deutlich aufgelockert durch solche Angebote. Und der Betrieb profitiert davon. Das Gehirn wird besser durchblutet, der Geist wird frischer – die Menschen sind nach so einer aktiven Pause leistungsfähiger. Auch Schlaf- oder Ruheräume erfüllen diese Funktion und werden ebenfalls als Ausdruck von Wertschätzung verstanden.

Seminare, Fort- und Weiterbildung. Solche Angebote signalisieren den Beschäftigten, dass in sie investiert wird. Als besonderer Ausdruck von Wertschätzung wird es häufig empfunden, wenn Seminarthemen behandelt werden, die auf den ersten Blick nicht viel mit dem Betrieb zu tun zu haben scheinen – beispielsweise Angebote zur Bewältigung von Schlafstörungen. In Führungskräfteveranstaltungen kommt dazu häufig das Feedback „Ich konnte das erst gar nicht glauben, dass ich dem Betrieb das wert bin! Dass an diesen zwei Tagen auch ich als Person im Mittelpunkt stand, und nicht nur ich als Arbeitskraft.“ In die Kategorie „Weiterbildung zu dem Thema ermöglichen“ fällt auch, dass Sie beispielsweise meinen kostenlosen Infobrief (erscheint alle zwei Monate) ins Intranet stellen können oder den Beschäftigten ermöglichen, Podcasts zu hören. Viele Kunden haben mir mittlerweile gemailt, dass sie jeden Montag Morgen, wenn um halb zehn mein neuster Podcast erscheint, mit der gesamten Teamrunde vorm PC mit Lautsprechern hocken und danach noch kurz über die Inhalte reden. So bleibt das Thema lebendig und das Team startet mit einem Wertschätzungsimpuls in die Woche. Meine beiden Podcasts erscheinen im wöchentlichen Wechsel; sie heißen www.podcast-pause.de und www.gesund-führen-podcast.de (mit „ü“).

jede Investition zeigt: „du bist es (uns) wert“

Workshops zum Thema Wertschätzung. Seminar-Veranstaltungen oder Vorträge, in denen es darum geht, wie die Beteiligten einen wertschätzenderen Umgang pflegen können, benachteiligte Subgruppen stärker integrieren können oder ihr Augenmerk stärker auf positive Aspekte des Betriebs lenken können, können offenbar tatsächlich etwas bewirken, wie in der Einleitung zu diesem Kapitel zu lesen war. Wunder sollte man davon nicht erwarten, aber es ist ein wichtiges Signal, dass man sich im Unternehmen um dieses Thema kümmert. Es gibt auch Betriebe, die für ihre Führungskräfte ganze Fortbildungsreihen zur Gewaltfreien Kommunikation (siehe Anhang) durchgeführt haben. Das Klima verändert sich dadurch in positive Richtung. Auch die im Anhang vorgestellte „Appreciative Inquiry“ kann Ressourcen freisetzen und Wertschätzung fördern, weil die Beschäftigten sich auf so einer Großgruppenveranstaltung positiv über ihr Unternehmen äußern, den Blick bewusst auf gute Erfahrungen in der Vergangenheit richten und positive Visionen und Zielbilder für die Zukunft entwickeln. Erforderlich ist eine Entwicklung weg von einer Misstrauens- und Kontrollkultur hin zu

Veranstaltungen zu Wertschätzung, z.B. Appreciative Inquiry oder GfK-Fortbildungen

wann macht ein Leitbild Sinn?

den Vorstand als Mensch fassen können

einer Vertrauenskultur. Aus diesem Grund plädiere ich auch dafür, keine Pflichtveranstaltungen zum Thema „Wertschätzung" anzusetzen – zumindest nicht bei Workshops oder Seminaren. Vorträge oder Großgruppenevents wie die Appreciative Inquiry kann man meines Erachtens für alle – also verpflichtend – ansetzen, denn dabei kann der einzelne sich ja völlig im Hintergrund halten, wenn er will; das ist in Workshops oder Seminaren normalerweise nicht möglich, weshalb die Teilnahme daran nicht mit Druck erwirkt werden sollte. Selbst wenn man letzten Endes die Seminarteilnehmer alle ins Boot holt: Das Signal ist falsch. „Der Zweck heiligt die Mittel" – diese Haltung wollen wir ja gerade ablegen.

Leitbildentwicklung zur Einführung einer Wertschätzungskultur. Das kommt vielen künstlich vor, insbesondere wenn es einfach von oben diktiert wird. Aber je mehr Leute daran mitbasteln dürfen, desto breiter ist die Basis derer, die es mit trägt – und alle Beteiligten setzen sich ja während des Prozesses mit dem Thema auseinander. Das als solches finde ich schon unterstützenswert. Wenn die Beschäftigten sich im Rahmen einer Impuls-Veranstaltung darüber austauschen „was macht uns wertvoll", wird das individuelle Selbstbewusstsein gestärkt, ebenso das Wir-Gefühl und das kollektive Selbstvertrauen. Ein Leitbild kann den Leuten Orientierung geben, und jeder Mitarbeiter kann sich später darauf berufen. Das macht es manchem leichter, seine Kollegen oder seine Führungskraft auf Wertschätzungsdefizite anzusprechen. Als Orientierungshilfe finde ich ein Leitbild sinnvoll. Aber sobald daraus konkrete Pflichten abgeleitet werden sollen, halte ich es mit meinem Kollegen, dem Psychologen und Veränderungsexperten Winfried Berner. Er schrieb in seinem Newsletter am 22.03.2011 (www.umsetzungsberatung.de): „Wenn Wertschätzung zur Dienstpflicht wird, ist sie keine mehr."

Kaminabende. Vorstände machen sich fassbar, werden greifbar, stellen sich den Fragen der Beschäftigten – beispielsweise auf zweitägigen Seminarveranstaltungen, bei denen die Teilnehmenden auswärts übernachten. Für manchen Seminarteilnehmer ist der Besuch des Vorstandsmitglieds das Highlight der gesamten Veranstaltung (zum Frust der Referentin ;-) ...). Nach meiner Erfahrung unterschätzen die Mitglieder der Leitungsebene, wie viel die Beschäftigten über sie wissen möchten. Am nächsten Tag ist das – mindestens beim Frühstück, aber häufig noch darüber hinaus – das Thema des Tages: wie er reagiert hat, als sein Sohn eine Fünf in Mathe heimbrachte; wie er sich unter all den Chinesen bei den Verhandlungen fühlt; dass seine Rosenstämmchen im Garten genauso viele Läuse zu haben scheinen wie die des „Fußvolks". Solche Informationen beschäftigen die Teilnehmenden nach meiner

Beobachtung manchmal mehr als die offiziellen Infos zum Stand der Dinge und Entwicklungen im Unternehmen. Teilnehmende von Seminargruppen fühlen sich aufgewertet oder gar geehrt durch die Anwesenheit des Vorstands.

Diversity Management zum Beispiel in Form von Wertschätzungstrainings für Führungskräfte, die viel mit Angehörigen anderer Kulturen oder mit Leiharbeitern zu tun haben. Wie bereits ausführlich dargelegt, bin ich ja der Meinung, dass man Wertschätzung nicht trainieren kann. Aber das Projekt GRAziL hat, speziell bezogen auf den Einsatz von Leiharbeitern, ein Training entwickelt, das viel mit dem zu tun hat, was man generell unter guter Führung versteht, aber einen besonderen Fokus auf ein wertschätzendes Miteinander legt. Die Abkürzung GRAziL steht dabei für: „Gestaltung, Umsetzung und Transfer von Instrumenten zum Ressourcenmanagement und zum Arbeitsschutz im Rahmen eines zielgruppenbezogenen Ansatzes für Leiharbeitnehmer in Entleihunternehmen“. Das Projekt GRAziL wird im Rahmen des Modellprogramms zur Bekämpfung arbeitsbedingter Erkrankungen vom Bundesministerium für Arbeit und Soziales (BMAS) gefördert, durch die Bundesanstalt für Arbeitsschutz und Arbeitsmedizin (BAuA) fachlich begleitet und durch die Gesellschaft für soziale Unternehmensberatung mbH (gsub) administrativ begleitet. Für das Wertschätzungstraining sind 4,5 Stunden veranschlagt. Konzipiert wurde es für Personalverantwortliche und direkte Vorgesetzte, die Zielgruppe lässt sich aber auch ausweiten. Elemente des Trainings sind beispielsweise: eine Kontakt-Kampagne (z.B. regelmäßig jeden MA zum Gespräch einladen), die 4 Seiten einer Nachricht (das Kommunikationsmodell nach Schulz von Thun), Anwendung des Wertequadrats, Feedbackregeln, Information (z.B. über Gratifikationskrisen nach Siegrist). Teil des Projekts sind auch Gruppendiskussion über den „Stand der Wertschätzung im Betrieb“, die alle zwei Jahre stattfinden; hierin sollen Verbesserungsvorschläge erarbeitet werden. Nähere Informationen zu dem Programm – und sogar einen Moderationsablauf – finden Sie unter www.grazil.net.

Projekt zur Wertschätzung von Leiharbeitern

Für Transparenz sorgen. Dies ist gleichbedeutend mit „Gerechtigkeit in puncto Information“. Das kann bedeuten, die Beschäftigten (alle!) darüber zu informieren, wie es dem Unternehmen in wirtschaftlicher Hinsicht geht; welche Veränderungen geplant sind; worauf die Geschäftsleitung besonders stolz ist und wo sie Fehler gemacht hat (für die sie sich womöglich sogar entschuldigt? – das wäre mal eine respektable Geste). Wichtig ist, dass die Beschäftigten das Signal erhalten „wir gehören zusammen; wir haben alle dieselben Ziele und sitzen alle im selben Boot“. Die Trennung „ihr da oben versus wir hier unten“ wird dadurch ein Stück weit aufge-

Informationen gerecht verteilen

Privilegien begründen, nicht missbrauchen

hoben. Glaubwürdig wird eine Firmenleitung dann, wenn sie an sich selbst dieselben Maßstäbe anlegt wie an die Belegschaft (oder gar noch höhere). Das oben erwähnte Beispiel mit dem kratzigen Klopapier geht in diese Richtung. Wo Gäste empfangen werden und die Leitenden Repräsentationspflichten zu erfüllen haben, muss das Ambiente hochwertiger sein als im Sozialraum der Werksangehörigen, das wird jeder einsehen. Aber in der Praxis werden solche Privilegien häufig permanent in Anspruch genommen, sprich: missbraucht. So eine Ungleichbehandlung sorgt für Unfrieden und Gefühle von Wertschätzungsmangel auf der Seite der Nicht-Privilegierten. Gegenmaßnahmen können offene Berichte sein: Wie viel Geld hat die Geschäftsführung für welche Repräsentationsanlässe ausgegeben? Die Privilegien bleiben vielleicht dennoch erhalten, aber sie haben weniger Geschmäckle, wenn sie transparent gemacht werden.

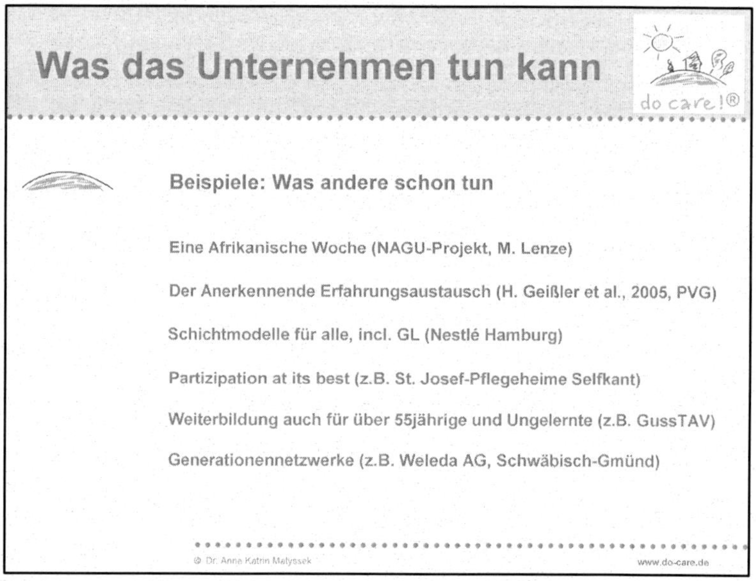

Abbildung 26: Was das Unternehmen tun kann (Auswahl)

TIPP FÜR SIE

Egal, was es in Ihrem Betrieb an wertschätzenden Strukturen gibt: Machen Sie's publik!

„Tue Gutes und rede darüber!" – so lautet ein alter Spruch aus vielen Marketingseminaren. Kommunizieren Sie das, was Ihr Betrieb tut, auf möglichst vielen Wegen und Kanälen. Es reicht nicht, dass Sie und die direkt Beteiligten davon wissen. Möglichst viele sollten von den Segnungen erfahren, die es in Ihrem Unternehmen gibt, auch die regionale Presse. Die Stadtverwaltung Vechta wurde belächelt, als sie publik machte, dass ihre Angestellten Mittagschlaf halten dürfen. Inzwischen sind die Spötter verstummt.

Kommunizieren auf vielen Kanälen

Auch innerbetrieblich sollten Sie alle Möglichkeiten zur Information nutzen: Print-Informationen (Werkszeitung), Online-Informationen (Intranet), Vorträge, Kurz-Inputs innerhalb von Workshops und Weiterbildungen, Berichte am Schwarzen Brett, Infoblöcke auf Betriebsversammlungen, Poster, Infoständer in der Kantine und und und. Die Beschäftigten sollen merken, dass der Betrieb sich um sie bemüht. Je mehr darüber reden, desto besser.

Ein Wertschätzungsprojekt ohne Öffentlichkeitsarbeit stirbt, bevor es zu leben beginnt.

Das gilt zumindest für den Fall, dass Sie einen Kulturwandel anstreben, der möglichst viele Unternehmensbereiche erfassen soll. Dass sich die Kultur – zumindest meiner Meinung nach – auch durch einzelne Lichtgestalten und deren wertschätzende Kommunikation mit einzelnen Unternehmensmitgliedern und Teams verändern kann, wissen Sie ja schon. Aber viele Betriebe wünschen sich, häufig als Fazit aus einer Mitarbeitendenbefragung, einen raschen Kulturwandel.

kein Kulturwandel auf Knopfdruck

Auf Knopfdruck wird der sich nicht vollziehen, aber wenn man das Thema breit angehen möchte, empfiehlt sich als Einstieg eine Impuls-Veranstaltung unter Beteiligung möglichst vieler Betriebsmitglieder, mit hohem Erlebnischarakter aufgrund aktiver Beteiligung und einer Erinnerungshilfe, die die Leute mitnehmen können und die positive Assoziationen weckt. Wenn im Arbeitsalltag, zum Beispiel auf Postern, Plakaten, Servietten oder Bildschirmschonern, immer wieder auf diese Erinnerungshilfe als Symbol für den Wandel hingewiesen wird (oder der sogar ein eigenes Logo hat), bleibt das Thema im Bewusstsein lebendig.

Wertschätzung = Privatsache?!

Ist Wertschätzung nicht eigentlich Privatsache? Gordon Gekko in dem Film „Wall Street" vertritt diese Auffassung, und auch vielen Personalverantwortlichen ist sie nicht fremd, falls sie nicht freundschafts-, sondern leistungs- oder machtorientiert sind und davon ausgehen, dass alle anderen Menschen genauso gestrickt sind wie sie. Das ist ein Denkirrtum (genauso wie es übrigens ein Denkirrtum sein kann, alle Menschen mit der „Wertschätzungsbrille" zu betrachten, das gebe ich ja zu; manche Menschen haben einfach andere Motive). Aber dass Wertschätzungsmängel kränken können und das Engagement ruinieren, dürfte bei fast allen Menschen der Fall sein – damit handelt es sich nicht mehr um eine Privatsache.

Was das Unternehmen tun kann – Zusammenfassung:

- Sozialberatung hausintern anbieten
- oder sie als Employees Assistance Program (EAP) einkaufen
- Sozialräume ansprechend gestalten
- Dank-Aktionen durchführen
- Pausengestaltungsmöglichkeiten (Apfelecken) anbieten
- den Anerkennenden Erfahrungsaustausch einführen
- Diversity pflegen (z.B. Kulturwochen; Führen von Leiharbeitern)
- Weiterbildung auch für über 55jährige anbieten
- Kollegiale Beratung als Instrument einführen
- das TransferWerk oder andere Wege zum Wissenstransfer nutzen
- Rituale einführen, um Erfolge zu feiern und alle teilhaben zu lassen
- Betriebliches Gesundheitsmanagement (BGM) einführen
- Mobbing-Beauftragte / Mediatoren ausbilden lassen
- Fortbildungen und Weiterbildung anbieten
- Personalentwicklungsgespräche anbieten
- ein Leitbild entwickeln mit möglichst vielen Beteiligten
- den Vorstand zum Kennenlernen zu Kaminabenden einladen
- Kontakte zu Langzeitkranken pflegen
- Seminare zu Wertschätzung oder Gewaltfreier Kommunikation bieten
- frühzeitige Infos und maximale Transparenz ermöglichen
- Mitbestimmung in vielen Formen / Partizipation intensiv ermöglichen
- Vertrauen zum Ausdruck bringen

Insgesamt:

- Menschen von ihrer Arbeit berichten lassen
- Menschen ihren Anteil am Ganzen spüren lassen
- Menschen ihren Anteil am Ganzen zeigen lassen
- Menschen eine Chance geben, sich mit ihrer Arbeit zu identifizieren
- Menschen fragen, wie und was sie arbeiten möchten
- „was kann ich dazu beitragen, dass die Arbeit für Sie wichtiger / attraktiver / interessanter wird?“

Wertschätzung = USP als attraktiver Arbeitgeber

Ein von Wertschätzung geprägtes Betriebsklima (auch und gerade in börsennotierten Unternehmen) gilt heute und in Zukunft noch stärker als Alleinstellungsmerkmal im „War for Talents“ – wobei ich das Wort „Krieg“ gern ersetzen würde. Es macht Betriebe zu attraktiven Arbeitgebern. Die oben erwähnte Firma Wurst setzt ihre wertschätzenden Angebote an die Mitarbeiter gezielt zur Werbung ein. Dies war auch von Anfang an so geplant. Auf diese Weise wird das Unternehmen interessant für Bewerber – in Zeiten des drohenden Fachkräftemangels ist dies ein wichtiger Wettbewerbsfaktor. Menschen wechseln gern den Arbeitsplatz, wenn sie den Eindruck haben, dass sie anderswo mehr Anerkennung für ihre Leistungen erfahren.

Auch der Call-Center-Betrieb defacto hat sich für diesen Weg entschieden. Die Call-Center-Branche steht ja nicht gerade in dem Ruf, besonders mitarbeiterfreundliche Arbeitsbedingungen zu haben. Bei defacto ist das anders. Das Unternehmen beansprucht für sich selbst: „Wertschätzung – der Mitarbeiter und der Kunden – steht über Wertschöpfung". Sie wollen „wertvollstes Call-Center am Markt" werden und „wertvolle Dialoge" bieten. Hier ist die Verknüpfung von „Wertschätzung für die Kundschaft und für die Belegschaft" meines Erachtens gut gelungen. Da kann ansonsten eine Gefahr lauern: Ich habe mal von einem Unternehmen gehört, bei dem es unter der Überschrift „Wertschöpfung durch Wertschätzung" ausschließlich ums Wohlergehen der Kunden ging; die Beschäftigten fühlten sich dementsprechend gering geschätzt ...

Vorsicht: Anwesenheitsprämien!

Und zum Schluss noch zwei Ansätze, bei denen nach meiner Erfahrung der Schuss meistens nach hinten losgeht. Manche Unternehmen betrachten die Zahlung von Anwesenheitsprämien als Ausdruck von Wertschätzung. Das sehe ich persönlich kritisch. Wenn jemand Geld dafür erhält, dass er in den vergangenen zwölf Monaten an maximal zwei Tagen krankheitsbedingt gefehlt hat, fühlen alle anderen, die vielleicht an chronischen Erkrankungen leiden und sich an manchen Tagen trotz ihrer Beschwerden zur Arbeit geschleppt haben, diskriminiert. Und zu Recht. Es geht dem Betrieb doch auch gar nicht um die körperliche Anwesenheit der Beschäftigten. Es geht doch um Produktivität. Dass die Anwesenheitsquote im Mitarbeitergespräch oder im Willkommensgespräch thematisiert wird, finde ich prima, aber die Anwesenheit finanziell zu belohnen, halte ich für fragwürdig.

noch mal Vorsicht: Tantiemen als Motivierungshilfe

Auch bei Zielvereinbarungen, die mit Tantiemen einhergehen, ist Vorsicht angebracht, und definitiv sollte man sie nicht als Teil eines Kulturwandels in Richtung „mehr Wertschätzung" verkaufen. Psychologisch betrachtet suggerieren sie „Dich muss man antreiben, sonst tust du nichts". Die Geschäftsleitung wird ernten, was sie gesät hat: Mitarbeiter, die nur für Geld arbeiten. Es gibt ja auch wirklich Menschen, die es lieben, mit anderen in Konkurrenz zu treten, sich zu messen und aus ihrem beruflichen Alltag einen Wettbewerb zu machen. Das geht so lange gut, wie die Menschen einen Erfolg nach dem nächsten einfahren. Bei nachlassenden Kräften – beim Älterwerden – erleiden die Leute häufig einen Einbruch, leistungs- und motivationsmäßig. Ihr Selbstwertgefühl ist angeknackst, weil sie ja bislang den Wert eines Menschen an seiner Leistung festgemacht haben.

8.2 Wenn es der Leitung an Wertschätzung mangelt: Empathie

die Situation als Herausforderung betrachten

Wenn Sie den Eindruck haben, Ihre Vorstandsebene ist das Synonym für „Wertschätzungsdefizit“: Bitte nicht aufgeben! Es wäre zu leicht, die Flinte ins Korn zu werfen. Betrachten Sie die Situation als besondere Herausforderung! Das ändert objektiv nichts – aber subjektiv sehr viel. Man fühlt sich nicht mehr als Opfer der Umstände, sobald man es schafft, eine Situation umzudeuten in eine Herausforderung. Wie in jedem Konflikt wird eine Lösung erst dann möglich, wenn man sich in den anderen hineinversetzt. Empathie ist das Heilmittel schlechthin. Das mag bei den Vorständen schwer fallen, aber es hilft. Und am Ende können Sie vielleicht sogar Mitleid empfinden für diese armen Kerle. Das erleichtert auch Ihr Überleben in wertschätzungsfreien Zonen (mehr dazu in Kapitel 9).

Wer leitende Führungskräfte nach ihrer Einstellung zum Thema Wertschätzung interviewt, bekommt bisweilen Sätze zu hören wie „Unternehmen sollen Gewinne erzielen und sind keine Kuschelvereine“ oder das oben schon zitierte „Wer Wertschätzung will, soll sich einen Hund kaufen“ von Gordon Gekko aus „Wallstreet“. Letzteren habe ich tatsächlich mal von einem Personalleiter gehört. Und der Mann war sogar Psychologe!!! Damals bemühte ich mich sehr, Mitleid mit ihm zu haben (Wie gesagt: Mitleid als Strategie bringt einen nicht in den Himmel, aber für schwache Menschen ist sie ein prima Zwischenweg, um nicht in eine abwertende Haltung hineinzugeraten). Und ich rechne es ihm auch hoch an, dass er mich darauf hingewiesen hat, dass die Wertschätzungsbrille nur eine von vielen möglichen ist, mit denen man die Welt betrachten kann. Aber als ich kürzlich erfuhr, dass er inzwischen seinen Hut genommen hat, freute mich das irgendwie dennoch ...

Ihr Vorstand ist (auch) Opfer

Probieren wir es trotzdem mal mit der Empathie als Herausforderung. Wer versucht, sich in Ihre Geschäftsleitung hineinzuversetzen, merkt rasch: Die hat es nicht leicht. Überstunden, Druck von der Konzernzentrale und ebenso von Ihnen und den Kollegen, fehlendes positives Feedback, fehlende gute Vorbilder, ständiges Reisen, ständiger Entscheidungsdruck, hohe Verantwortung (und Verantwortlich-gemacht-Werden), permanentes Gemessen- und „Gebenchmarkt“-Werden, kaum Freizeit. Der Ausdruck „Schmerzensgeld“ als ironisch vorgebrachte Bezeichnung für hohe Gehälter der Geschäftsführung ist bei vielen wörtlich zu nehmen; womöglich sind sie gesundheitlich angeschlagen, dürfen dies aber nicht zeigen, weil in ihren Sphären gilt:

„angeschlagen = angezählt“

Vielleicht hat Ihr Vorstand seine Kinder schon lange nicht mehr wach gesehen. Er lebt in einer Welt, in der Zahlen, Daten und Fakten oberste Priorität haben. Er steht unter permanentem Rechtfertigungsdruck. Und jetzt kommt's: Er würde auch gern dem Menschen (a. sich selbst und b. seinen Mitarbeitern) mehr Raum geben. Ganz sicher. Aber er glaubt, er könne es sich nicht erlauben. Er fühlt sich als Opfer. Vielleicht ist er auch eins – das lässt sich nicht objektiv klären. Es bleibt eine Frage der Einschätzung.

das Gute sehen – auch beim Geschäftsführer

Vielleicht denken Sie, er macht es sich zu leicht und nimmt die Opferrolle all zu gern an. Mit der wertschätzenden Grundhaltung, dem „Blick aufs Gute", darf aber nicht beim Vorstand Schluss sein. Er verdient dieselbe mentale Behandlung wie alle anderen Kollegen. Das beinhaltet auch Verständnis für seine Bedürfnisse und seine Nöte (und letztere gibt es nicht zu knapp). Er möchte einen guten Job machen. Bei aller Liebe zum Thema Wertschätzung und bei allem eifrigen Einsatz dafür:

Primär sind Unternehmen dazu da, Gewinne zu erzielen.

Dabei müssen Zahlen eine wichtige Rolle spielen, es geht gar nicht anders. Wie will man sonst Erfolge messen?! Die Kunst besteht darin, über die Zahlen die Menschen, die die Erfolge erarbeitet haben, nicht zu vergessen. Und Ihr Geschäftsführer ist der Meinung, dass er genau das hinbekommt. Den Vorstand, der denkt „ich schinde meine Leute bis zum Umfallen – Hauptsache das Geld für meine Finca auf Mallorca habe ich bald zusammen", den gibt es meiner Meinung nach nicht. Aber es gibt viele oberste Chefs, deren Selbstwahrnehmung narzisstisch-positiv getrübt ist.

Auch Chefs wollen einen guten Job machen

Schuld daran ist fehlendes Feedback. Ihr Geschäftsführer glaubt von sich selbst, dass er einen guten Job macht. Er findet sich nett (wir alle finden uns nett!). Er ist der Meinung, dass er die Balance zwischen maximaler Gewinnerzielung und Menschlichkeit gut hinbekommt. Woher soll er wissen, dass die Belegschaft das anders empfindet? Wenn niemand ihm den Spiegel vorhält, kann er nur sich selbst befragen. Und die meisten nicht-depressiven Menschen haben nun einmal ein unrealistisch positiv verzerrtes Selbstbild.

Allerdings wäre es wenig zielführend, den Geschäftsführer mit der negativen Fremdwahrnehmung zu konfrontieren („die Leute fühlen sich von Ihnen nicht geschätzt"). Feedback zu anderen Bereichen der Führung ist ganz wichtig und sinnvoll. Aber in diesem speziellen Kontext kommen Sie weiter, wenn Sie das positiv verzerrte Selbstbild nicht demaskieren, sondern es für Ihre Zwecke nutzen.

Wenn er doch glaubt, dass er wertschätzend führt – dann geben Sie ihm eine Chance, genau dies auch zu zeigen!

Geben Sie Ihrer Geschäftsleitung positives Feedback dafür, dass sie sich um die wirtschaftliche Lage des Unternehmens sorgt. Das liegt schließlich auch im Interesse der Beschäftigten. Dann fühlt Ihre Geschäftsleitung sich in diesem Punkt (wir erinnern uns: wirtschaftlicher Erfolg ist die primäre Daseinsberechtigung des Unternehmens) schon einmal verstanden und wird offener für andere Aspekte guter Führung.

zeigen Sie, dass Sie verstehen

Docken Sie an an der Erlebniswelt Ihres Vorstands, zum Beispiel indem Sie zum Ausdruck bringen, dass der Konkurrenzdruck sich verschärft habe und es immer schwieriger werde, die Balance zu halten zwischen Markt und Mensch. Das hat nichts mit Schleimerei zu tun. Sie signalisieren damit nur, dass Sie sich bemühen, die Bedürfnisstrukturen Ihres Geschäftsführers zu verstehen. Das macht sympathisch, öffnet Ohren und ist die hohe Schule der Kommunikation.

Verständnis zu entwickeln für diese Bedürfnisstrukturen erleichtert es, unvoreingenommen mit der Geschäftsleitung ins Gespräch zu gehen und Wege zu finden, wie diese Bedürfnisse im Sinne aller befriedigt werden können. Wenn der Vorstand emotional verkürzt daherkommt (sprich: nur mit Pokerface herumläuft), kostet es ganz schön Überwindung, sich in so einen Menschen hinein zu versetzen. Aber ohne Empathie geht's eben nicht. Sich hineinversetzen, das ist zugleich die Vorbereitung darauf, Mitleid zu empfinden. Übergangsweise kann Mitleid – als eine Form mentaler Überlegenheit – eine sinnvolle Haltung sein. Langfristig sollte es abgelöst werden durch Verständnis „von gleich zu gleich".

„Wir wollen mehr Wertschätzung im Betrieb, aber unser Chef ist ein A...." – solche Sätze weisen jedenfalls darauf hin, dass es sich lohnt, im ersten Schritt an der eigenen wertschätzenden Haltung zu arbeiten ... Man kann sich beispielsweise die Fragen stellen:

Fragen für eine wertschätzende Haltung gegenüber dem Chef:

- Mag ich den? Was an ihm mag ich?
- Verstehe ich ihn? Wozu (nicht: warum) macht der das?
- Was kann ich tun, um ihn noch besser zu verstehen?
- Welche Bedürfnisse könnten hinter seinem Verhalten stehen?
- Wie lassen sich die Bedürfnisse auf andere Weise befriedigen?
- Was wäre die sympathischste Erklärung für sein Verhalten?
- Wofür kann ich ihn bemitleiden?
- Wie kann ich es ihm erleichtern, seine Wertschätzung zu zeigen?
- Wie kann ich es ihm erleichtern, Dinge zu tun, die meine Wertschätzung verdienen?

auch Chefs brauchen Anerkennung

Es ist ein Irrtum zu glauben, nur weil jemand eine Führungsposition inne hat, bräuchte er keine Anerkennung durch andere. In der Praxis ist oft das Gegenteil der Fall: Gerade aufgrund der Feedbacklosigkeit in höheren Sphären fehlt es der Geschäftsleitung an Menschen, die ehrliche Rückmeldung geben oder wagen, Wertschätzung zu äußern. Je höher man auf der Karriereleiter klettert, desto größer ist die Gefahr, in einem Feedbackvakuum zu landen. Die Geschäftsführung braucht aber Anerkennung (und natürlich auch negative Kritik) mindestens genau so sehr wie Beschäftigte am unteren Ende der Hierarchieskala.

Führungskräfte meinen – genau wie Mitarbeitende –, dass sie seitens ihrer Vorgesetzten zu wenig Anerkennung bekämen. Das Phänomen ist also hierarchiestufen-übergreifend. Das Anerkennungsdefizit wird lediglich von oben nach unten durchgereicht. Es fehlt das Modell. Menschen – wie Tiere – lernen viel durch Imitation. Und sie imitieren am liebsten die Ranghöheren. Das dient auch dem Zweck, die eigene Position nicht zu gefährden. Wenn nun der Ranghöhere kein anerkennendes Verhalten zeigt, also nicht als Modell fungiert, dann müssen die Rangniederen eigene Verhaltensweisen kreieren. Das ist viel schwieriger. Aber es ist kein Ding der Unmöglichkeit.

„Lobet den Herren“ ...

„Lobet den Herren“ – der Text dieses bekannten Kirchenliedes, das ja nun schon ein paar Jahrhunderte auf dem Buckel hat, weist darauf hin, dass es früher Gang und Gäbe war, „nach oben“ zu loben (okay, ich geb's zu, das war anders gemeint). Aber heutzutage fürchten alle, als Kriecher dazustehen, wenn sie jemandem aus höheren Hierarchiestufen ein positives Feedback geben.

Wertschätzung macht vorm Chef nicht halt.

Das sollte sie zumindest nicht. Es erleichtert den Umgang auch mit schwierigen Führungspersönlichkeiten, wenn man sich vor Augen hält: Das ist auch nur ein Mensch. Mit ganz normalen menschlichen Bedürfnissen. Manche Bedürfnisse sind halt ein bisschen stärker ausgeprägt, dafür kommen andere zu kurz, zum Beispiel das nach sozialer Einbindung.

Tragen Sie mit dazu bei, die Einsamkeit der Führungskraft zu überwinden. Es spricht nichts dagegen, den Chef zu einem Bier einzuladen. Ich persönlich habe damit gute Erfahrungen gemacht (Wein statt Bier, aber das dürfte wohl egal sein). Mein Eindruck war, damit signalisierte ich ihm und mir selbst, dass wir auf der menschlichen Ebene gleich gestellt sind, auch wenn beruflich betrachtet die Hierarchiestufen natürlich andere waren. Es hat sich auch nicht nachteilig auf das Miteinander im Job ausgewirkt.

8.3 Im Dienste der guten Sache: „Gemeinsam sind wir stark“

der Chef soll vorweg marschieren? – treten Sie freiwillig zurück!

Und wenn die oberste Leitung noch so abwertend und defizitorientiert agiert: Nie gegen die Vorstände arbeiten! Was auch immer Sie vorhaben: Es muss zu einer gemeinsamen Sache werden. Der Vorstand muss sich damit identifizieren können. Dazu braucht es häufig das Angebot an seine Adresse, dass er sich an die Spitze stellen kann. Der Preis, den Sie dafür zahlen, ist hoch: Er erntet Ihre Lorbeeren. Aber das sollte Ihnen die Sache wert sein. Sie setzen sich ja nicht deshalb für Wertschätzung ein, weil Sie dafür Wertschätzung ernten wollen – das ist ein angenehmer Nebeneffekt, aber bestimmt nicht Ihr primäres Ziel.

raus aus der Zuschauerrolle!

Wichtig dabei: Zeigen Sie sich loyal, lassen Sie Ihre Leitung stets gut da stehen – innerbetrieblich genau so wie nach außen (Berichte der regionalen Presse). Sie muss sich mit den Erfolgen brüsten können und darf dementsprechend auch die – Ihre! – Lorbeeren ernten. Wenn es Ihnen wirklich um die gute Sache als solche geht, müssen und können Sie damit leben. Dass Sie nicht warten sollen nach dem Motto „die sollen erst mal!“, konnten Sie oben schon lesen. Mit der Einstellung würden Sie sich selbst zur hilflosen Zuschauerrolle verdammen. Auf dieser Position können Sie keine Ressourcen freisetzen.

Selbst wenn die Geschäftsleitung die Rahmenbedingungen vorgibt, trägt doch jeder einzelne Beschäftigte auf seiner Position seinen Teil zum Betriebsklima bei. Jeder kann etwas dafür tun, und jeder beeinflusst das Miteinander am Arbeitsplatz. Die Unternehmenskultur wird von allen mit gestaltet. Und genau so profitiert auch jeder von einem gesunden Betriebsklima.

Gemeinschaftswerk Betriebsklima:
Jeder kann etwas dafür tun, und jeder profitiert davon!

Der Zusammenhalt unter Kollegen hat schon manchen Berg versetzt. Er verleiht Identität und Stärke, aber er sollte nicht gegen die oberste Leitungsebene eingesetzt werden – zumindest nicht, sobald es um Themen geht wie „wir brauchen mehr Wertschätzung“.

Es darf nie der Eindruck entstehen, dass Sie – womöglich noch als große Mehrheit – gegen den Vorstand agieren. Das würde ihn verschrecken und naturgemäß Reaktanz, sprich: Trotz, hervorrufen. Überzeugen werden Sie ihn nicht dadurch, dass Sie 1000:1 gegen ihn stehen. Das treibt ihn nur in die Enge. Er wird sich unwohl fühlen, wie an den Pranger gestellt. Und außen vor. Nicht Teil der Gemeinschaft. Ausgeschlossen oder gar ausgestoßen. Das Gefühl mag niemand. Die einzigen Ressourcen, die in so einem Zustand freigesetzt werden, sind die Muskeln zum Kämpfen oder Fliehen; jedenfalls keine Großhirn-Aktivitäten. Dazu braucht's ein Mindestmaß an Entspannung.

locken und verführen statt zwingen und drängen

Sie müssen es schaffen, dass die Geschäftsleitung sich als wertgeschätzter Teil eines Ganzen sieht (und idealerweise die Flagge voranträgt). Ihr Vorstand muss quasi mitbrüllen können „gemeinsam sind wir stark!“ Ihre Intention beim Thema Wertschätzung sollte daher lauten „gewinnen statt verlieren lassen“, „überzeugen statt überreden“ oder „locken und verführen“ statt „zwingen und drängen“.

8.4 Die Leitung für wertschätzende Maßnahmen gewinnen

Badura: Wertschätzung zahlt sich aus

Vielleicht überzeugen Ihren Vorstand die Studien des obersten Experten für Betriebliches Gesundheitsmanagement, Bernhard Badura, zum Sozialkapital. Er schreibt zum Beispiel im Fehlzeiten-Report (2010, S. 9): „Durch Investitionen in das Sozialkapital eines Unternehmens, durch eine Stärkung der Mitarbeiterorientierung, von Vertrauen, Kommunikation und Wertschätzung, durch Partizipation und Transparenz lassen sich beträchtliche Verbesserungen im Betriebsergebnis und im Wohlbefinden der Mitarbeiter erzielen, wie eine eben abgeschlossene Interventionsstudie zeigt.“

Neurobiologie: Wohlbefinden als Erfolgsfaktor

Badura beschreibt, wie bei der Betrachtung der Arbeitsleistung des Menschen in der Vergangenheit meist seine körperliche Leistungskraft im Vordergrund stand, während heute – nicht nur in Dienstleistungsberufen – die Qualität der Leistung primär vom psychischen Befinden der Mitarbeitenden abhängt. Negative Emotionen führen zu schlechterer Leistung. Diese Meinung vertritt auch der Neurobiologe Gerald Hüther, der schreibt (2010, S. 24): „Maschinen kennen kein Wohlbefinden (...) Wenn sich aber neue Werte nur schöpfen lassen, wenn Mitarbeiter mit dem Herzen bei der Arbeit sind, wird Wohlbefinden zum erfolgskritischen Faktor.“

Ihnen ist das klar. Aber wie bekommen Sie diese Erkenntnisse in die Köpfe Ihrer Vorstände? Der eleganteste Weg, die Leitung für wertschätzende Maßnahmen zu gewinnen, geht wie bei den Führungskräften und wie bei den Multiplikatoren-Schulungen über das eigene Erleben. Eine Geschäftsleitung, die sich wertgeschätzt fühlt, ist ihrerseits großzügiger mit Lob und Anerkennung und aufgeschlossener für Aktionen, die zu mehr Wertschätzung im Betrieb

so tun, als stünde die Leitung bereits auf Ihrer Seite

führen. Man sollte daher im Gespräch nicht so tun, als stünde die Leitung auf einer anderen Seite als der Rest der Belegschaft oder als die Gesundheitsmanager etc. Denken Sie an das alte Goethe-Zitat von Seite 53 und tun Sie so, als stünde der Vorstand schon auf Ihrer Seite! Tipps für dieses Gespräch finden Sie unten.

keine Benchmarks! keine Vorwürfe!

Es macht keinen Sinn, mit Vorwürfen, Vorhaltungen oder gar Benchmarks zu argumentieren („die in Niederkassel haben ein viel besseres Betriebsklima!"). Wie Sie in Kapitel 8.2 schon lesen konnten: Am Pranger öffnet sich kein Ohr. Wer sich angegriffen fühlt, macht dicht oder geht seinerseits zum Angriff über. Er wird sich schützen oder verteidigen wollen, reflexhaft. Das ist so, wenn Vertriebszahlen präsentiert werden, und erst recht bei so weichen Themen wie Wertschätzung, die primär ohne Zahlen auskommen. Mit solchen Argumenten kann man nicht viel erreichen.

Überhaupt ist in meinen Augen „Argumentieren" beim Thema Wertschätzung keine empfehlenswerte Strategie. Angenommen, es gäbe noch mehr „Beweise" dafür, dass eine wertschätzende Unternehmenskultur sich auf den wirtschaftlichen Erfolg auswirkt – würde das etwas ändern? Was wäre dann anders? Wenn dann eine Unternehmensleitung sagen würde „okay, dann machen wir das" – dann ginge es wieder um Manipulation und nicht um eine wertschätzende Grundhaltung. Welche Maßnahmen auch immer dann ergriffen würden, sie hätten manipulativen Charakter. Es würde niemand sagen „Ach so ist das: Wertschätzendes Führen lohnt sich, dann lasse ich das ab jetzt mit den Kränkungen."

ökonomische Argumentation?

Ich persönlich bin der Ansicht, Wertschätzung ist Selbstzweck. Ich sehe da nicht die Notwendigkeit einer ökonomischen Argumentation. Dass sie auch betriebswirtschaftliche Konsequenzen zeitigt, halte ich für natürlich evident. Und wer das anzweifelt, der kann mich mal gernhaben ... (Sie sehen: Ich bin wirklich noch nicht reif für die Gewaltfreie Kommunikation ☺). Die, denen Wertschätzung eh schon am Herzen liegt, die brauchen keine Studien oder Zahlen als Beweise. Zahlen wirken höchstens als Türöffner, aber nicht als Überzeugungsargument.

Was man nicht messen kann, kann man nicht managen.
Aber nicht alles, was man zählen kann, zählt.

Wertschätzung ist ja auch nichts wirklich Neues. Sie ist keine neue Aufgabe für Führungskräfte und sie kommt auch nicht von außen. Sie ist immer schon da. Man muss sie nur entdecken und ihr zur Entfaltung verhelfen. Man kann sie nicht „einführen" wie ein Betriebliches Gesundheitsmanagement. Genauso wenig wie man wertschätzendes Führungsverhalten oder eine wertschätzende Unternehmenskultur oder überhaupt Werte „einführen“ kann. Man kann sie auch nicht durch das Verfassen von Leitbildern oder Führungsgrundsätzen ins Unternehmen locken.

Aber indem man sich über diese Themen austauscht, sich mit den Inhalten auseinandersetzt, zur Reflexion der eigenen Haltung und des eigenen Verhaltens bereit ist, das Augenmerk auf positive Aspekte des Unternehmens, des Teams, des einzelnen legt, verhilft man der Wertschätzung im Betrieb zum Wachstum. Auf einer Tagung der Bundesanstalt für Arbeitsschutz und Arbeitsmedizin BAuA und der Initiative Neue Qualität der Arbeit INQA zum Thema „Unternehmenskultur“ habe ich 2006 den schönen Satz gehört (leider weiß ich nicht mehr, von wem): „Die Unternehmenskultur wird an jedem Tag von jedem Beschäftigten neu gestaltet.“ Ich finde, der Satz macht Mut und gibt Kraft.

jeder gestaltet die Kultur täglich neu mit!

Darum muss es gehen: Die Bereitschaft der Geschäftsleitung zu wecken, dass sie und alle im Betrieb sich immer wieder (!) austauschen und reflektieren über die Frage, wie sie mit einander umgehen. Dabei soll sich, wie Sie oben gelesen haben, die Leitung als Teil der großen Masse begreifen dürfen. „Ich bin einer von euch, wir ziehen alle am selben Strang, uns allen ist wichtig, dass der Umgang von Respekt und Wertschätzung geprägt ist“ – diese Haltung braucht Ihre Geschäftsführung. Da müssen Sie sie irgendwie hin bekommen ...

Sie können es ihr erleichtern, diese Haltung einzunehmen, indem Sie an Situationen aus der Vergangenheit erinnern, bei denen sie sich wertschätzend verhalten hat oder das Wort „Wertschätzung“ in den Mund genommen hat, zum Beispiel so: „Wir wissen ja spätestens seit Ihrer Rede zur Neueröffnung der Kantine, dass ...

Gesprächseinstieg: Andocken an ein Erlebnis aus der Vergangenheit

- Ihnen das Wohlbefinden der Belegschaft am Herzen liegt;
- Sie stolz auf Ihre Mannschaft sind;
- die Fürsorgepflicht für Sie nicht nur ein Wort ist;
- Sie finden, wir sollten uns am Arbeitsplatz wohlfühlen;
- Ihnen ein guter Umgang miteinander wichtig ist.“

Oder so ähnlich (natürlich nicht alle fünf Sätze sondern höchstens zwei). Es darf selbstredend nicht anbiedernd rüberkommen, aber solange Sie auf tatsächliche Gegebenheiten zurückgreifen, ist die Gefahr, einschleimend zu wirken, relativ gering. Mit solchen oder ähnlichen Sätzen sollten Sie das Gespräch eröffnen und dann überleiten zu Ihrer Idee. Tun Sie dabei so, als wäre die Gegebenheit von damals für Sie Anlass gewesen, darüber nachzudenken, wie sich das Miteinander noch wertschätzender gestalten ließe.

kein Trick! Ihre Leitung hält sich selbst für nett

Das soll nicht so klingen (was ich hier schreibe, meine ich jetzt), als müsste man Ihre Leitung irgendwie manipulieren oder als handle es sich um eine Form von Trick. Ich bin tatsächlich der Überzeugung, dass die allermeisten Geschäftsleitungen sich als wertschätzend empfinden – nur dass das auf den Rest der Welt manchmal anders wirkt. Aber im Grunde gilt für den Umgang mit der Leitung das, was für den gesamten Betrieb gilt: Die Wertschätzung ist schon da. Sie ist nur (bislang noch) nicht entdeckt worden; vielleicht weil noch niemand danach gesucht hat.

Auch die Geschäftsleitung möchte
a. wertgeschätzt werden und
b. ihre Wertschätzung zeigen.

Sie sollten für das Gespräch davon ausgehen: Sie ist da. Auch in Ihrem Vorstand. Er brennt darauf, der Welt zu zeigen, dass er im Grunde ein guter Kerl ist (was er eben nach seinem Selbstverständnis auch ist; und objektive Maßstäbe zur Bewertung eines Menschen hinsichtlich einer Eigenschaft gibt es meines Wissens nicht). Wenn Sie mit dieser Annahme ins Gespräch gehen, wird es für Sie leichter, offen und gewinnend zu wirken, als wenn Sie denken „für den Kühlschrank ist doch Wertschätzung ein Fremdwort".

Grundsätze für das Gespräch mit der Leitung

Für Gespräche mit Ihrer Leitungsebene zum Thema „Wertschätzung" sollten folgende Grundsätze gelten: Erstens soll sie sich wohlfühlen; das schaffen Sie, indem Sie großzügig sind mit anerkennenden Äußerungen (kurz und knapp, aber mit Begründung), wenn Sie das Gespräch wie oben beschrieben einleiten.

Zweitens: Die Leitung muss die gedankliche Arbeit machen; sie muss das Gefühl haben, das Ganze wäre ihr Werk; das schaffen Sie durch Äußerungen wie „Ihnen als oberster Leitung ist ja sicher wichtig, dass ..." (die Leute gern zur Arbeit kommen, damit alles rund läuft; die Qualität stimmt, weil die Leute Missverständnisse aus dem Weg räumen; das Wissen des Kollegen hier im Betrieb bleibt, auch wenn er jetzt ausscheidet; die verschiedenen Kulturen in unserem Unternehmen alle am selben Strang ziehen).

Ja-Straße aufbauen

Wichtig ist, dass Sie Signale der Zustimmung erhalten, also zum Beispiel, dass Ihre Leitung nickt, während Sie diese Sätze sprechen. Vertriebler sprechen von einem „Yes-Set", das es aufzubauen gilt. Dahinter steht die Hypothese: wenn der Kunde dreimal nickend zustimmt, wird er auch dem vierten Satz – dem Kaufangebot – nickend zustimmen, weil er gerade so schön im Schwung ist ... Falls Ihr Vorstand Sie an dieser Stelle nur fragend anguckt, statt zu nicken, können Sie ruhig noch einmal Ihren Satz von eben wiederholen „ich dachte halt, das ist Ihnen als Leitung wichtig".

Im dritten Schritt können Sie die Erfahrungen anderer einfließen lassen („neulich auf dem Kongress habe ich von einem Betrieb gehört, der ...“), aber Sie sollten diese nicht explizit empfehlen. Den Transfer „vielleicht wäre das auch etwas für uns“ sollte Ihre Leitung unbedingt selber leisten. Die Wahrscheinlichkeit, dass sie dies tut, steigt, wenn Sie

SCHWEIGEN

nachdem Sie Ihren Bericht beendet haben. Lassen Sie sie kommen, indem Sie schweigen! Sie soll und wird die nächsten Schritte vorschlagen. Noch eleganter wäre es, wenn Sie nur ganz kurz berichten, welche wertschätzenden Maßnahmen – nicht zu viele auf einmal, das schreckt ab! – die anderen ergriffen haben, so dass Ihre Leitung Sie mit einem fragenden Blick auffordert, noch mehr zu erzählen. Auch deshalb sollten Sie nach Ihrem Mini-Bericht schweigen.

TIPP FÜR SIE

Schweigen Sie, wenn Ihre Leitung denken soll!

Vorsicht vor überschwänglichen Emotionen!

Wenn Sie dann berichten: Bitte nicht schwärmen! Wenn Sie mit leuchtenden Augen von den glückselig-machenden Ideen der anderen Unternehmen erzählen, wirkt das leider nicht ansteckend (was wir immer hoffen), sondern es sorgt eher dafür, dass das Gegenüber auf Abstand geht. Überbordende Emotionen sorgen beim Gesprächspartner meistens für eine Distanzierung. Andere mitreißen – das funktioniert nur, wenn beide Gesprächspartner abwechselnd Gedanken einbringen und sie sich so gegenseitig hochschaukeln. Der Anfang ist aber möglichst nüchtern!

Lassen Sie nach Ihrem Bericht die Geschäftsleitung kommen. Sie soll nachfragen. Sie soll sich interessieren. Und falls sie nur fragt „ja und?!“, lassen Sie wieder bewusst ein bisschen Zeit verstreichen, zucken vielleicht mit den Achseln (als wäre es selbstverständlich, dass die Leitung sich dafür interessiert), und wenn dann immer noch nichts kommt, äußern Sie einen Satz wie „ich habe halt gedacht, das interessiert Sie, wo Sie doch neulich ...“. Spätestens dann wird sie nicht anders können, als sich für die Idee zu interessieren. Und mit jeder Nachfrage macht sie sich die Idee stärker zu eigen. – Sie haben sie für die Idee gewonnen ☺

Gewinnen statt überzeugen wollen, das bedeutet zugleich, dass Sie sich selbst zurücknehmen. Das heißt auch, wie oben beschrieben – dass im Zweifelsfalle er Ihre Lorbeeren kassiert. Aber da es

Ihnen ja ums große Ganze geht und Sie frei sind von Eitelkeit, macht Ihnen das ja sicher nichts aus ... Manchmal helfen, um das Gespräch in Gang zu bringen, auch Formulierungen wie „Sie (!) haben vielleicht eine Idee, wie wir so etwas bei uns auf die Beine stellen können" oder „Sie fühlen sich (nicht ‚sind'!) ja sicher auch verantwortlich für das Klima in unserem Unternehmen".

„Chef, Sie haben ein Super-Team!"

Viertens und letztens sollten Sie aus dem Gespräch herausgehen mit dem Auftrag der Leitung, etwas Ähnliches in die Wege zu leiten, wie es das Unternehmen XY getan hat. Und Ihre Leitung wird die Umsetzung umso intensiver unterstützen, je mehr sie das Gefühl hat, dass das Ganze ihre Idee (und eben nicht Ihre) war. Und noch ein Tipp zum Schluss: Falls es zu Ihnen passt, kokettieren Sie mit dem Satz „Sie haben ein Super-Team!" – das lässt Ihr Gegenüber lächeln, ganz sicher.

Für unseren Lieblingschef

(ein Schuft, wer jetzt denkt: „Wir haben ja eh nur den einen")

Hallo Chef,

was wir Ihnen immer schon mal sagen wollten … Hier steht's nun geschrieben. Wir haben das delegiert – Sie wissen schon: mit eigenen Worten ist es oft schwieriger, so etwas auszudrücken.

Jedenfalls, im Grunde sind wir ziemlich zufrieden mit Ihnen. Es hätte uns deutlich schlimmer treffen können.

Und Sie aber auch!

Stellen Sie sich doch mal vor, Sie hätten das Team von (… beliebigen Namen einsetzen …) erwischt! Dann kämen Sie aber morgens nicht so gut gelaunt rein! Um es noch ein bisschen klarer zu sagen:

„Sie haben ein Super-Team!"

Wir sind stolz auf Sie, dass Sie so eine tolle Truppe haben!

Das einnnnnzige, wovon es viellllleiiiiicht ab und zu ein bisschen mehr sein dürfte, damit alles so prima bleibt, ist: Anerkennung. Aber durch die gemeinsame Lektüre dieses Buches wird sich das bestimmt deutlich zum Positiven verändern.

Und Sie und wir werden sagen:

„Das ham we gut gemacht!"

Auszug aus dem Buch „Chef, Sie haben ein Super-Team!"

Hier nun noch einmal zusammenfassend die oben genannten Tipps, mit denen Sie hoffentlich Ihre Leitung für wertschätzende Maßnahmen gewinnen werden:

- Unverzichtbare Basis: eine wertschätzende Haltung gegenüber der Geschäftsleitung. Unterstellen Sie ihr immer die beste Absicht. Halten Sie es mit dem alten Goethe (S. 53) und tun Sie, als wäre sie die Top-Führungskraft. Erinnern Sie sich vor dem Gespräch an Gesten, hinter denen man eine wertschätzende Haltung vermuten kann. Spielen Sie quasi Detektiv und suchen Sie intensiv nach Hinweisen darauf, dass Ihre Leitung auch nur ein Mensch ist und dass in ihr ein zartes Pflänzchen namens Wertschätzung schlummert. Legen Sie Ihren persönlichen Ehrgeiz darein, es wachsen zu lassen.
- Sorgen Sie dafür, dass Ihre Leitung sich in diesem Gespräch wohlfühlt. Das schaffen Sie unter anderem, indem Sie sie an ein Ereignis erinnern, bei dem sie betont hat, wie wichtig ihr Wertschätzung ist, oder bei dem sie sich so verhalten hat, dass man es als Ausdruck von Wertschätzung verstehen könnte. Geben Sie ihr positives Feedback; auch das macht sie offener.
- Bauen Sie eine Ja-Straße auf, indem Sie Äußerungen tätigen, denen Ihre Leitung zustimmt. Lassen Sie einfließen, dass das Thema Wertschätzung Ihrer Leitung offenbar wichtig ist. Berichten Sie dann – ohne Schwärmerei – von Erfahrungen anderer Unternehmen („Dann wird es Sie bestimmt interessieren, was ich neulich gelesen habe“).
- Danach schweigen Sie. Halten Sie die Pause aus. Lassen Sie Ihre Leitung die gedankliche Arbeit machen. Sie soll die Brücke von dem anderen zu Ihrem Unternehmen schlagen („das wäre auch etwas für uns“) und Sie letztlich damit beauftragen, Maßnahmen vorzubereiten. Halten Sie sich mit Vorschlägen zurück. Warten Sie darauf, dass Ihre Leitung Sie mindestens fragt: „Und was heißt das für uns?“ oder „Und warum erzählen Sie mir das?“, bevor Sie Ihre Ideen vorstellen. Wertvoller ist es immer, wenn die Leitung selber drauf kommt.

Geben Sie ihr bei all dem das Gefühl, ein wertvoller und von allen geschätzter Mensch zu sein, der nun endlich eine Möglichkeit gefunden hat, seinerseits Wertschätzung zum Ausdruck zu bringen. Die Lorbeeren dafür erntet die Leitung – Sie (als verdeckt agierender) Coach bleiben im Hintergrund. Das ist der Preis.

8.5 Wie Sie mit einem anerkennungsgeizigen Chef umgehen

Die wichtigsten Tipps zum Umgang mit Führungskräften, für die Wertschätzung ein Fremdwort ist, haben Sie schon in Kapitel 8.1 kennengelernt.

- Versuchen Sie, Mitleid mit Ihrer Führungskraft zu empfinden. Das verleiht Ihnen im Innern Überlegenheit und erleichtert Ihnen die nächsten Schritte. Es mindert die Wut und löscht Ohnmachtsgefühle.
- Probieren Sie Goethes Empfehlung (vgl. Seite 53) und versuchen Sie so zu tun, als wäre Ihr Chef „besser", als er ist.
- Sagen Sie sich: „Gerade der hat's nötig!" Vielleicht gelingt es Ihnen, sich selbst als Medikament für seine „Krankheit" zu verstehen. Begreifen Sie sich als jemand, der Ihrem Chef aus der Wertschätzungswüste heraushelfen kann. Sie können ihm zum Wachstum verhelfen.
- Nutzen Sie Empathie als Königsweg zu gelingenden Beziehungen! Üben Sie sich in Verständnis. Versetzen Sie sich in ihn hinein. Führen Sie sich vor Augen, wie viel Stress er hat und von wie vielen Menschen er – beruflich und privat – negativ angegangen wird.
- Geben Sie ihm Feedback! Falls er kränkungsanfällig ist, starten Sie mit ausschließlich positivem Feedback (Soft-Variante: sich bedanken für konkrete Verhaltensweisen), später gehen Sie dann über zu negativem. So merkt er „die / der steht trotzdem auf meiner Seite."
- Liefern Sie ihm ein Vorbild, indem Sie Emotionalität zeigen, etwa indem Sie Ihre Freude nicht verstecken, wenn die Abteilung einen Auftrag ergattert hat oder ähnliches. Halten Sie im Hinterkopf: Menschen, die ihre Emotionalität zeigen (im einfachsten Fall: lachen), erhalten signifikant mehr Anerkennung als Menschen mit Pokerface.
- Machen Sie sich und Ihre Leistungen sichtbar. Auch wenn es Ihnen zuwider sein sollte: Man muss Führungskräfte auf sich aufmerksam machen. Holen Sie sich Ihre Lorbeeren, indem Sie ihn um Feedback zu konkreten Leistungen bitten.
- Holen Sie sich die Lorbeeren notfalls bei Kollegen, indem Sie sie um ihre Meinung bitten. Manchmal hilft auch gelegentliches (!) gegenseitiges Ausweinen über den Anerkennungsgeiz des Chefs.
- Lassen Sie nicht zu, dass Ihr Selbstwertgefühl durch seinen Anerkennungsgeiz Schaden nimmt. Diese Bedeutung steht ihm nicht zu. Reduzieren Sie ihn notfalls auf die Sachebene der Führungsaufgabe („er muss mich nicht lieben; er muss bloß sicherstellen, dass ich mein Gehalt bekomme").

Selbstschutz ist ganz wichtig, wenn Ihre Chefin oder Ihr Chef Sie in der Anerkennungswüste dürsten lässt. Es ist nicht leicht, aber auch hier ist Überleben möglich ...

9 Überleben in wertschätzungsfreien Zonen

9 Überleben in wertschätzungsfreien Zonen

9.1 Keine Chance der inneren Kündigung!

innere Kündigung ist was für Feiglinge

In die innere Kündigung gehen: Das ist die nahe liegende Reaktion wenn das Klima frostig ist und man sich nicht gesehen fühlt – aber auch die feigste. Innere Kündigung ist unbefriedigend für alle Seiten. Sie schaden damit dem Betrieb und letztlich auch sich selbst. Ursprünglich sind Sie ja angetreten, um etwas zu bewirken. Das vermute ich zumindest. Die wenigsten Menschen träumen davon, ihre Zeit bis zur Rente einfach so abzusitzen.

Und das ist bei Ihnen sicher ähnlich. Sonst hätten Sie sich nicht dieses Buch zugelegt. Sie möchten Ihre Umwelt gestalten, auch im Betrieb. Sie wollten nie zum grauen Männlein mutieren, stimmt's? Sie wollten etwas schaffen, einen wichtigen Beitrag leisten, etwas Wertvolles beitragen. Es macht uns Menschen nun einmal froh, wenn wir einen Sinn sehen können in dem, was wir tun. Ohnmachtsgefühle hingegen machen anfällig für Depression.

seien Sie sich zu schade für die Opferrolle!

Sie sollten sich zu schade dafür sein, Ihre berufliche Entfaltung und Wirkkraft einfach so zu opfern. Sie haben Besseres verdient Meine Empfehlung lautet: Kündigen Sie richtig oder gar nicht. Natürlich kann auch Sabotage ein Weg sein, um sich von Hilflosigkeitsempfindungen zu befreien. Die Ohnmachtsgefühle lassen nach, wenn ich merke, dass ich meinem Unternehmen aktiv Schaden zufügen kann. Dann bin ich ja aktiv. Ich gestalte mit. Aber ganz ehrlich: Das ist es nicht, wovon wir träumen.

Auch in Bezug auf andere Menschen sollten Sie nicht in innere Kündigung gehen – im eigenen Interesse. Marshall Rosenberg schreibt dazu (2007, S. 88): „Jedem Menschen eine grundsätzliche Wertschätzung entgegenzubringen ist die schönste Umgangsform, die wir uns selbst gegenüber wählen können. Denn jedes Mal, wenn wir ein Arschloch sehen, zahlen wir dafür, denn dann leben wir in einer Welt voller Arschlöcher." Er drückt es ein bisschen drastisch aus, aber im Grunde hat er Recht: Man tut sich keinen Gefallen damit, wenn man aufgrund von Wertschätzungsmangel, den man erlebt, selber wertschätzungsgeizig wird.

Eine einzige Ausnahme würde ich hinsichtlich der inneren Kündigung gelten lassen: Ich finde es legitim, vorübergehend (!) nur Dienst nach Vorschrift zu machen, falls man gerade körperlich oder psychisch am Limit ist und alle Energie braucht, um gesundheitlich nicht hinten über zu kippen. Aber Vorsicht: Hier sollten Sie besonders aufmerksam sein, ob Sie sich nicht in die eigene Tasche lügen. Und natürlich raubt einem auch ein Wertschätzungsdefizit Energie und sorgt dafür, dass man sich kraftlos fühlt. Aber das allein sollte nicht als Grund für die innere Kündigung herhalten.

einzige Ausnahme

Stattdessen (falls Sie definitiv nicht kündigen wollen) könnten Sie versuchen, Ihre aktuelle Situation als Herausforderung zu betrachten nach dem Motto „das werden wir doch mal sehen, ob ich mich wirklich so leicht unterkriegen lasse". Sie können sich auch um Projekte bewerben, die Sie reizen und die Ihnen wenigstens stundenweise das Gefühl geben, etwas Sinnvolles zu tun. So gestalten Sie Ihren Arbeitsalltag wieder aktiv mit, zumindest innerhalb bestimmter Grenzen.

TIPP FÜR SIE

Setzen Sie Ihrem Leiden ein zeitliches Limit.

Oder Sie setzen sich ein zeitliches Limit; auch das gibt einem das Gefühl, die Dinge unter Kontrolle zu haben: „Drei Monate halte ich diesen Frust noch durch, aber dann ...". Und was dann folgt, sollten Sie am besten schriftlich festhalten, damit Sie dieses wichtige Datum nicht verschlafen. Wir Menschen können verdammt viel aushalten – so lange wir wissen, dass der belastende Zustand zeitlich begrenzt ist. Das gilt interessanterweise auch für Begrenzungen, die wir selber festsetzen. Wir fühlen uns nicht mehr ganz so hilflos, das Selbstwertgefühl ist (ein bisschen ...) gerettet.

zeitlich begrenztes Leid ist halbes Leid

9.2 Oberstes Gebot: Das Selbstwertgefühl retten

Zum Glück sind Sie nicht auf die Wertschätzungsbrosamen Ihrer Führungskraft angewiesen. Es gibt noch andere Bereiche in Ihrem Leben, die eine wichtige Rolle für Ihr Selbstwertgefühl spielen bzw. im Sinne des Schutzes Ihrer Gesundheit spielen sollten. Pflegen

Sie diese Bereiche! Sie sind eine wichtige Stütze in Krisenzeiten. Sie fungieren als zweites oder drittes oder viertes Standbein Ihres Selbstwertgefühls. Es ist auch eine Frage der Selbstachtung, wenn Sie sich nicht auf ein einziges Standbein verlassen, sondern sich sozusagen absichern.

mehrere Quellen des Selbstwertgefühls

Insbesondere junge Menschen, die noch vor Karriereeifer brennen, tendieren dazu, sich ausschließlich über ihre Arbeit zu definieren. Das klingt erst einmal löblich, wenn sich jemand so stark reinhängt in seine Arbeit – aber als einzige Selbstwertquelle ist es zu wenig. Abgesehen davon, dass die seltensten Biographien heute gradlinig bei ein und demselben Unternehmen von unten nach oben verlaufen: Spätestens mit Erreichen des Renteneintrittalters muss jeder Mensch für sich definieren: Was bleibt von mir und wer bin ich, wenn ich nicht mehr arbeite? Wer weiß, wer er ist, ist robuster in Sachen Selbstwertgefühl als jemand, der in seiner Selbstdefinition noch unsicher am Anfang steht.

starkes Selbstwertgefühl ist eine Leistung

Der kalifornische Psychotherapeut Nathaniel Branden – oben war bereits zu lesen, dass das Selbstwertgefühl in seinen Augen das „Immunsystem des Bewusstseins“ ist – vertritt die Ansicht (2010, S. 18): Ein starkes Selbstwertgefühl ist kein Geschenk, sondern „hinter seinem Besitz steht eine Leistung“. Man muss etwas dafür tun – auch und gerade, wenn es von außen angefeindet wird, aber auch zur Prävention (S. 21): „Mit einem gesunden Selbstwertgefühl interpretieren wir Beziehungen nicht so schnell als missgünstig und abträglich.“ Vielleicht schaffen Sie es, einmal so zu tun, als hätten Sie ein ultra-robustes Selbstwertgefühl.

Immun gegen Kränkungen – offen für Kritik.

mentaler Schutzanzug

Benehmen Sie sich so, als wären Sie immun gegen persönliche Kränkungen, aber offen für (negative) Kritik an Ihrem Verhalten. Manchen fällt es mit dieser Empfehlung leichter, sich in schwierige Gespräche hineinzubegeben. Sie fühlen sich dann, als hätten sie eine Art Schutzanzug übergestreift. Sie denken in dem Moment „was auch immer jetzt kommt, es betrifft mich nicht als Person; es betrifft nur das, was ich hier tue; und das kann ich anpassen“. Wobei man es auch mit der Anpassung des Verhaltens nicht übertreiben sollte.

Der Wunsch nach Wertschätzung führt nämlich oft dazu, dass man sich so verhält, wie man meint, sich verhalten zu müssen. Man versucht, sich den – oft unausgesprochenen – Erwartungen anderer anzupassen, um Anerkennung zu bekommen; und dies umso stärker, je mehr Anerkennungsmangel man empfindet. Ein Teufelskreis, der einen von sich selber wegführt. Dabei wünschen wir uns eigentlich bedingungslose Wertschätzung. Dass man uns so mag, wie wir sind, ohne dass wir etwas leisten müssen. Bedingte Wertschätzung zählt eigentlich nur halb so viel, wenn überhaupt. Viele geben sich damit zufrieden, weil sie ahnen, dass es mit der bedingungslosen Wertschätzung nichts mehr wird in diesem Job.

auch bewusstes, freiwilliges Allein-Da-Stehen kann das Selbstwertgefühl stärken

Aber es kann befriedigender sein, den eigenen Bedürfnissen zu folgen und sich dabei der Kritik anderer bewusst auszusetzen. Es kann das Selbstwertgefühl enorm stärken, wenn man es wagt, als einziger in einer Gruppe anderer Meinung zu sein oder sich von der Anerkennung durch die Führungskraft unabhängig zu fühlen bzw. zu machen. Dann ist es wenigstens ein Anerkennungsmangel, den man selbst zu verantworten hat – der schmerzt nicht so arg wie der schuldlos erlittene, bei dem man sich als Opfer fühlt. Machen Sie sich nicht abhängig von „denen da oben". Vielleicht hilft es Ihnen, wenn Sie sich sagen: „Ich lasse nicht zu, dass die über mein Befinden entscheiden – das tue ich lieber selber."

Ein Wertschätzungsdefizit ist in 98% aller Fälle ein Selbstwertschätzungsdefizit.

der arme Wicht weiß es nicht besser

Sie müssen nur herausfinden, ob es bei Ihnen oder bei Ihrem Gesprächspartner angesiedelt ist ... Bitte zweifeln Sie nicht an sich selbst, nur weil die Anerkennung Ihres Vorgesetzten ausbleibt. Sagen Sie sich: Er bekommt halt selbst zu wenig, er weiß es nicht besser, es hat nichts mit mir zu tun. Er ist im Stress. Keiner gibt ihm ein gutes Vorbild. Er kann im Grunde auch nichts dafür. Er ist eine arme Socke und kann sich selbst nicht leiden, denn sonst wäre er nicht so.

Auch solche Gedanken können das eigene Selbstwertgefühl retten. Denken Sie jedenfalls bitte bloß nicht: „Er mag mich nicht." Mit so einem Gedanken tun Sie sich keinen Gefallen. Der führt zu nichts. Überprüfen Sie lieber, was an Ihrer Führungskraft Sie wertschätzen können, auch wenn der Gedanke erst einmal paradox erscheint. Erst wenn Sie das ein paar Tage lang probiert haben und keine Besserung eingetreten ist, dürfen Sie sich sagen „wir haben eine professionelle Beziehung; Emotionen spielen dabei keine Rolle".

Aber diese Pseudo-Sachlichkeit ist nur die zweitbeste Ordnung, denn im Grunde legt jede Führungskraft wert darauf, von allen Mitarbeitenden gemocht zu werden, und jeder Mitarbeiter legt wert darauf, von seiner Führungskraft gemocht zu werden. Machen Sie sich klar: Sie sind einer von zwei Gestaltern Ihrer Führungsbeziehung. 50% der Beziehung haben Sie in der Hand. Wenn Sie sich verweigern, läuft Ihre Führungskraft auf. Wenn Sie sich öffnen, traut sich vielleicht auch Ihre Führungskraft, sich zu öffnen. In aller Regel beruht Sympathie ja auf Gegenseitigkeit. Und wie Sie in Kapitel 6 lesen konnten, ist Sympathie kein Zufallsprodukt - zumindest nicht für Menschen, die ihre sozialen Beziehungen aktiv gestalten möchten. An diesen Punkt kommen wir immer wieder:

TIPP FÜR SIE

Fragen Sie sich immer wieder: Sehe ich mich als passives Opfer oder als aktiver Mitgestalter meiner Lebensumstände?

Verantwortung übernehmen befreit aus der Opferrolle

Laut Branden (2010) hat das Selbstwertgefühl zwei Komponenten: die Selbst-Wirksamkeit – definiert als Urvertrauen und Kontrolle über das eigene Leben – und Selbstachtung, definiert als Überzeugung, dass ich es wert bin und ein Recht darauf habe, glücklich zu sein. Wenn dieses Kapitel die Überschrift trägt „Das Selbstwertgefühl retten“, meint dies: die Selbst-Wirksamkeit erhöhen. Das schaffen Sie, indem Sie vom passiven Zustand in einen aktiven kommen und selber Einfluss nehmen auf Ihre Lebenssituation. Branden schlägt zur Stärkung der Eigenverantwortung den Satz(anfang) vor: „Es kommt niemand, der mich ...“ Wenn man diesen Satz für sich beendet („... rettet“, „... mit einem goldenen Anerkennungsregen überschüttet“ etc.), fällt es leichter, Verantwortung für sich und die aktuelle Lebenssituation zu übernehmen.

Eine wichtige Unterstützung auf diesem Weg sind soziale Ereignisse und Kontakte, die nichts mit dem Betrieb zu tun haben. Suchen und schaffen Sie sich Erfolgserlebnisse auch außerhalb der Arbeit. Pflegen Sie Ihre sozialen Netzwerke. Suchen Sie den Austausch. Reden Sie sich Ihren Frust von der Seele. Lassen Sie sich von anderen aufbauen. Nutzen Sie alle Möglichkeiten sozialer Unterstützung, die Ihnen Ihr Freundes- und Bekanntenkreis geben können (natürlich ohne dies auszunutzen). Es tut gut, Verbündete zu haben und zu wissen: „Ich bin nicht allein auf dieser Welt.“

Blick ins Adressbuch: wer tut Ihnen gut?

Blick ins Tagebuch: was tut Ihnen gut?

Kennzeichnen Sie in Ihrem Adressbuch die Leute, die Ihnen gut tun! Diese Kontakte sollten Sie im besonderen Maße pflegen. Schreiben Sie auf, welche Tätigkeiten Ihnen gut tun, am besten jeden Tag! Vielleicht möchten Sie sogar ein Dankbarkeitstagebuch führen. Sehr zu empfehlen. Es gibt Ihnen Kraft, wenn Sie in schwierigen Zeiten drin blättern. Für die meisten Menschen gilt: Tagebuch gleich Klagebuch – das ist schade!

Auch das Gefühl der moralischen Überlegenheit kann helfen, das Selbstwertgefühl zu retten, solange es nicht in öffentlich demonstrierte Überheblichkeit mündet. „Ich bin ein Guter" – dieser Gedanke stärkt die eigene Wertehierarchie und erleichtert ein sicheres Auftreten. Eleganter ist es, psychologisch betrachtet, wenn Sie es schaffen, Mitleid für die anderen zu empfinden, denen die Wertschätzung als Grundhaltung fehlt. Ohne diese Form inneren Reichtums ist deren Leben vielleicht ärmer und weniger befriedigend.

Sie sind ein Guter!

Selbst wenn ich nur wenig Wertschätzung erhalte – das hindert mich nicht, es selber besser zu machen.

Diese Einstellung kann Ihnen auch den Rücken stärken. Wir sind eben nicht nur Opfer unserer Umwelt, sondern haben jede Menge Möglichkeiten, die Welt auch in sozialer Hinsicht zu gestalten. Mitarbeiten an einer besseren Welt – das ist doch kein schlechtes Lebensziel ...

Sinnvoll ist auch wieder und wieder das Arbeiten an der eigenen wertschätzenden Haltung. Es macht bescheiden und reich zugleich, wenn wir Detektiv spielen und uns fragen: Wo ist das Gute am Menschen XY? Verkaufen Sie sich das als eine Art Denksport-Aufgabe. Wer Detektiv spielt, ist nicht Opfer. Und das ist wichtig, wenn es darum geht, das Selbstwertgefühl zu retten. Aber das wissen Sie ja mittlerweile ...

Detektive sind keine Opfer

Viele finden auch Geborgenheit in Gott. Sie wissen, es gibt jemanden, der es gut mit ihnen meint, selbst wenn der Rest der Welt kalt und herzlos zu sein scheint. Das gibt Kraft. Verbunden ist damit häufig die Einstellung „Es wird schon für irgendwas gut sein, selbst wenn ich den Sinn jetzt noch nicht sehe." Auch diese Form von Urvertrauen kann die Gesundheit schützen und das Selbstwertgefühl stärken.

Nicht zuletzt bleibt Ihnen auch die Möglichkeit, das Gespräch mit Ihrer Führungskraft zu suchen. Das kostet Mut, keine Frage. Sie setzen sich der Gefahr aus, belächelt zu werden. Vielleicht meint Ihr Vorgesetzter, Sie seien ein Sensibelchen und zu weich für diese Welt. Vielleicht werden Sie Opfer höhnischer Bemerkungen. Das kann passieren. Vielleicht reagiert Ihre Führungskraft auch mit Verständnis (vor allem dann wahrscheinlich, wenn Sie sie nicht anklagen, sondern stattdessen konkrete Wünsche anhand von Beispielsituationen nennen, vielleicht sogar mit Ideen für wörtliche Formulierungen – klingt doof, aber hilft manchmal), aber garantieren kann ich Ihnen das nicht. Eines aber ist sicher: Es kann Ihnen ein gutes Gefühl geben, auf diese Weise für Ihr Selbstwertgefühl gekämpft zu haben. Der Mut zu dem Gespräch zeigt Ihnen, wie viel Sie sich selbst wert sind.

das Gespräch mit der Führungskraft suchen

9.3 Wie man es schafft, sich nicht unterkriegen zu lassen

Blick aufs Positive

Natürlich kann man sich einspinnen in ein Geflecht aus Vorwürfen und Klagen, dass einem zu wenig Wertschätzung entgegengebracht werde. Aber konstruktiver und bereichernder ist es, das Augenmerk auf Situationen zu richten, in denen man in der Vergangenheit Wertschätzung erfahren hat. Die Energie geht dahin, wo die Aufmerksamkeit hingeht. Also doch lieber Energie in die positiven Ereignisse stecken, als im Frust zu vereinsamen oder hart zu werden.

die Führungskraft als Prüfung

Sehen Sie das Bestmögliche in Ihrem Chef! Vielleicht ist er eine von Gott gegebene Prüfung ... Vielleicht können Sie etwas von ihm oder aus dieser Situation lernen. Vielleicht ist diese Situation die Chance für Sie, endlich Ihre Prioritäten zu klären. Als Anfänger-Übung kann man sich fragen: Was ist nicht selbstverständlich? Wo ist er Ihnen in der Vergangenheit einmal ein Stückchen entgegen gekommen? So trainiert man seine Dankbarkeitsrezeptoren ... Das macht das Leben ein bisschen reicher.

Und selbst wenn das in Bezug auf Ihre Führungskraft zu schwierig ist: Vielleicht ziehen Sie Kraft aus dem Umgang mit den Kollegen. Oder aus der Arbeit als solcher? Dann arbeiten Sie eben fortan nur noch pro forma für Ihren Chef, in Wahrheit aber für die Gemeinschaft oder für sich selbst – viele empfinden letzteres ohnehin als befriedigender. Einen Sinn in der Tätigkeit zu sehen, kann ein Wertschätzungsdefizit (fast) kompensieren. Wer möchte schon beim Renteneintritt sagen „Mein Lebenswerk bestand darin, von meiner Führungskraft anerkennende Worte zu hören“?!

um Feedback bitten

Aber wie oben schon geschrieben, es spricht auch nichts dagegen, sich seine Lorbeeren selber zu besorgen, indem man nach einer Rückmeldung fragt. Man würde zwar ungern zum Gesprächspartner sagen: „Ich habe das Bedürfnis nach Wertschätzung“ (wie es die Gewaltfreie Kommunikation eigentlich empfiehlt) – aber es ist relativ einfach, das Gegenüber um Feedback für eine erbrachte Leistung zu bitten. Falls das dann primär negativ ausfällt: Machen Sie das Beste draus! Konzentrieren Sie sich auf die Aspekte der Kritik, die Sie tatsächlich in Zukunft verändern können.

den Akku immer wieder aufladen: Genießen!

Um sich nicht unterkriegen zu lassen, sollten Sie Ihren Akku aufladen, wann immer Sie können. Zapfen Sie so viele Ressourcen wie möglich an, das macht Sie stärker, auch fürs Bestehen in der Wertschätzungswüste. Und vor allem: Genießen Sie mit allen Sinnen! Konzentrieren Sie sich auf positive Sinneswahrnehmungen und Erinnerungen, beispielsweise beim Espresso-Trinken nach dem Mittagessen. Wenn Sie den Kaffee einfach so hinunterkippen, wird Ihr Kreislauf aktiviert, und das war's dann auch schon. Wenn Sie aber Ihre Aufmerksamkeit darauf richten, wie das Sonnenlicht den Crema-Schaum in allen Farben funkeln lässt; wie das Aroma Ihnen in die Nase steigt und Sie an den letzten Toskana-Urlaub erinnert; und welche Erinnerungen an italienische Momente der Geschmack in Ihnen weckt – dann ist so ein simpler Espresso zu einer Akku-Auflade-Station geworden. Ihr Atem vertieft sich, Sie seufzen vielleicht laut, und Sie fühlen sich angenehm entspannt.

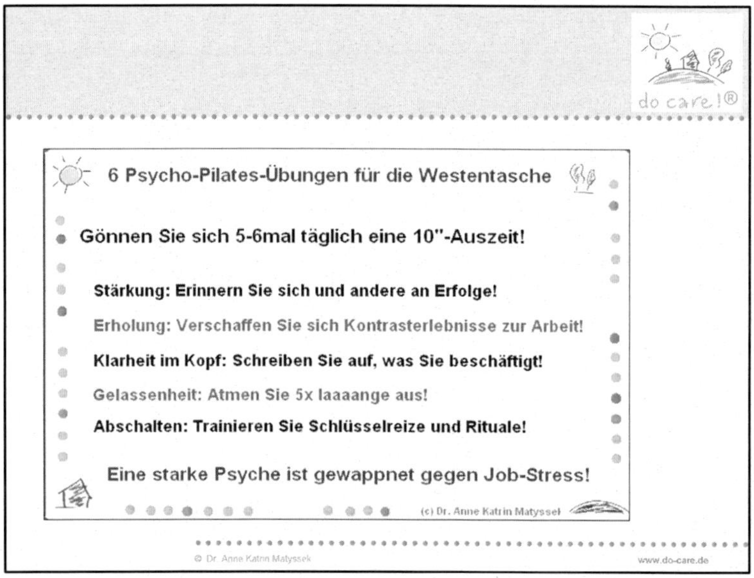

Abbildung 27: Tipps für eine starke Psyche (angelehnt an „Pilates für die Psyche")

aktiv Handeln statt passiv Erleiden

Wie bereits in Kapitel 9.2 und überhaupt schon öfter in diesem Buch geschrieben: Es ist ganz wichtig, dass Sie in der Rolle des aktiv Handelnden bleiben bzw. diese wieder erlangen. Übernehmen Sie die Verantwortung für Ihre Stimmung. Dass es für die graue Sicht auf die Dinge eine Berechtigung gibt, spielt keine Rolle. Die Frage ist, ob diese Sicht Ihnen gut tut.

Das war eine rein rhetorische Frage: Es geht Ihnen besser, wenn Ihre Stimmung besser ist. Und ein bisschen können Sie die beeinflussen (Skalieren, 10 gute Gedanken, noch mal skalieren, dann erst ins Gespräch; Näheres dazu lasen Sie auf Seite 78). Übernehmen Sie die Verantwortung für Ihre bestmögliche Verfassung (Kleidung, Essen, Wohnung, Bewegung).

Verantwortung für die eigenen Gedanken übernehmen

Und übernehmen Sie die Verantwortung für die Gedanken in Ihrem Kopf (ja, das geht, zumindest meistens – auch wenn es in Ihren Ohren vielleicht ungewöhnlich klingt: Gedanken sind Trainingssache; das weiß zum Beispiel die Kognitive Verhaltenstherapie). Sagen Sie sich: Der andere will nicht primär Ihnen schaden, sondern er will primär sich selbst nutzen. Er will seine Bedürfnisse befriedigen. Von dieser Einsicht ist es nur ein Katzensprung zu der Frage: Wie können Sie dazu beitragen, dass seine Bedürfnisse befriedigt werden, in einer Weise, bei der Sie selbst nicht zu kurz kommen?

Weltenretter im Kleinformat

Und übernehmen Sie Verantwortung für Ihr Selbstbild und Selbstwertgefühl. Sie sind ein Schatz und können die Welt bereichern. Aber Sie brauchen nicht gleich die ganze Welt zu retten (das wäre doch ein bisschen zu viel Druck). Machen Sie aus sich einen 007 im Mini-Format ☺ Machen Sie sich zum Segen für diese Welt! Mit so einem Selbstbild zu leben, schadet niemandem, es macht Sie stark und die Welt besser ...

Ein PÜNKTCHEN reicht schon!

9.4 „Dann fliegen dir die Herzen zu!“

Wertschätzung macht sympathisch

Zur Bonsen und Maleh (2001, S. 90) empfehlen: „Lassen Sie uns immer daran denken, das Beste in uns zu sehen.“ Das „uns“ meint hier – so behaupte ich – nicht nur uns selbst (was allerdings ein guter Anfang ist), sondern auch unsere Abteilung, unseren Betrieb, unsere Nation, die gesamte Menschheit. Und alle die haben auch etwas davon, wenn wir primär wohlwollend auf sie blicken: Sie können aufblühen zu ihrer wahren Größe ... Anderen durch Wertschätzung zu mehr Entfaltung verhelfen – das macht Freude! Und es macht sympathisch.

TIPP FÜR SIE

Geben Sie kleine Schwächen zu!
Dann verzeiht man Ihnen die großen ...

Wer kleine Schwächen zugeben kann, wirkt selbstbewusst und sympathisch. Diese Weisheit scheint sich leider noch nicht sehr weit herumgesprochen zu haben. Aber Sie wissen jetzt Bescheid ...

Es war schon häufiger in diesem Buch die Rede davon, dass alle von mehr Wertschätzung im Betrieb profitieren – Sie selber eingeschlossen. Jetzt, da das Buch auf die Zielgerade geht, möchte ich noch einmal darauf zurückkommen, was Sie davon haben, sich für das Thema einzusetzen und in einem ersten Schritt den Blick aufs Gute zu pflegen: Die Ausstrahlung verbessert sich, die Stimmung verbessert sich, man selbst erhält mehr Anerkennung, das Selbstwertgefühl wächst, man fühlt sich aktiv und nicht mehr als Opfer.

noch mal: Lassen Sie Ihr Lächeln für sich arbeiten!

Was ist denn ein mögliches Erfolgskriterium für Ihren Einsatz? Dass Ihnen die Herzen zufliegen! Sie können sicher sein, dass Sie Wertschätzung in den Betrieb bringen, wenn Ihre Kollegen oder gar Betriebsangehörige, mit denen Sie nicht täglich zusammenarbeiten, Sie montags morgens anlächeln, Sie um Rat fragen oder mit Ihnen über Privates reden. Und ein letztes Mal, weil's so wichtig und so einfach ist: Ihr Arbeitserleichterer schlechthin ist dabei Ihr Lächeln, dass Sie für sich arbeiten lassen können – wer lächelt, erhält mehr Anerkennung als Menschen mit einem Pokerface.

Und wenn die Anerkennung kommt? Vielen ist das peinlich, sie wehren wertschätzende Äußerungen regelrecht ab – wie schade, denn der Gesprächspartner freut sich ja schon auf die positive Reaktion auf seine Worte. Freuen Sie sich einfach, was das Zeug hält. Sie brauchen gar nichts zu sagen Und wenn Sie rot werden oder vor Freude Tränchen fließen oder vor Rührung Ihre Stimme versagt – dann freuen Sie sich erst recht, dass Sie den anderen mit Ihrer positiven Emotionalität ein ansteckendes Beispiel liefern.

Veranstaltung mit Applaus-Garantie …

Es gibt kaum eine bessere Garantie für ein wertschätzendes Feedback als wenn man Veranstaltungen zum Thema Wertschätzung durchführt. Die Leute sind am Ende einfach positiv gestimmt. Die gucken aufs Gute. Und sie sind großzügig mit dem Schenken von Anerkennung (erstens tatsächlich, und zweitens müssten sie sich ja andernfalls vorhalten lassen, sie hätten etwas nicht begriffen). Wenn Sie solche Workshops initiieren, können Sie sich jetzt schon freuen – und am Ende stehen Sie erst recht ganz sicher freudestrahlend da, mit einem Blumenstrauß in der Hand und einem Lachen im Gesicht, das Sie durch den Rest des Tages tragen wird.

Für mich und viele andere sind Sie der „Held (oder die Heldin) des Betriebs“. Einer von den Menschen, die den Anspruch haben, die Welt ein kleines bisschen besser zu machen. Solche Leute braucht jedes Unternehmen. Davon kann es nicht genug geben. Dass Sie sich nicht unterkriegen lassen, sondern Ihren Weg für mehr Wertschätzung im Betrieb weiter gehen, das wünscht Ihnen von Herzen

Ihre Anne Katrin Matyssek

9.5 Wie Sie selber genug Wertschätzung erhalten

Wie Sie auch unter einem anerkennungsgeizigen Chef überleben können, haben Sie oben schon erfahren. Hier finden Sie nun noch ein paar Tipps, wie Sie mehr Anerkennung und Wertschätzung ernten können.

- Geben Sie (kleine) Schwächen zu. Das macht sympathisch und „nahbar". Perfekt wirkende Menschen schrecken ab, auch wenn alle wissen, dass niemand perfekt ist.
- Machen Sie aus sich einen attraktiven Gesprächspartner: Aktives Zuhören, Empathie und Verständnis zeigen sowie ein offenes Ohr haben – all das ist wichtiger als tolle Ratschläge.
- Teilen Sie Ihre positiven Emotionen, zum Beispiel Ihre Dankbarkeit (über die warmen Temperaturen, den jüngsten Vertriebserfolg, die flotte Zusendung von Infomaterial, was auch immer).
- Bleiben Sie bescheiden. Protzen wirkt abschreckend, Bescheidenheit wirkt sexy (ja, meine Herren, vor allem bei der Partnerinnensuche – aber auch sonst ...).
- Setzen Sie sich fürs Gemeinwohl ein (und sorgen Sie unauffällig dafür, dass Ihr Einsatz auch gesehen wird). Arbeiten Sie ehrenamtlich. Melden Sie sich freiwillig für unangenehme Aufgaben.
- Seien Sie bereit, Ihrerseits anderen einen Wertschätzungsvorschuss zu geben (also sogar dann, wenn Sie beim anderen Ablehnung oder Skepsis spüren): Suchen Sie Wertschätzenswertes an ihm!
- Betonen Sie die Vorzüge von abwesenden Dritten, statt sich einer Lästerrunde anzuschließen. Bleiben Sie dieser Linie treu, auch wenn es zunächst so aussieht, als würden Sie mit Ablehnung bestraft.
- Sorgen Sie für Erfolge auch auf anderen Gebieten als der Arbeit. Bauen Sie möglichst viele Wertschätzungsquellen auf neben dem Job; der ist nur eine (potenzielle).
- Zeigen Sie sich, machen Sie sich sichtbar – nicht nur mit Ihren Leistungen oder Ihrer Einsatzbereitschaft, sondern auch als Mensch mit allen Emotionen (Pokerfaceträger erhalten weniger Wertschätzung).
- Ermuntern Sie auch andere, ihre Emotionen zu zeigen („freut's dich?", „Mensch, ist doch klar, dass einen so etwas mitnimmt"). Wer uns in emotionalen Momenten nahe ist, den mögen wir auch danach.
- Und wenn die Wertschätzung in Form anerkennender Worte kommt: Lächeln Sie einfach. Sie brauchen nichts zu sagen. Einfach nur genießen und schweigen ...

Anhang

10

- Materialien
  - Bekannte Ansätze für mehr Wertschätzung im Betrieb
  - Muster-Einladungstext
  - Ergänzungsideen für die Workshops
  - Namenschilder- und Postersprüche
  - Team-Check: Wie gehen wir mit einander um?
  - Selbst-Check: Mein Anerkennungshaushalt
- Agenda zum Impuls-Vortrag
- Agenda zur Multiplikatoren-Schulung
- Agenda zum Führungskräfte-Workshop (½ Tag)
- Agenda zum Führungskräfte-Seminar (1,5 – 2 Tage)
- Literaturverzeichnis
- Stichwortregister
- Service-Angebote der Autorin

10 Anhang

Bekannte Ansätze für mehr Wertschätzung im Betrieb

Die folgenden Ansätze und das, was Sie in diesem Buch finden, schließen sich nicht aus, sondern können sich im Gegenteil sinnvoll ergänzen. Schauen Sie einfach, welche Maßnahmen und Ideen am besten zu Ihrem Betrieb passen. Und dann fangen Sie an – egal, wie und womit. Es gibt meines Erachtens nicht den wahren einen und einzigen Weg zu mehr Wertschätzung im Betrieb. Es gibt unterschiedliche Methoden und Impulstechniken, und alle können ihre Wirkung entfalten – die hier vorgestellten bekannten „großen" Verfahren, zu denen Sie am besten externe Experten hinzuziehen sollten, ebenso wie wertschätzende Mini-Maßnahmen, die Sie in Eigenregie nach den Tipps aus diesem Buch in die Hand nehmen. Wertschätzung kann man nicht strategisch angehen, nicht wirklich planen und messen (tut mir auch leid). Auch wenn letztlich die Kultur in der gesamten Organisation in gesündere Richtung verändert verändert wird:

Den Anfang machen stets einzelne Menschen.

Appreciative Inquiry (AI) (deutsch: wertschätzende Erkundung)

ist ein Großgruppenverfahren, dem ein positives humanistisches Menschenbild zugrunde liegt. Zur Bonsen und Maleh, die den aus Amerika stammenden Ansatz bei uns bekannt gemacht haben, schreiben dazu (S. 2001, S. 14): „Wir können uns selbst, andere Menschen, Organisationen und sonstige menschliche Systeme in grundsätzlich zweierlei Weise wahrnehmen. Wir können uns und andere entweder als Wesen verstehen, die mit Mängeln behaftet sind. Dann sehen wir vor allem, was an unserer Organisation oder auch an uns nicht stimmt. Wir sehen also unsere Defizite.

Wir können aber auch in uns selbst, in anderen Menschen und Organisationen große Möglichkeiten erkennen – Möglichkeiten, die so umfassend sind, dass wir sie gar nicht ganz ermessen können." Sie beschreiben die AI als eine Methode, die auf Wertschätzung aufbaut. „Zur Wertschätzung gehört die Grundannahme, dass jeder Mensch, jedes Team und jede Organisation ein viel größeres Potenzial haben, als ihnen in der Regel bewusst ist." Dieses Potenzial blitzt ihrer Meinung nach immer mal auf – auch jetzt schon.

Dementsprechend geht es darum, das Beste zu erkennen und den Blick darauf zu lenken, denn „Organisationen entwickeln sich immer in die Richtung dessen, worauf sie ihre Aufmerksamkeit richten" (S. 25). Vor allem positive Geschichten, die die Menschen mit ihrem Betrieb verbinden und die ihren Zusammenhalt und ihre kollektive Selbstwahrnehmung stärken, sind hierbei wichtig. Das Ziel ist, basierend auf den positiven Erfahrungen der Vergangenheit ein optimistisches sonniges Zukunftsbild vom Unternehmen zu entwickeln.

Der eigentliche Prozess der AI verläuft in vier Phasen: Discovery, Dream, Design und Destiny. Alle Phasen haben einen positiven Fokus. Es geht also nicht darum, Probleme zu identifizieren, Ursachen zu finden, mögliche Lösungen zu erarbeiten und Maßnahmen zu planen vor der Grundannahme „Unternehmen haben Mängel, und die müssen beseitigt werden" (S. 29). Sondern es geht darum, zu erkunden und wertzuschätzenden, was schon an Gutem da ist (Discovery); zu entwerfen, was im besten Fall sein könnte (Dream); zu gestalten und zu vereinbaren, was sein soll (Design); und zu planen, was zukünftig sein wird (Destiny) – vor der Grundannahme „Organisationen haben ungeahntes Potenzial, das manchmal schon aufblitzt".

Die Basis dieses Prozesses ist das sogenannte wertschätzende Interview. Die Angehörigen eines Betriebs fragen sich dabei gegenseitig in Zweierteams zum Beispiel: „Was hat Sie bei Ihrem Eintritt zu uns hingezogen? Was hat Sie am Anfang begeistert? Was war ein echter Höhepunkt? Was schätzen Sie besonders an sich, an Ihrer Arbeit, an unserem Betrieb?" Welche drei Dinge würden Sie tun, um unsere Vitalität und unseren Erfolg nachhaltig zu steigern?" Die Interviews dauern bis zu zwei Stunden. Die Haltung des jeweils fragenden Teilnehmers sollte dabei die eines staunenden Kindes sein, nicht die eines kritischen Analytikers – so als wäre man auf der Suche nach einem Geheimnis. Das Erzählen weckt positive Gefühle und stärkt den Zusammenhalt.

In einem Vorschlag zu einer anderthalbtägigen AI-Veranstaltung von Dittrich-Brauner, Dittmann, List und Windisch (2008, S. 82) bilden diese Interviews zur Phase 1 (Discovery) den Auftakt und beanspruchen – inclusive Auswertung und Reflexion in der Großgruppe – den ersten halben Tag. Am folgenden ganzen Tag wird dann eine Vision (Dream) entwickelt und von Kleingruppen kreativ im Plenum präsentiert. Beim Design geht's darum, dass Kleingruppen ein positives Unternehmensleitbild entwerfen, und unter der Überschrift „Destiny" schließlich planen die einzelnen Teams und das Individuum, welche Maßnahmen sie umsetzen wollen.

Der Anerkennende Erfahrungsaustausch (AE)

ist ein Instrument, bzw. eine Technik, mit deren Hilfe Führungskräfte lernen, wertschätzendes Verhalten im Dialog zu zeigen. Ob diesem eine wertschätzende Haltung zugrunde liegt, spielt dabei zunächst keine Rolle; es erfolgt aber in der Praxis en passant auch eine Sensibilisierung in Richtung einer wertschätzenderen Haltung, denn Führungskräfte wie Mitarbeitende richten während der Gespräche ihr Augenmerk auf positive Aspekte.

Die Forschungsgruppe um Heinrich Geißler, Brigitta Gruber und Torsten Bökenheide (2003) hatte beobachtet, dass sich das klassische Fehlzeitenmanagement um die relativ geringe Zahl der abwesenden Mitarbeiter intensiv kümmert, die anwesenden aber darüber vernachlässigt. Sie fanden vier Gruppen von Mitarbeitern: die Gesunde(te)n, die gesundheitlich Gefährdeten oder Kranken, die regelmäßig oder ungerechtfertigt Abwesenden und die Unentschiedenen.

Bei den beiden letztgenannten Gruppen geht man davon aus, dass der psychologische Arbeitsvertrag nicht wirklich geschlossen ist. Darunter versteht man die unausgesprochenen Erwartungen hinsichtlich des wechselseitigen Gebens und Nehmens von Mitarbeiter und Betrieb (Geißler, 2009). Diese Mitarbeiter sind vom Unternehmen enttäuscht (weil sie nicht befördert wurden, ihre Kompetenzen beschnitten wurden, eine Fortbildung abgesagt o.ä.) und fühlen sich ihm nun nicht mehr verpflichtet; sie gehen in innere Kündigung bzw. wollen sich rächen.

Die Forscher entwickelten unterschiedliche Gesprächskonzepte für den Umgang mit jeder dieser vier Gruppen, also auch für Gespräche mit denen, die keine Fehlzeiten im vergangenen Jahr aufgewiesen haben und deren psychologischer Arbeitsvertrag als geschlossen gilt. Diese kann man tabufrei nach Verbesserungspotenzial des Betriebes in Sachen Gesundheit fragen, denn sie fühlen sich ja nicht an den Pranger gestellt.

Dabei liegt der Fokus auch auf positiven Aspekten. Gefragt wird beispielsweise nach Folgendem: „Was gefällt Ihnen im Unternehmen und bei der Arbeit? Worauf sind Sie stolz? Was tut der Betrieb Ihrer Meinung nach für die Gesundheit der Mitarbeitenden? Was belastet Sie bei der Arbeit am meisten? Wenn Sie an meiner Stelle wären, was würden Sie als Erstes verbessern?“ Auf diese Weise erfahren die Führungskräfte, wo die Leute der Schuh drückt.

Gestestet wurde dieses Verfahren unter anderem in norddeutschen Verkehrsunternehmen. Die Anwesenheitsquote ließ sich deutlich verbessern, ebenso das Betriebsklima.

Die Gewaltfreie Kommunikation (GfK)

[Brüggemeier (2010) spricht stattdessen von „Wertschätzender Kommunikation"]

wurde entwickelt von dem international arbeitenden Konfliktmediator Marshall Rosenberg, der unter anderem in Serbien und im Nahen Osten tätig war. Während die Bezeichnung seines Ansatzes („gewaltfrei") so klingt, als hätte er seine beste Zeit in den 80ern gehabt, erlebt die GfK aktuell einen großen Boom in deutschen Wirtschaftsunternehmen. Zentral ist für Rosenbergs Modell die Überzeugung, dass jeder für seine Gefühle selbst verantwortlich ist – während die meisten Menschen wie selbstverständlich davon ausgehen, dass etwa im Konfliktfall der andere für ihre negativen Emotionen verantwortlich ist bzw. die Schuld daran trägt („du ärgerst mich").

Die Verantwortung für die eigenen Gefühle zu übernehmen, ist in Rosenbergs Augen der Schlüssel zur Konfliktlösung. Man sollte zu diesem Zweck in sich hineinhorchen (was ist da lebendig) und sich fragen, was das Leben im Moment bereichern würde – also die eigenen Bedürfnisse Ernst nehmen, und im zweiten Schritt auch die des Gesprächspartners. Übrigens haben alle Menschen die gleichen Bedürfnisse; nur eben zu unterschiedlichen Zeitpunkten. Konflikte treten dann auf, wenn ein Gesprächspartner den Eindruck hat, seine Bedürfnisse kämen zu kurz. Rosenberg meint, dass „immer dann, wenn wir bei anderen Menschen Fehler suchen, bei uns selbst ein Bedürfnis nicht erfüllt ist" (2007, S. 23).

Negative Gefühle sind nach dieser Logik als Signale zu verstehen, und zwar Signale dafür, dass Bedürfnisse ignoriert werden. „Wenn sich Ärger in unserem Herzen breit macht, dann haben wir ein „sollte" im Kopf. Jemand sollte ordentlicher oder pünktlicher sein etc. Statt eine anscheinend unumstößliche Regel („man muss Ordnung halten") wie ein Gesetzbuch vor sich her zu tragen, macht es nach Rosenberg mehr Sinn, sich zu fragen, welches eigene Bedürfnis der unordentliche Mensch vor einem gerade missachtet.

Genauer gesagt: Nicht der Mensch als Ganzes ist unordentlich (das wäre schon wieder eine Bewertung), sondern er zeigt unordentliches Verhalten (das ist eine Beobachtung). Der empfundene Ärger ist ein Befinden, das man wahrnehmen muss, um das dahinter stehende Bedürfnis zu identifizierten (beispielsweise der Wunsch nach Übersichtlichkeit, die einem Sicherheit gibt). Und dann ist man in der Lage, eine Bitte zu formulieren, die das eigene Bedürfnis berücksichtigt (beispielsweise „mir ist wichtig zu wissen, wo die Unterlagen liegen, weil ich mich dann sicherer fühle; daher bitte ich dich, dass wir uns auf einen Ort einigen, an dem diese Unterlagen fortan deponiert werden").

Gewaltfreie Kommunikation läuft also in vier Phasen ab:

- Beobachtung
- Befinden
- Bedürfnis
- Bitte

Bitte lesen Sie hierzu auch Seite 112f. Das Menschenbild ist ebenfalls ein humanistisches. Rosenberg geht davon aus, dass Menschen einander eigentlich mit einer wertschätzenden einfühlsamen Grundhaltung begegnen möchten – wenn sie nicht gerade befürchten, dass ihre eigenen Bedürfnisse zu kurz kommen. Menschen handeln nicht gegen die Bedürfnisse anderer, sondern für ihre eigenen. Wenn man das versteht, lassen sich Konflikte leicht bewältigen und die Beziehung zum Gesprächspartner verbessern.

In der GfK stehen nicht Lösungen von Problemen im Vordergrund des Interesses, sondern die Qualität zwischenmenschlicher Beziehungen (Holler, 2006). Umso erstaunlicher ist es, dass immer mehr Unternehmen diesen Ansatz für sich entdecken. Ich finde den Ansatz höchst anspruchsvoll, für mich persönlich beinhaltet er ein unerreichbares Ideal, aber ich ziehe den Hut vor Menschen, die sich an diesem Prozess versuchen.

Letztlich finden sich die Grundlagen von Rosenbergs Ansatz in den Arbeiten von Carl Rogers. Rogers, der Entwickler der Klientenzentrierten Gesprächspsychotherapie, vertritt die Meinung: Zwischenmenschlicher Kontakt kann Menschen zu mehr Selbstakzeptanz und Entfaltung, ja so gar zu mehr psychischer Gesundheit führen, wenn er geprägt ist von Empathie, Kongruenz und Akzeptanz. Das zugrundeliegende Menschenbild ist positiv. Es geht davon aus, dass jeder Mensch danach strebt, sich in Kooperation mit anderen weiterzuentwickeln.

Gemeinsamkeiten dieser Ansätze:

Alle drei Konzepte basieren letztlich auf einem humanistischen Menschenbild und rücken bewusst positive Aspekte des Individuums und der Organisation in den Aufmerksamkeitsfokus. Damit wollen sie genau dieses Positive verstärken. Sie definieren Wertschätzung als Haltung und Ausrichtung auf das Gute.

Ergänzungsideen für die Workshops

- Verteilen Sie vor dem Veranstaltungsraum Perlen mit der Aufgabe: “Und jedes Mal, wenn Sie an diesem Tag ein angenehmes Gespräch oder eine nette Begegnung hatten, dann zeigen Sie Ihre Wertschätzung, indem Sie eine der Perlen an Ihr Gegenüber großzügig verschenken“. Diese Idee ist geklaut von den genialen Großgruppenveranstaltern von pfo / à la Congress in motion (www.pfo.de – falls Sie mal eine Großgruppenveranstaltung planen: es gibt keine besseren, finde ich ...).

- Die Leute von pfo (s.o.) sagen auch: “Es beginnt, bevor es beginnt” – z.B. mit einer wertschätzenden Einladung. Menschen denken ja schon vor der Veranstaltung darüber nach, was passieren könnte. Ein Muster für eine Einladung finden Sie ebenfalls in diesem Anhang.

- Verteilen Sie Eintrittskarten für die Veranstaltung und machen Sie sie damit kostbar. Tauschen Sie sie gegen eine echte Schatzkarte oder CareCard im Workshop!

- An der Workshopraumtür hängt ein schwarzes Plakat, auf dem die TN mit weißem Stift notieren sollen, was sie uns allen für diesen Tag wünschen. Am Ende kann man ein zweites Plakat aufhängen mit der Bitte um Abschlusswünsche.

- Vor Beginn erhält jede/r Teilnehmer/in zur Begrüßung eine Blume (und ggf. oder wahlweise 50 Cent, von denen später eine Blume „gekauft“ werden kann, um eine erste Positionierung anzudeuten: Geld ist nicht alles, es ist nur Mittel zum Zweck). Die Blumen ergeben im Raum dann einen bunten Strauß, der an dem Tag in der Mitte des Stuhlkreises oder, bei Tischen in U-Form, in der Raummitte auf dem Boden steht.

- Gestalten Sie eine Schatzinsel, die schon beim Betreten des Raums sichtbar ist. Im einfachsten Fall legen Sie eine Kordel auf den Boden (gibt’s im Baumarkt) und trennen damit optisch ein Stück vom Raum ab; eine Schatzkiste (Weinflaschenbehälter aus dem Billig-Deko-Shop) und eine Palme – das war’s! Bereichern Sie sie mit kostbaren Momenten oder Dingen, auf die die Kollegen besonders stolz sind oder mit Presseberichten über das Unternehmen: „darauf sind wir stolz!“

- Oder in der Schatztruhe befinden sich (anfangs noch versteckt) die zuvor eingesandten „Positiv-Geschichten“ („Meine kostbarsten Momente in diesem Unternehmen“, „was mir in der letzten Woche positiv aufgefallen ist“ o.ä.) der Teilnehmenden.

- Auflockernde Vorstellungsrunde: Auf dem Boden liegt zu Workshopbeginn ein Seil, das zwei Punkte einer Wand berührt, so dass eine umgekehrte Normalverteilungskurve entsteht. Die Stühle stehen bei dieser Einstiegsvariante an den Seiten. Der Einstieg beginnt durch die Aufstellungen im Stehen entlang der Kurve – möglichst mit einer harmlosen Einstiegsfrage, z.B. Aufstellung nach der Größe des Teams, nach der Dauer der Betriebszugehörigkeit oder nach der Zahl der Füße, für die sie beruflich und privat Verantwortung tragen (Haustiere eingerechnet).

- Verteilen Sie großzügig Schokolade, auf der auf Französisch das Wort „danke" steht (nein, dafür bekomme ich keinen Cent), aber es wird einfach sooo selten danke gesagt, dass ich diese preisgünstige Variante einfach empfehlen muss.

- Ich persönlich finde es natürlich immer toll, den Teilnehmenden am Ende meine CareCards zu überreichen (www.mehr-wohlbefinden-im-job.de). Aber ich bin auch nicht böse, wenn Sie Ihre eigenen Schatzkarten erstellen; es wäre halt nett, wenn Sie dort irgendwo meinen Namen und meine Website zitierten. Anregungen finden Sie in diesem Buch ja zuhauf.

- Wenn die Runde offen genug ist, können Sie auch die Frage stellen: „Wer mag allen anderen ein Feedback geben, wie er/sie auf ihn wirkt?" Manchmal kann man den Teilnehmenden auch sehr wertschätzende Äußerungen entlocken, indem man fragt: „Was wäre anders, wenn diese Person unsere Gruppe jetzt verließe?"

- Sehen, was im anderen steckt – die etwas andere Teamentwicklungsmaßnahme (Variante zum Partnerinterview über die größte Anerkennung im Berufsleben): 3er-Gruppenbildung. Je 2 fragen den dritten nach Ereignisse seines Lebens, auf die er stolz ist; anschließend berichten sie darüber in der Großgruppe möglichst ausführlich (warum ist derjenige stolz darauf? was ist das Besondere daran?). Nicht nur derjenige, über den erzählt wird, reagiert häufig mit Rührung oder gar mit Tränen, sondern die gesamte Gruppe wird oft von Rührung erfasst.

- Falls die Gruppe, die Sie leiten, noch nicht offen ist für die Frage „Was war eine große Anerkennung in Ihrem Berufsleben, und wie hat die auf Sie gewirkt", so empfiehlt sich als Alternative: Lassen Sie Partner-Interviews durchführen zum erlebten Zusammenhang von Wertschätzung und Wertschöpfung (bei sich selber oder anderen, das ist hier egal).

- Hängen Sie Poster (Billigvariante: Zettel) auf mit Formulierungen, die das Anerkennung-Geben erleichtern: Gut, dass Sie kommen! Sie kommen gerade recht! Es ist schön, Sie im Team zu haben! Herzlichen Glückwunsch zum Geburtstag, Herr ... / Frau ...! Das spricht für Ihre Professionalität! Gute Leistung ist nicht selbstverständlich! Kompliment für Ihre Zuverlässigkeit! Vielen Dank! Das Argument spricht für Ihre ... Sie sind ja schon lange in dem Geschäft – was ist Ihre Meinung zu ...? Danke, dass Sie das so schnell erledigt haben!

- Erstellen Sie einen Kalender mit wertschätzenden Sprüchen (die Sie vorher im Betrieb sammeln lassen). Alle „Sprüche-Spender“ erhalten ein Exemplar für ihr Büro, weitere Exemplare werden an hoch frequentierten Orten aufgehängt. Oder Sie besorgen leere Bastel-Kalender, so dass jeder sein eigenes Exemplar erstellen kann. Oder Sie machen auch aus den gebastelten Kalendern eine Spendenaktion an „wertschätzungsbedürftige Kollegen“ (aber Vorsicht, dass es nicht ins Spöttische ableitet!).

- Von zur Bonsen und Maleh (2001, S. 65) stammt folgende nette Idee: „Alle laufen mit einem Schild auf dem Rücken durch den Raum, und jeder schreibt auf das Schild von jedem anderen, was er an ihm oder ihr besonders schätzt. Das dauert je nach Größe der Gruppe zwischen 15 und 30 Minuten. Und anschließend tauscht man sich darüber in kleinen Gruppen aus, um das viele positive Feedback, das man bekommen hat, auch richtig zu genießen.“

- Stellen Sie meinen Infobrief in Ihr Intranet ein! Immer mehr Unternehmen nutzen diesen kostenlosen Weg, um immer wieder daran zu erinnern, dass neben Kennzahlen und Umsätzen auch noch andere Dinge zählen. Der Infobrief erscheint derzeit alle zwei Monate (jeweils um den 20. der ungeraden Monate) als eMail mit weiterführenden Links. Außerdem gibt es auch einen direkten Link, den Sie verwenden können.

- Regen Sie an, dass Teams gemeinsam meine Podcasts hören. Jeweils im wöchentlichen Wechsel immer montags morgens um halb zehn erscheinen neue Folgen des Gesund-Führen-Podcasts (www.gesund-führen-podcast.de) und der Podcast-Pause (www.podcast-pause.de).

- Regen Sie einen Spaziergang mit Partner-Interview an: „Bei welcher Gelegenheit haben Sie sich in den letzten 12 Monaten im Betrieb besonders wohlgefühlt?“ und dann: „Wie können wir solche Situationen kreieren?“

- Kultur heißt ja: möglichst alle werden einbezogen und tragen die gemeinsamen Werte mit. Im Internet fand ich eine sehr schöne Seite, auf der Mitarbeitende eines Seniorenheims anderen Mitarbeitergruppen Anerkennung ausgesprochen haben. Ausgangspunkt dieser Zitatesammlung war die Geschichte „Das kleine Lob". Der Link findet sich hier:

  http://www.marienheim.be/index.php?id=87 (Anmerkung: Man muss nach unten scrollen, sonst sieht man es nicht).

- Stellen Sie an mehreren Stellen im Betrieb Primeln auf – als Symbol dafür, dass diese Pflanzen genau wie wir eingehen, wenn sie zu wenig Lebenselixier erhalten (Sie kennen ja die Folie mit den 3 Primeln). Am Ende der Veranstaltung können alle Teilnehmenden ein Exemplar mitnehmen für den heimischen Garten (man muss sie allerdings bald ins Freie pflanzen, denn im Innenraum überleben sie erst recht nicht lange).

- „Gut, dass Sie da sind!" – 10 Postkarten mit diesem Text können Sie kostenlos bei mir bestellen. Mailen Sie einfach an info@wertschaetzung-im-betrieb.de. Adresse nicht vergessen!

- Vielleicht ist auch das Projekt „Schwester Dorle" etwas für Sie: www.schwester-dorle.de – falls Ihre Kolleginnen (für Männer ist das nix) etwas verspielter sind ... Für Verspielte ist vielleicht auch der Bastelwürfel geeignet.

- Lassen Sie Buttons erstellen mit Sprüchen wie „Mensch, du bist wichtig!", „Gut, dass Sie da sind!", „Schön, dass es Sie gibt!", „Sie sind ein Schatz!" oder „do care!" (deutsch: „Interessier dich!")

- Die Teilnehmenden überlegen sich, welche Person aus ihrem Umfeld sie als besonders wertschätzend erleben; jede/r stellt diese Person zwei anderen vor und beschreibt, was diese Person tut, um diesen Eindruck von Wertschätzung zu erwecken.

- Jede/r Teilnehmener/in überlegt sich eine Person, bei der das Spenden von Wertschätzung eine „Hoch-Risiko-Investition" darstellt, da diese Person wenig Wertschätzung äußert oder vielleicht sogar Geringschätzung oder Pokerface zeigt. Für ganz Mutige gilt: Das könnte eine Transferaufgabe werden, in diese Person dreimal ein Lächeln zu investieren.

- Richten Sie ein „Handy-Schwein" (Sparschwein; im einfachsten Fall tut's eine Tasse oder ein Plastikbecher) ein: Sobald ein Handy während des Workshops klingelt, sind 5 Euro für einen guten Zweck zu spenden ...

Namenschilder- oder Postersprüche

- Heute gebe ich mir die Erlaubnis, mich wohl zu fühlen.
- Niemand außer mir kann ganz genau wissen, was mir jetzt im Augenblick gut tut.
- Die meisten Menschen brauchen Wertschätzung wie Nahrung für die Seele.
- Jeder Mensch hat seinen Wert. Sehen Sie die Stärke des anderen?
- Stärken Sie Ihr Gegenüber! Alles andere haben Sie nicht nötig!
- Im anderen steckt ein Schatz - manchmal muss man nur ein bisschen suchen ...
- Haben Sie täglich ein Herz für sich selbst! Dankbarkeit macht großzügig.
- Wodurch wird ein Schatz zum Schatz? Dadurch, dass ich ihn schätze.
- Menschen verkümmern, wenn die Wertschätzung ausbleibt. Sie gehen ein wie eine Primel.
- Wertschätzung ist die Führungskraft der Führungskraft.
- Menschen machen viel der Führungskraft zuliebe - wenn die Beziehung stimmt.
- Ein Mensch wirkt plötzlich ganz verwandelt, wird er erstmal als Mensch behandelt. (Eugen Roth)
- Jeder Mensch darf und soll zu sich sagen: "Auf der ganzen Welt gibt es niemanden, der genauso ist wie ich." (Virginia Satir: "Mein Bekenntnis zur Selbstachtung")
- Jeder Mensch darf und soll zu sich sagen: "Ich bin ich, und ich bin o.k." (Virginia Satir: "Mein Bekenntnis zur Selbstachtung")
- Wir sollten an unserem Wortschatz für menschliche Stärken / Lob arbeiten. Eskimos kennen über 100 Wörter für „weiß“ und 40 für „Schnee“ - wie viele kennen wir für Anerkennung? Eins! „gut“! (Autor unbekannt)
- „Wie, der kriegt Wertschätzung?! Ist der schon sooo alt?!“
- Mit gutem Beispiel vorauszugehen, ist nicht nur der beste Weg, andere zu beeinflussen, es ist der einzige. (Dr. Albert Schweitzer)
- Wertschätzung ist wie Feuer: Sie vermehrt sich, indem wir sie weitergeben.
- Auch hinter dem dicksten Dienstwagen steckt nur der Wunsch nach Wertschätzung - indem man sich und anderen zeigt: „Sieh mal, so viel bin ich wert!“

Team-Check
„Wie gehen wir miteinander um?“

Nr.	Frage	stimmt voll	eher ja	eher nicht	stimmt nicht
1	Wenn wir feiern, machen fast immer alle mit.	+2	+1	-1	-2
2	„Bitte“ und „Danke“ sind bei uns selbstverständlich.	+2	+1	-1	-2
3	Wir begrüßen uns morgens mit einem Lächeln.	+2	+1	-1	-2
4	Bei uns herrscht manchmal eine Ellenbogen-Mentalität.	-2	-1	+1	+2
5	Wir haben selten Lobesworte für Kollegen untereinander.	-2	-1	+1	+2
6	Bei uns wird ab und zu auch der Teamleiter gelobt.	+2	+1	-1	-2
7	Wenn ich in der Freizeit über die Firma erzähle, spreche ich zu 90% (ehrlich sein!) Positives über die Kollegen.	+2	+1	-1	-2
8	Wir helfen uns gegenseitig, wenn Not am Mann ist.	+2	+1	-1	-2
9	Der Teamleiter hat besondere Lieblinge im Team.	-2	-1	+1	+2
10	Ich fühle mich in alle für mich wichtigen Dinge gut einbezogen.	+2	+1	-1	-2
11	Wenn etwas schief läuft, wird immer gleich ein Schuldiger gesucht, statt über die zugrunde liegenden Ursachen für die Probleme nachzudenken.	-2	-1	+1	+2
12	Bei uns wird auch schon mal vor versammelter Mannschaft kritisiert.	-2	-1	+1	+2
13	Jeder, der Feierabend hat, verabschiedet sich von den anderen.	+2	+1	-1	-2
14	Bei uns werden manchmal absichtlich Informationen nicht weitergegeben.	-2	-1	+1	+2
15	Ich fühle mich als Arbeitskraft von den anderen wertgeschätzt.	+2	+1	-1	-2
16	Ich fühle mich als Person / Mensch von den anderen wertgeschätzt.	+2	+1	-1	-2
17	Wir haben Leute im Team, die richtig schlechte Laune verbreiten.	-2	-1	+1	+2

Nr.	Frage	stimmt voll	eher ja	eher nicht	stimmt nicht
18	Einige scheinen wenig von anderen Kollegen zu halten, was sie z.B. mit geringschätzigen Blicken, Äußerungen oder zweideutigen Anspielungen deutlich machen.	-2	-1	+1	+2
19	Bei uns darf jeder seine kleinen Macken haben.	+2	+1	-1	-2
20	Wir muntern uns gegenseitig auf.	+2	+1	-1	-2
21	Wenn jemand unangenehm riecht, wird/ würde er nicht offen darauf angesprochen (stattdessen bekommt er zu Weihnachten ein Deo etc.).	-2	-1	+1	+2
22	Die meisten im Team interessieren sich nicht für das Privatleben der anderen.	-2	-1	+1	+2
23	Zu Geburtstagen wird bei uns gratuliert.	+2	+1	-1	-2
24	Unsere Sozialräume sind schon mal „versifft“.	-2	-1	+1	+2
25	Unsere WC-/ Waschräume sind hygienisch nicht einwandfrei.	-2	-1	+1	+2
26	Wir haben jemanden im Team, der sich „für sich“ hält, und das belastet das Klima.	-2	-1	+1	+2
27	Der Umgangston leidet manchmal in unserem Team.	-2	-1	+1	+2
28	Ich traue mich, bei besonderen Erfolgen den anderen davon zu erzählen.	+2	+1	-1	-2
29	Unser Team spaltet sich häufig in feste Koalitionen. Die Grüppchen untereinander tauschen sich kaum aus.	-2	-1	+1	+2
30	Bei uns wird unter Kollegen mehr über negative Leistungen als über positive gesprochen.	-2	-1	+1	+2
31	Wenn wir als Team einen Erfolg zu verbuchen haben, freuen wir uns gemeinsam.	+2	+1	-1	-2
32	Um Hilfe nachzufragen, wird als Schwäche angesehen.	-2	-1	+1	+2
33	Wenn jemand länger krank ist (> 10 Tage), haben wir Kontakt zu ihm (Karten schreiben, Anrufen etc., außer es wurde explizit das Gegenteil gewünscht).	+2	+1	-1	-2
34	Tuscheleien gehören bei uns zur Tagesordnung.	-2	-1	+1	+2

Nr.	Frage	stimmt voll	eher ja	eher nicht	stimmt nicht
35	Die anderen wissen, worauf ich stolz bin.	**+2**	**+1**	**-1**	**-2**
36	Ich weiß bei jedem Teamkollegen, wo seine Stärke liegt.	**+2**	**+1**	**-1**	**-2**
37	Wenn es einem Kollegen schlecht geht, springen die anderen bereitwillig ein (Dienste tauschen etc.).	**+2**	**+1**	**-1**	**-2**
38	Intrigen und Neid sind bei uns sehr verbreitet.	**-2**	**-1**	**+1**	**+2**
39	Als Neuer hat man es bei uns nicht leicht, sich einzugliedern und akzeptiert zu werden.	**-2**	**-1**	**+1**	**+2**
40	Wir haben immer ein offenes Ohr für einander – auch wenn es um Privates geht.	**+2**	**+1**	**-1**	**-2**

Addieren Sie die Punkte bei folgenden Fragen: 2, 3, 13, 21, 23, 24, 25, 27, 33, 34
Summenscore in der Dimension Respekt vs. Missachtung = ____

Addieren Sie die Punkte bei folgenden Fragen: 4, 7, 8, 14, 17, 20, 22, 28, 32, 37
Summenscore in der Dimension Unterstützung vs. Einzelkämpfertum = ____

Addieren Sie die Punkte bei folgenden Fragen: 1, 9, 10, 19, 26, 29, 31, 36, 38, 39
Summenscore in der Dimension Zusammenhalt vs. Ausgrenzung = ____

Addieren Sie die Punkte bei folgenden Fragen: 5, 6, 11, 12, 15, 16, 18, 30, 35, 40
Summenscore in der Dimension Wertschätzung vs. Ablehnung = ____

Tragen Sie die Summenscores der 4 Dimensionen als Balken ins Profil ein:
Bei Extremwerten verwenden Sie bitte die untere Skaleneinteilung: Max. +20, Min. –20; bei „homogeneren Werten“ [Max. +10, Min. –1] die obere!

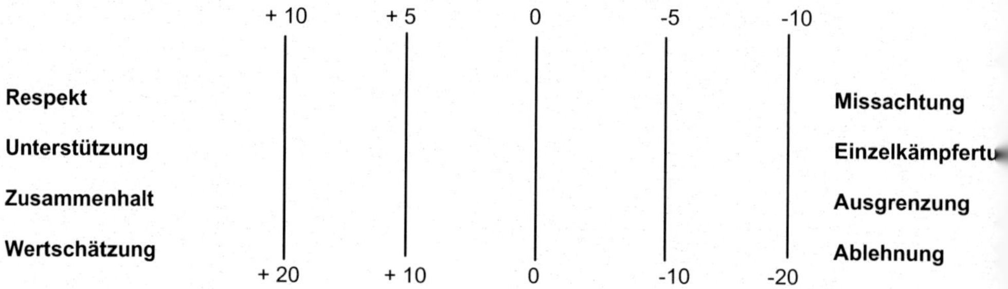

Team-Scores ermitteln:
Addieren Sie die Werte über alle (anonym!!!) ausgefüllten Dimensionen, so dass Sie sehen können, wo das Team insgesamt seine Stärken sieht!

Selbst-Check
„Mein Anerkennungshaushalt“

Grundsätzliches: **maximale Punktzahl: 4**

- Kenne ich die größte Stärke jedes Mitarbeiters / Kollegen?
- Halte ich mich an die Anerkennungsregel (Verhältnis Lob:Kritik = mindestens 3:1)?
- Achte ich ganz bewusst auf positive Leistungen?
- Verteile ich meine Anerkennung gerecht, ohne Lieblinge zu haben?

Anerkennung empfangen: **maximale Punktzahl: 3**

- Lächeln die meisten Menschen, wenn Sie mir zum ersten Mal an diesem Tag begegnen?
- Hat innerhalb der letzten drei Wochen ein Kollege ein anerkennendes Wort für mich gefunden?
- Bin ich während der letzten vier Wochen einmal von meinem Vorgesetzten gelobt worden?

Anerkennung geben: **maximale Punktzahl: 6**

- Habe ich mich heute schon selbst gelobt?
- Habe ich während des gestrigen Tages bewusst auf Dinge geachtet, die mich lächeln lassen?
- Habe ich während der letzten fünf Werktage jemanden (im Beruf) gelobt?
- Habe ich in den letzten drei Wochen auch für Kollegen ein anerkennendes Wort gefunden?
- Habe ich in den letzten vier Wochen einmal bewusst etwas „Selbstverständliches“ anerkannt?
- Habe ich in den letzten drei Monaten einmal meinen eigenen Vorgesetzten gelobt?

Auswertung:

Ab 7 Punkten: Sie sind schon ziemlich gut dran!
Ab 10 Punkten: Gratulation! Es macht Spaß, mit Ihnen zu arbeiten!

Wer viel Anerkennung empfängt / empfindet (!), der gibt auch viel!

Einladungstext

„Gut, dass Sie da sind!" – Wertschätzung im Betrieb

„Wer Wertschätzung will, soll sich einen Hund kaufen", sagt Gordon Gecko in „Wall Street". Bekommen Sie so viel Anerkennung, wie Sie verdienen? Tatsächlich bescheinigt nur jeder Zweite seinem Vorgesetzten einen wertschätzenden Führungsstil. Und das hat negative Folgen: für Stimmung, Motivation und Gesundheit, und natürlich für das eigene Verhalten.

Leider gibt es keinen „Knopf für mehr Wertschätzung", aber über die Auseinandersetzung mit den eigenen Anerkennungsbedürfnissen kann der Boden für ein wertschätzenderes Miteinander geschaffen werden. Die Veranstaltung zielt darauf ab, für das menschliche Grundbedürfnis nach Anerkennung zu sensibilisieren – bei sich und anderen. Und damit Ihre menschenfreundliche Haltung nicht unter den Alltagsbelastungen begraben wird, bekommen Sie als Erinnerungshilfe eine CareCard mit den besten Tipps (bei 30 Grad waschbar ...).

Merkste?! Er war wieder auf einem Seminar!
Er lobt wieder!
Sogar dass ich die Briefmarke im rechten
Winkel aufgeklebt habe ...

Die hier angekündigte Veranstaltung vertieft die Grundidee des Buches „Wertschätzung im Betrieb": Sie vermittelt Denk- und Fühlanstöße zum Thema Wertschätzung. Angesprochen werden u.a. die folgenden Themen:

- Wertschätzung als Gesundheits- und Produktivitätsfaktor
- Wie steht's um Ihren Anerkennungshaushalt? Bekommen Sie genug?
- „Er war auf'm Seminar – er lobt wieder!" So bitte nicht – aber wie?
- Ohne Schleimverdacht: echte Anerkennung und Wertschätzung zeigen
- „Weil ich es mir wert bin" – Selbstwertschätzung als Basis
- Wertschätzung als Haltung pflegen

Die Veranstaltung geht zurück auf Dr. Anne Katrin Matyssek – do care! Autorin der Bücher „Führung und Gesundheit. Ein praktischer Ratgeber zur Förderung der psychosozialen Gesundheit im Betrieb" (2010) und „Wertschätzung im Betrieb. Impulse für eine gesündere Unternehmenskultur" (2011). Weitere Infos unter: www.do-care.de.

Veranstaltungen nach diesem Konzept werden seit mittlerweile 5 Jahren durchgeführt, u.a. für Behörden, Kommunen, metallverarbeitende Unternehmen, Post und Telekom sowie mittelständische Betriebe.

Referent/in: Ort: Datum:

Wir freuen uns auf Sie!

Agenda zum Impulsvortrag

(die Datei zur Veranstaltung – „Impulsvortrag“ – finden Sie unter: www.wertschaetzung-im-betrieb.de)

„Gut, dass Sie da sind!“ – Wertschätzung im Betrieb

Der Impulsvortrag greift die Inhalte des Buchs „Wertschätzung im Betrieb“ auf: Er vermittelt Denk- und Fühlanstöße zum Thema Wertschätzung. Das Ziel ist ein wertschätzenderes Miteinander. Der Vortrag sensibilisiert die Teilnehmenden für die Bedeutung von Wertschätzung an ihrem Arbeitsplatz. Er unterstützt sie dabei, dieses menschliche Grundbedürfnis in der Arbeitswelt zu respektieren und zu befriedigen – bei sich, bei den Kollegen und bei den Mitarbeitenden.

- Wertschätzung als Gesundheits- und Produktivitätsfaktor (Zusammenhänge und Studien)
    - Selbstcheck: Wie steht es um Ihre Bedürfnisse am Arbeitsplatz? Ihr Anerkennungshaushalt
- Wertschätzung im Arbeitsalltag
    - Wie geht das konkret, z.B. im Umgang mit überlasteten Kollegen?
- Wertschätzungshindernisse und ihre Lösungen
    - Selbstwertschätzung als Basis; Anregungen zur Kultivierung einer wertschätzenden Haltung
- Damit die Saat aufgeht: Wie schaffen Sie es, dass etwas diesen Tag überdauert?
    - Überreichen der CareCard als Transferhilfe

Die Teilnehmerinnen und Teilnehmer erhalten eine bei 30 Grad waschbare CareCard mit den 6 wichtigsten Empfehlungen für mehr Wertschätzung im Arbeitsalltag.

Außerdem erhalten sie den Teamcheck („Wie gehen wir mit einander um?“) in Papierform, den sie nach der Veranstaltung ausfüllen können.

Umfang: 30 bis 150 Minuten (bei der längeren Fassung zusätzlich Fallarbeiten: 4 Gruppen zu Wertschätzungsdefiziten und Partnergespräch sowie Gruppendiskussion „Blaumacher-Fall“ sowie ggf. Bearbeiten des Teamchecks bereits in der Großgruppe); beliebig viele Teilnehmende (je mehr, desto besser; bis 40 TN ist zusätzlich 1 Pinwand sinnvoll; ab 100 TN ist ein tragbares Mikrofon empfehlenswert); 1 Beamer ist erforderlich.

Agenda zur Multiplikatorenschulung

(die sog. „Moderationsdatei zum Multiplikatoren-Programm für die Ausbilder der Multiplikatoren“ finden Sie unter: www.wertschaetzung-im-betrieb.de)

„Gut, dass Sie da sind!“ – Wertschätzung im Betrieb

Die Multiplikatorenschulung macht die Teilnehmenden (Teamleitende oder Mitarbeitende) fit für die Durchführung eines Impuls-Tages – sowie 6 Transfertreffen – zum Thema „Wertschätzung“ mit ihren Kolleginnen und Kollegen. Bestandteil der eintägigen Ausbildung ist zum Einen die Vermittlung der vier Inhaltsblöcke, die auch in den anderen Veranstaltungen behandelt werden. Außerdem werden Fragen behandelt, die die Rolle der Multiplikatoren betreffen.

09:00	Einführung: *Wie steigt man ein? Bedeutung der Stimmung*
09:15	*„Ihre ersten Worte“ (2-3 TN üben vor allen) plus Feedback*
09.30	Programm-Vorstellung
09:35	Vorstellung der TN mit Präsentation der Einstimmungsaufgabe
10:15	**Wertschätzung als Gesundheits- und Produktivitätsfaktor** Studien und Zusammenhänge (Input)
11:00	Partnerarbeit: „Ihre größte Anerkennung“ und deren Wirkungen (2 TN erfragen die Wirkungen in je einer Halbgruppe)
12:00	„Ihr Anerkennungshaushalt“ (Stillarbeit)
12:10	*Welche bislang behandelten Aspekte passen zu Ihrem Team?*
12:30	MITTAGSPAUSE
13:30	**Anerkennung im Arbeitsalltag** (Diskussion / Sammeln)
14:00	Überlastungssymptome ansprechen (Sammeln) Wertschätzende Haltung (Diskussion über Perspektiven)
14:30	*Welche bislang behandelten Aspekte passen zu Ihrem Team?*
14:50	**Wertschätzungshindernisse und ihre Lösungen** Hindernisse sammeln (Brainstorming; 1 TN moderiert)
15.20	Lösungen suchen (4 Gruppen; 2 TN moderieren je 1 Halbgruppe)
16:00	Selbstwertschätzung als Basis (Satzergänzung)
16:20	*Welche bislang behandelten Aspekte passen zu Ihrem Team?*
16:40	**Damit die Saat aufgeht: Transfer** (Vorstellung von Transfersicherstellungsmöglichkeiten und Auswahl durch die TN)
17:10	*Klären Sie Ihre Rolle: Sind Sie Experte oder Coach?* *Wie laden Sie die Kollegen zum Transfertreffen ein?* *Wie beenden Sie die Veranstaltung?* *Fühlen Sie sich jetzt fit? Was brauchen Sie noch?*
17:45	Überreichen der CareCard als Transferhilfe (1 TN moderiert)
17:50	Feedbackrunde (Ende: 18:00 Uhr)

Die 8 bis 12 Teilnehmenden erhalten eine bei 30 Grad waschbare CareCard mit den 6 wichtigsten Empfehlungen für mehr Wertschätzung im Arbeitsalltag sowie das 52seitige Arbeitsheft zum Buch „Wertschätzung im Betrieb“ (Adresse: www.mehr-wohlbefinden-im-job.de).

erforderliche Materialien:
2-4 Pinwände; Pins; 150 Metaplan-Karten; 10 dicke Stifte; 1 Beamer

Agenda zum Führungskräfte-Workshop (½ Tag)

(die Datei zur Veranstaltung „Führungskräfte-Workshop" finden Sie unter: www.wertschaetzung-im-betrieb.de)

„Gut, dass Sie da sind!" – Wertschätzung im Betrieb

Der Halbtagsworkshop für Führungskräfte greift die Inhalte des Buchs „Wertschätzung im Betrieb" auf: Er vermittelt Denk- und Fühlanstöße zum Thema „Wertschätzend Führen". Das Ziel ist ein wertschätzenderes Miteinander. Der Workshop sensibilisiert die Teilnehmenden für die Bedeutung von Wertschätzung als Führungsaufgabe. Er unterstützt sie dabei, dieses menschliche Grundbedürfnis in der Arbeitswelt zu respektieren und zu befriedigen – bei sich, bei den Kollegen und bei den Mitarbeitenden.

- Wertschätzung als Gesundheits- und Produktivitätsfaktor (Zusammenhänge und Studien)
  - Selbstcheck: Wie steht es um Ihre Bedürfnisse am Arbeitsplatz? Ihr Anerkennungshaushalt
- Wertschätzung im Arbeitsalltag
  - Wie geht das konkret, z.B. im Umgang mit überlasteten Kollegen? Aspekte wertschätzender Führung

-PAUSE-

- Wertschätzungshindernisse und ihre Lösungen
  - Selbstwertschätzung als Basis auch für Führungskräfte; Anregungen zur Kultivierung einer wertschätzenden Haltung
- Damit die Saat aufgeht: Wie schaffen Sie es, dass etwas diesen Tag überdauert?
  - Überreichen der CareCard als Transferhilfe

Die Teilnehmerinnen und Teilnehmer erhalten eine bei 30 Grad waschbare CareCard mit den 6 wichtigsten Empfehlungen zur wertschätzenden Führung sowie das 52seitige Arbeitsheft zum Buch „Wertschätzung im Betrieb" (beziehbar unter www.mehr-wohlbefinden-im-job.de).

Der Umfang beträgt 180 Minuten incl. 20' Pause; das Konzept basiert auf der Langfassung des Impulsvortrags; Unterschied: es gibt neben der Fokussierung auf Führungsfragen mehrere Fallarbeiten (Partneraustausch zu einer großen Anerkennung im Berufsleben; 4 Gruppen zu Wertschätzungsdefiziten und ihren Lösungen; Partnergespräch sowie Gruppendiskussion „Blaumacher-Fall"). Die Teilnehmendenzahl beträgt 8 – 20.

erforderliche Materialien:

2-4 Pinwände; Pins; 150 Metaplan-Karten; 10 dicke Stifte; 1 Beamer

Agenda zum Führungskräfte-Seminar (1½ - 2 Tage)

(die Datei zur Veranstaltung „Führungskräfte-Seminar" finden Sie unter: www.wertschaetzung-im-betrieb.de)

„Gut, dass Sie da sind!" – Wertschätzung im Betrieb

Das 1,5- bis 2-tägige Seminar für Führungskräfte greift die Inhalte des Buchs „Wertschätzung im Betrieb" auf: Es vermittelt Denk- und Fühlanstöße zum Thema „Wertschätzend Führen". Das Ziel ist ein wertschätzenderes Miteinander. Das Seminar sensibilisiert die Teilnehmenden für die Bedeutung von Wertschätzung als Führungsaufgabe. Er unterstützt sie dabei, dieses menschliche Grundbedürfnis in der Arbeitswelt zu respektieren und zu befriedigen – bei sich, bei den Kollegen und bei den Mitarbeitenden. Der Unterschied zu den anderen Veranstaltung liegt im Wesentlichen im Vertiefungsgrad: Das Seminar beinhaltet deutlich mehr Gruppendiskussionen, Gruppenarbeiten und Anregungen zur Selbstreflexion.

09:00	Ankommen beim Willkommenskaffee
09:30	Warm-Werden: Einführung und Kennenlernen (Partnerarbeit)
11:00	**Wertschätzung als Gesundheits- und Produktivitätsfaktor** Fallbeispiel „Schmidtke hat den Blues" (3er-Gruppen)
11:30	Studien und Zusammenhänge (Input)
12:00	Erfahrungsaustausch zum „focus on the good stuff" (Diskussion)
12:30	MITTAGSPAUSE
13:30	Selbstcheck: Ihr Anerkennungshaushalt (Einzelarbeit)
13:30	Exkurs: Problemfeld eigener Chef
14:00	**Anerkennung im Arbeitsalltag** (Diskussion / Sammeln)
14:30	Wege zu einer wertschätzenden Haltung (Disk.: Perspektiven)
14:45	Kritikgespräche wertschätzend führen (3er-Gruppen)
15:45	Wertschätzend bleiben in Konfliktsituationen (Bsp.: Blaumacher)
09:00	**Wertschätzungshindernisse und ihre Lösungen** Hindernisse sammeln (Brainstorming)
09.30	Lösungen suchen (4 Gruppen)
12:00	Selbstwertschätzung als Basis (Partnerarbeit)
12:30	MITTAGSPAUSE
13:30	**Damit die Saat aufgeht: Transfer** OPTIONAL: Planspiel (3 Gruppen) OPTIONAL: Ideen zur Kulturveränderung (3 Gruppen)
16:00	Besprechungen positiv gestalten
16:20	Überreichen der CareCard als Transferhilfe und Selbstvertrag
16:45	Feedbackrunde (Ende an beiden Tagen: 17:00 Uhr)

Falls die beiden optionalen Blöcke weggelassen werden, verkürzt sich die Seminardauer (dann insgesamt 1,5 Tage statt 2). 8 – 15 Teilnehmende.

Die Teilnehmerinnen und Teilnehmer erhalten eine bei 30 Grad waschbare CareCard mit den 6 wichtigsten Empfehlungen zur wertschätzenden Führung sowie das 52seitige Arbeitsheft zum Buch „Wertschätzung im Betrieb" (beziehbar unter www.mehr-wohlbefinden-im-job.de).

erforderliche Materialien: 2-4 Pinwände; Pins; 150 Metaplan-Karten; 10 dicke Stifte; 1 Beamer

Literaturverzeichnis

Antonovsky, A. (1987). Unraveling the mystery of health. How people manage stress and stay well. San Francisco: Jossey-Bass.
Anderson, H., Cooperrider, K., Gergen, M., McNamee, S. u. Whitney, D. (2004). Die Wertschätzende Organisation. In K. Deissler & K. Gergen (Hrsg.): Die Wertschätzende Organisation. Bielefeld: transcript.
Auhagen, A. E. (2006). Positive Kommunikation. Das Gute in sich entdecken und besser mit sich und anderen umgehen. Gütersloh: Gütersloher Verlagshaus.
Badura, B. (2010). Wege aus der Krise. In B. Badura, H. Schröder, J. Klos & K. Macco (Hrsg): Fehlzeiten-Report 2009. Arbeit und Psyche: Belastungen reduzieren – Wohlbefinden fördern, S. 3-12. Berlin: Springer.
Badura, B., Greiner, W., Rixgens, P. et al (2008). Sozialkapital – Grundlagen von Gesundheit und Unternehmenserfolg. Berlin: Springer.
Bass, B.M. u. Avolio, B. (1997). Full-range of leadership development: Manual for the Multifactor Leadership Questionnaire. Palo Alto: Mind Garden.
Bauer, J. (2006). Prinzip Menschlichkeit. Warum wir von Natur aus kooperieren. Hamburg: Hoffmann und Campe.
Baum, T. (2006). Die Kunst, freundlich Konflikte zu lösen. Liebenswürdig und lösungsorientiert in Beruf und Alltag. Heidelberg: Redline.
Brandon, N. (2010). Die 6 Säulen des Selbstwertgefühls. Erfolgreich und zufrieden durch ein starkes Selbst. München: Piper.
Brinkmann, R. D. & Stapf, K. H. (2005). Innere Kündigung. Wenn der Job zur Fassade wird. München: C.H. Beck
Brüggemeier, B. (2010). Wertschätzende Kommunikation im Business: Wer sich öffnet, kommt weiter. Wie Sie die GFK im Berufsalltag nutzen. Paderborn: Junfermann.
Buntenbach, A. & Pauli, H. (2008). Betriebliches Gesundheitsmanagement aus gewerklicher Perspektive. In M. Giesert (Hrsg.): Prävention: Pflicht & Kür. Gesundheitsförderung und Prävention in der betrieblichen Praxis, S. 18-26. Hamburg: VSA.
Deissler, K. G. & Gergen, K. J. (Hrsg,) (2004). Die Wertschätzende Organisation. Bielefeld: transcript.
DGB-Index Gute Arbeit. Der Report 2009. Wie die Beschäftigten die Arbeitswelt in Deutschland beurteilen. Link: http://www.dgb-index-gute-arbeit.de
Dittrich-Brauner, K., Dittmann, E., List, V. & Windisch, C. (2008). Großgruppenverfahren: Lebendig lernen - Veränderung gestalten. Berlin: Springer.
Ebert, H. (2003). Höflichkeit und Respekt in der Unternehmenskommunikation. Wege zu einem professionellen Beziehungsmanagement. München: Wolters Kluwer Deutschland.
Engelbrecht, S., Fesenfeld, A., Hellweg, S. & Schneider, H. (2010). Wertschätzung in Zeiten zunehmender Ökonomisierung der Pflegeberufe. In M. Kastner (Hrsg.): Leistungs- und Gesundheitsmanagement, S. 201-229. Lengerich: Pabst Science.

Fredrickson, B. L. (2003). The value of positive emotions. American Scientist, 91, 330-335.

Gänsler, S. & Bröske, T. (2010). Die GesundArbeiter. Warum Gesundheit der entscheidende Erfolgsfaktor in Unternehmen ist. Hamburg: Murmann.

Gaschler, K. (2008). Spieglein, Spieglein im Gehirn. Woher ich weiß, wie du dich fühlst. In M. Spitzer & W. Bertram (Hrsg.): Braintertainment, S. 108-120. Berlin: Suhrkamp.

Geißler, H. (2009). Ein ungeschriebener Vertrag wirkt: der psychologische Arbeitsvertrag. In M. Giesert (Hrsg.): Führung und Gesundheit, S. 112-121. Hamburg: VSA.

Geißler, H., Bökenheide, T., Geißler-Gruber, B., Schlünkes, H & Rinninsland, G. (2003). Der Anerkennende Erfahrungsaustausch. Das neue Instrument für die Führung. Frankfurt/Main: Campus-Verlag.

Geißler, H. (2009). Gesunde Dialoge für Führungskräfte: Von den Gesund(et)en lernen. In M. Giesert (Hrsg.): Führung und Gesundheit. Gesundheitsgipfel an der Zugspitze, S. 94-111. Hamburg: VSA-Verlag.

Geißler, H.; Bökenheide, T.; Schlünkes, H. & Geißler-Gruber, B. (2007). Faktor Anerkennung. Betriebliche Erfahrungen mit wertschätzenden Dialogen. Frankfurt/Main: Campus-Verlag.

Gostick, A. u. Elton, Ch. (2006). Führen mit Möhren. Motivieren Sie Ihre Mitarbeiter zu großen Leistungen. Weinheim: Wiley.

Gruber, B. & Frevel, A. (2010). Wertschätzende Dialoge im Betrieb. Führung als CoProduzent von Wohlbefinden. ErgoMed1/2010(34), 12-20

Gutmann, J. (2010). Anwesend? Zeitschrift health@work, 04/2010, S. 30ff.

Hawkins, W.E. et al. (1999). Depressive symptomatology and specifity of social support. Psychological Reports 1999 (84), 1180-1186.

Hinding, B., Spanowski, M.A. & Kastner, M. (2010). Wertschätzung und Stolz in Dienstleistungsberufen. In M. Kastner (Hrsg.): Leistungs- und Gesundheitsmanagement – psychische Belastung und Altern, inhaltliche und ökonomische Evaluation (S. 186-200). Pabst Science.

Hinze, D.F. (2001). Führungsprinzip Achtsamkeit. Der behutsame Weg zum Erfolg. Heidelberg: Sauer.

Holler, I. (2006). Trainingsbuch Gewaltfreie Kommunikation. Abwechslungsreiche Übungen für Selbststudium, Seminare und Übungsgruppen. Paderborn: Junfermann.

Hüther, G. & Fischer, J.E. (2010). Biologische Grundlagen des psychischen Wohlbefindens. In B. Badura et al. (Hrsg.): Fehlzeiten-Report 2009, S. 22-30.

Ilmarinen, J. & Tempel, J. (2002). Arbeitsfähigkeit 2010. Was können wir tun, damit Sie gesund bleiben? Hrsg: M. Giesert. VSA-Verlag.

Kast, V. (2005). Vorwort. In C. Neuen (Hrsg.): Einander anerkennen. Eine neue Beziehungskultur (S. 7-10). Düsseldorf: Patmos.

Kastner, M. (Hrsg.). Leistungs- und Gesundheitsmanagement – psychische Belastung und Altern, inhaltliche und ökonomische Evaluation. Lengerich: Pabst Science.

Kromm, W. u. Frank, G. (2009) (Hrsg.). Unternehmensressource Gesundheit. Weshalb die Folgen schlechter Führung kein Arzt heilen kann. Düsseldorf: Symposion.

Krug, J.S. u. Kuhl, U. (2006). Macht, Leistung, Freundschaft. Motive als Erfolgsfaktoren in Wirtschaft, Politik und Spitzensport. Stuttgart: Kohlhammer.

Kuhnert, P., Akca, S. & Kastner, M. (2010). Gesund pflegen unter Zeitnot und fehlender Anerkennung? Wertschätzungsaspekte des Gesundheitsmanagements in der Krankenpflege. In M. Kastner (Hrsg.): Leistungs- und Gesundheitsmanagement - psychische Belastung und Altern, inhaltliche und ökonomische Evaluation, S. 151-185. Lengerich: Pabst Science.

Lang, J. (2005). Wertschätzen und Abwerten. Vitamin und Virus einer Paarbeziehung. Berlin: uni-edition.

Lindemann, G. & Heim, V. (2010). Erfolgsfaktor Menschlichkeit. Wertschätzend führen - wirksam kommunizieren. Paderborn: Junfermann

Malik, F. (2001). Führen, Leisten, Leben. Wirksames Management für eine neue Zeit. Heyne-Verlag.

Manzoni, J., & Barsoux, J. (2003). Das Versager-Syndrom. Wie Chefs ihre Mitarbeiter ausbremsen und wie es besser geht. München: C. Hanser.

Matyssek, A. K. (2009). Chef, Sie haben ein Super-Team! Endlich mehr Anerkennung im Job. Norderstedt: bod.

Matyssek, A. K. (2010a). Führung und Gesundheit. Ein praktischer Ratgeber zur Förderung der psychosozialen Gesundheit im Betrieb. (2. Aufl.; 1. Aufl. 2009). Norderstedt: bod.

Matyssek, A. K. (2010b). Danke! Mensch, sind wir froh, dass Sie bei uns arbeiten! Norderstedt: bod.

Matyssek, A. K. (2010c). Mensch, bin ich froh, dass es dich gibt. Norderstedt: bod.

Matyssek, A. K. (2010d). Wenn der Chef krank macht. So schützen Sie sich und Ihre Gesundheit. Norderstedt: bod.

Matyssek, A. K. (2010e). Gesund Führen. Das Handbuch für schwierige Situationen. Norderstedt: bod.

Mettler-von-Meibom, B. (2007). Gelebte Wertschätzung. Eine Haltung wird lebendig. München: Kösel.

Meyer, M. (2001). Psychosoziale Belastungen am Arbeitsplatz. Einfluss auf das Wohlbefinden und die Gesundheit der Mitarbeiter. Essen: BKK-Bundesverband.

Näpflin, U. & Chilvers, C. (2010). Was kränkt, macht krank. Wertschätzung als Gesundheitsressource. Management u Qualität 4/2010, S.4f.

Neuen, Ch. (Hrsg.) (2005). Einander anerkennen. Eine neue Beziehungskultur. Düsseldorf: Patmos.

Potreck-Rose, F. (2007). Von der Freude, den Selbstwert zu stärken. Stuttgart: Klett Cotta.

Reinker, S. (2007). Rache am Chef. Die unterschätzte Macht der Mitarbeiter. Berlin: Econ bei Ullstein.

Robbins, M. (2007). Focus on the good stuff. The Power of Appreciation. United States of America: Jossey-Bass.

Rogers, C. (1985). Die nicht-direktive Beratung: Counseling and Psychotherapy. Frankfurt: Fischer-Taschenbuch.

Rosenberg, M. (2007). Konflikte lösen durch Gewaltfreie Kommunikation. Freiburg im Breisgau: Herder.

Schmidt, G. (2005). Einführung in die hypnosystemische Therapie und Beratung. Carl-Auer-Verlag, Heidelberg.

Schneider, C. (2010). Gesundheitsförderung am Arbeitsplatz: Nebenwirkung Gesundheit. Bern: Huber.
Schulz von Thun, F. (2005). Miteinander reden 2: Stile, Werte und Persönlichkeitsentwicklung. Differentielle Psychologie der Kommunikation. Reinbek: Rowohlt.
Seligman, M. (2001). Pessimisten küsst man nicht. Optimismus kann man lernen. Berlin: Droemer Knaur.
Seligman, M. (2010). Der Glücksfaktor. Warum Optimisten länger leben. Bergisch-Gladbach: Bastei Lübbe.
Siemann, Chr. (2010). Strategie statt Yoga-Kurse. Personalwirtschaft 08/2010, S. 36f.
Spitzer, M., & Bertram, W. (2008) (Hrsg.). Braintertainment. Berlin: Suhrkamp.
Sprenger, B. (2005). Im Kern getroffen. Attacken aufs Selbstwertgefühl und wie wir unsere Balance wiederfinden. München: Kösel.
Siegrist, J. (1996). Soziale Krisen und Gesundheit. Göttingen: Hogrefe.
Sprenger, R. (2007). Vertrauen führt: Worauf es in Unternehmen wirklich ankommt. Frankfurt/Main: Campus.
Sprenger, R. (2010, 19. Aufl.). Mythos Motivation: Wege aus einer Sackgasse. Frankfurt/Main: Campus.
Storch, M. & Krause, F. (2006). Selbstmanagement ressourcenorientiert. Grundlagen und Trainingsmanual für die Arbeit mit dem Zürcher Ressourcen Modell (ZRM). (4. vollständig überarbeitete und erweiterte Auflage). Bern: Huber.
Streicher, B. u. Frey, D. (2010). Förderung des Unternehmenserfolgs und Entfaltung der Mitarbeiter durch neue Unternehmens- und Führungskulturen. In B. Badura, H. Schröder, J. Klos & K. Macco (Hrsg): Fehlzeiten-Report 2009, S. 129-136. Berlin: Springer.
Troger-Bumann, T. (2005). Wertschätzende Führung. Leadership aus dem Innern wirft Wellen. Kriens / Luzern: Brunner.
Uhle, T. & Treier, M. (2011). Betriebliches Gesundheitsmanagement. Gesundheitsförderung in der Arbeitswelt. Berlin / Heidelberg: Springer.
Ulich, E. & Wülser, M. (2009). Gesundheitsmanagement in Unternehmen. Arbeitspsychologische Perspektiven. (3. Aufl.). Wiesbaden: Gabler.
Wehrle, M. (2005). Der Feind in meinem Büro. Die großen und kleinen Irrtümer zwischen Chef und Mitarbeiter. Berlin: Econ bei Ullstein.
Wild, B. (2008). Humor ernst genommen. Lächeln, Erheiterung und das Gehirn. In M. Spitzer & W. Bertram (Hrsg.): Braintertainment, S. 95-107. Berlin: Suhrkamp.
Wirtschaftspsychologie aktuell. eDossier Gesundheit und Stress. Deutscher Psychologen-Verlag, 2010.
Worliczek, H. u. Zechmeister, E. (2009). Berufsprinzip Mensch sein. Wie Wertschätzung zum Erfolg führt. Wien: Goldegg.
Zur Bonsen, M. & Maleh, C. (2001). Appreciative Inquiry (AI): Der Weg zu Spitzenleistungen: Eine Einführung für Anwender, Entscheider und Berater. Weinheim: Beltz.

Stichwortverzeichnis

Service-Angebote der Autorin

Wie Sie nun schon mehrfach lesen konnten, finden Sie die im Buch erwähnten Dateien auf www.wertschaetzung-im-betrieb.de – natürlich kostenlos. Für jegliche Schäden infolge der Verwendung der Dateien übernehme ich keinerlei Haftung.

> **Wichtiger Tipp für die Präsentation der Dateien:**
> Sie können die pdf-Dateien auch über Ihren Beamer wiedergeben lassen, um Sie einer Gruppe zu präsentieren (dazu sind sie ja gedacht). Hierzu müssen Sie in Ihrem Adobe-Reader in der Menüleiste auf „Fenster" und dann auf „Vollbildmodus" klicken – und schon können Sie sich von vorn bis hinten durch die Datei klicken.

Auf der Website können Sie auch gern meinen kostenlosen Infobrief abonnieren. Er erscheint alle 2 Monate als e-Mail und enthält Videos, Audios und Lesenswertes zu jeweils einem Thema.

Und meine wöchentlich – montags morgens um halb zehn – erscheinenden Podcasts (auch kostenlos) empfehle ich Ihnen selbstverständlich ebenfalls.

Ich schicke Ihnen kostenlos 10 Postkarten mit dem Text „Gut, dass Sie da sind!" zu, wenn Sie eine diesbezügliche eMail senden an info@wertschaetzung-im-betrieb.de.

Die Verwendung des Arbeitshefts ist natürlich freiwillig und nicht verpflichtend, ebenso die Verteilung von CareCards. Das Arbeitsheft zu diesem Buch trägt den Titel „Gut, dass Sie da sind!" und enthält auf 52 Seiten Arbeitsmaterialien, Platz für Notizen zur Veranstaltung sowie mehrere Transferhilfen. Es kostet 5,00 € und ist im Buchhandel erhältlich, bzw. ab 10 Exemplaren auch unter www.mehr-wohlbefinden-im-job.de – darüber freue ich mich dann besonders ☺. Die Nachhaltigkeit wird durch solche Materialien maßgeblich erhöht. Die ISBN-Nummer lautet: 978-3-8423-5961-1. Die CareCards erhalten Sie ebenfalls im Shop www.mehr-wohlbefinden-im-job.de.